银兴经济研究基金　南京大学国家双创示范基地　资助

江苏中小企业生态环境评价报告

（2016）

◎南京大学金陵学院企业生态研究中心　著

南京大学出版社

《2016年江苏中小企业生态环境评价报告》

编 委 会

序 言

江苏中小企业生态环境年度评价报告于2014年问世，至今已经连续三次公开发行。该报告既是南京大学金陵学院商学院“政、产、学、研”深度融合的应用型人才培养模式创新的新成果，也是南京大学金陵学院企业生态研究中心针对江苏中小企业研究的创新性成果，还是南京大学国家双创示范基地的标志性成果。

南京大学金陵学院企业生态研究中心针对江苏经济发展实际，在国内首创中小企业景气指数和中小企业生态环境评价体系，逐年发布江苏中小企业景气指数和江苏中小企业生态环境评价报告，及时向市场披露江苏中小企业的景气指数和江苏中小企业生态环境变化的关键信息，这具有非常重要的导向意义。这是因为，我们江苏的许多企业，尤其是中小企业，他们直接面对市场经营，景气状况及生态环境的变化对他们来讲影响很大，景气指数和生态环境评价的信息不仅仅是对过去的总结，更重要的是对未来的发展有重大导向作用，有利于中小企业根据这些变化的信息及时调整预期和优化发展策略，提升竞争力和防控风险隐患。

尤其需要强调的是，江苏的中小企业对江苏的就业贡献最大，对国民经济的发展贡献最大，并直接关乎民生及社会的和谐与稳定。显然，从政策层面关注中小企业景气指数和生态环境的变化，心系中小企业的成长态势和存在的问题，创建更适于中小企业发展的服务体系，是政府在新常态下尤其是经济下行时迫在眉睫的重要职责。

2016年发布的江苏中小企业景气指数和生态环境评价报告是2014年以来连续3年研究基础上的延续，通过与2014年的基期数据进行比较，反映3年来江苏中小企业景气状况和生态环境的变化态势，研究价值进一步得到了提升。只有持续跟踪监测、研究、编制和发布，并形成时间序列，且持续时间越长，研究价值和应用价值才会越高。这意味着企业生态研究中心任重而道远，还将面临诸多困难和挑战。

所以我希望企业生态研究中心的老师们和同学们要全力以赴，努力整合南京大学、各级政府以及社会各界的优质资源，扎扎实实的夯实好这个研究平台，将每年推出的景气指数和评价报告打造成更加科学严谨和更有公信力的标志性成果，为江苏的中小企业和江苏的经济发展做出实实在在的贡献。

洪银兴

2017年10月

前　言

2016江苏中小企业生态环境评价报告运用企业生态环境的概念创建中小企业景气指数和中小企业生态环境评价体系；针对江苏省13个地级市[①]的中小企业进行问卷调研，编制和发布江苏中小企业景气指数，出版和公开发布江苏中小企业生态环境评价报告；分别对苏南、苏中和苏北三地区和江苏省13个地级市的中小企业景气状况和生态环境变化态势进行比较和评价。

南京大学金陵学院企业生态研究中心为更好地服务于江苏省中小企业的发展，创建高质量、高水平的信息平台和研究平台。从2014年起，持续编制和发布年度的江苏中小企业景气指数，持续出版年度的江苏中小企业生态环境评价报告，以连续的时间序列成果，动态的及时准确的公开发布江苏中小企业景气指数和江苏中小企业生态环境变化的信息，充分发挥信息配置资源的市场功能，以期成为江苏中小企业决策优化和政府服务创新的重要依据。

南京大学金陵学院企业生态研究中心拥有一大批从事产业经济、经济统计、金融和财务管理、企业管理、电子商务和市场营销、国际经济贸易等学科的知名专家教授，所构成的专家顾问团队将全程指导江苏中小企业景气指数和生态环境评价研究；同时，研究中心和顾问团队具有独立第三方特征，能确保景气指数和调研报告中信息和观点的公信力和高水平。

南京大学金陵学院企业生态研究中心编制的江苏中小企业景气指数和江苏中小企业生态环境评价报告中的分析、观点和评价均源于问卷调查形成的数据和同期江苏省统计局公布的数据，研究中心将凭借独到的评价体系、大样本和全覆盖的问卷、官方统计数据以及高水平的研究实力，力求信息和评价的客观和公正。当然，这项研究目前仅持续三年，还存在着许多不足，还有很多亟待修正和完善的地方，研究中心将广泛汲取各方建议，逐年改进存在的问题，不断提高成果的质量，努力使这一原创性成果——持续发布的年度评价报告成为市场高度关注和认可的标志性成果。

南京大学金陵学院企业生态研究中心

---

① 13个城市是：南京、苏州、无锡、常州、镇江、扬州、泰州、南通、淮安、宿迁、盐城、连云港、徐州。

前言

目　录

第一章　江苏中小企业生态环境评价的意义

中小企业生态环境评价能多角度的准确测度影响中小企业及国民经济健康发展的重要因素。在不断探寻改革举措以期提升我国市场经济资源配置效率的进程中，这种评价及评价信息的持续发布，意义尤为重大。本章通过诠释企业生态环境的概念，以加深对中小企业生态环境评价重要意义的认识，并进一步阐释这一原创性研究的意义和特色。

1.1　企业生态环境的诠释

企业生态环境是一个全新的仿生概念，最早源于对“生态”的研究，后随着与人类密切相关的自然环境、经济环境、社会环境的变化，其研究领域不断延伸、丰富和拓展，提出并不断完善了“自然生态”→“自然生态系统”→“企业生态系统”→“生态环境”、“金融生态环境”、“企业生态环境”等诸多概念。本报告对其中一些概念作简要的梳理，并进一步诠释“企业生态环境”的概念。

1.1.1　自然生态和自然生态系统

生态一词早期定义为“生物在一定的自然环境下生存和发展的状态”。由此，自然生态指“生物之间以及生物与环境之间的相互关系与存在的状态”；而自然生态系统“是由生物群落及其赖以生存的物理环境共同组成的动态平衡系统，由生物群落和物理环境两部分组成”。生物群落构成生命系统，由生产者、消费者和分解者共同组成；物理环境包括阳光、土壤、水、空气、有机物等，是生命系统赖以生存的基础。生物群落与物理环境之间不断进行物质循环和能量流动，从而保持动态平衡，使得整个生态系统得以存在和发展。也有将生态系统定义为“生物与环境构成的统一整体，在这统一整体中，生物与环境之间相互影响，相互制约，并在一定时期内处于相对稳定的动态平衡状态。”

1.1.2　企业生态系统

随着人类经济社会的进步和发展，到 20 世纪末和 21 世纪初，在经济全球化、金融全球化浪潮的推进下，经济环境、市场环境和自然环境都发生了巨大变化。环境的恶化和竞争的加剧促使越来越多的研究从生态学角度，将自然、经济和社会纳入到一个生态系统(生态环境)中,探索平衡、可持续、优化、和谐发展等问题。

1998年世界著名杂志《Nature》发表了一篇题为“The Bridging of Ecology and Economics”的论文提出生态经济学的概念,认为生态经济学是将生态和经济合二为一的新学科。近年来,生态经济学的研究领域不断拓展,涵盖企业生态、企业生态系统、产业生态、区域经济生态、全球经济生态、金融生态、金融生态环境等等。其中,企业生态及企业生态环境的研究成为生态经济学研究领域中最为活跃的部分。

企业作为经济活动中的生产者,是经济生态系统中最基础和最重要的主体之一,其生存与发展无时不受生态环境的影响。美国著名管理学家詹姆斯.弗.穆尔(James. F. Moore)1996年在其专著《竞争的衰亡》中首次提出了企业生态系统的概念,并将生态演化系统的理论应用到企业管理战略的分析中。同年,苏恩和泰森(Suan & Tan Sen,1996)在专著《企业生态学》(Enterprise Ecology)中将自然生态系统原理运用到人类企业活动中,所涉及的组织包括工业部门、学术领域和政府机构等。

国内关注企业生态系统的研究成果相对较少。韩福荣等(2002)在《企业仿生学》一书中把企业视为生物进行“解剖”,运用生物学原理诠释企业的功能系统。梁嘉骅等(2001,2005)将企业生态系统定义为企业与企业生态环境形成的相互作用、相互影响的整体,认为企业生态系统是一个开放的复杂巨系统,可分为企业生物成分和非生物成分两部分。生物成分是由消费者、代理商、供应商以及同质企业群所构成;非生物成分就是企业生态环境,主要是经济生态、社会生态和自然生态;认为企业生态系统具有复杂性和演进性的特点,企业需要通过自身的调整来适应这种复杂性从而提升企业竞争力;企业生态与企业发展、企业管理的演化密切相关。

结合生态系统的定义(生物和环境构成的统一整体)和上述梁嘉骅的定义,即:企业生态系统=企业生物成分+非生物成分=企业生物成分+企业生态环境(经济生态+社会生态+自然生态),那么,企业生物成分具有企业生态的内生性(内源性)特征,而非生物成分具有企业生态的外源性特征。由此延伸:随着经济全球化和金融全球化的加速深化,国家之间、市场之间日益融合;全球化、一体化特征必将加速信息的国际传递和危机的国际传染,过去一些在企业生态系统中原本毫无关联的事件,可能会因“蝴蝶效应”而受到波及甚至冲击(如美国次贷危机、欧债危机等);以致企业外部大环境的不确定性(如政策的不确定性和信息的不可预期性),这些外源性因素很有可能对企业生态环境乃至企业生态系统造成实质性的影响。

1.1.3 金融生态与金融生态环境

周小川(2004)最早将生态学的概念引申到金融领域,并强调用生态学的方法来考察金融发展问题。中国社科院金融研究所李扬、王国刚、刘煜辉(2005)将金融生态系统定义为由金融主体及其赖以存在和发展的金融生态环境构成,两者之间彼此依存、相互影响、共同发展，形成动态平衡系统；他们还提出了金融生态环境的概念，将其界定为由居民、企业、政府和国外等部门构成的金融产品和金融服务的消费群体，以及金融主体在其中生成、运行和发展的经济、社会、法制、文化、习俗等体制、制度和传统环境。该研究所于 2005 年起陆续发布了中国城市（地区）金融生态环境评价报告，从城市经济基础、企业诚信、地方金融发展、法制环境、地方政府公共服务、金融部门独立性、诚信文化、社会中介服务、社会保障程度共计 9 个方面为投入，以城市金融生态现实表征为产出，通过数据包络分析，对中国大中城市（地区）的金融生态环境进行综合评价。

1.1.4　对企业生态环境的诠释

近年来形成了一些企业生态系统的研究成果，但对企业生态环境的界定和研究的成果不多，也缺少两者的比较研究。鉴于本研究的对象是企业生态环境，有必要做出尽可能严谨的说明。

一般而言，我们通常认知的"生态"和"环境"（汉语词典的定义），是指生物在一定的自然环境下生存和发展的状态。"环境"意指周围的地方，或周围的情况和条件。"生态环境"[①]则是"由生态关系组成的环境"。若以自然科学视角定义生态环境，即是："围绕生物有机体的生态条件的总体，由许多生态因子综合而成"。如果从经济学或社会学的视角定义生态环境，则是"与人类密切相关、影响人类生活和生产活动的各种自然力量和经济力量的总和"。由此推论，企业生态环境即是与企业密切相关、影响企业生存和发展的各种力量（生态条件及生态条件影响因子）的总和。

企业生态系统与企业生态环境，从定义上看，两者有很多共性，但有无区别？有哪些区别？怎样才能清晰界定两者的区别？至今未能形成共识。若将研究对象和研究目的定位于江苏中小企业的成长和发展，用企业生态环境一词更为贴切，理由如下：

1. 从研究范畴看，研究单一企业成长的影响因素，用"企业生态系统"较为适宜；而研究一个城市、省区或者更大范围内不同规模、不同行业中小企业的成长与发展问题，用"企业生态环境"更为贴切。

2. 从综合生态条件的"内源性"和"外源性"考量，相对于"生态"，"环境"不但能涵盖企业、产业、行业的内源性生态条件，还更具外源性特征。研究企业生态环境，则是将区域内众多企业作为一个整体，研究哪些因素（生态条件影响因子）将影响这些企业的生产经营、如何影响、影响程度大小等问题，尤其是在经济和金融全球化、市场更加一体化和网络化趋势下，外部环境的不确定性及动荡不定，加大了企业成长和发

① 在我国，生态环境（ecological environment）一词最早出现在 1982 年全国人民代表大会第五次会议的政府工作报告上，当时第四部宪法第二十六条的表述是"国家保护和改善生活环境和生态环境，防止污染和其他公害"。

展的压力,这种不确定性源于多种因素(生态条件影响因子),如资源供给的不确定性、市场需求的不确定性、金融市场的不确定性、政策环境的不确定性,甚至竞争压力的不确定性,这些不确定性大多具有外源性特征。本研究针对的是江苏中小企业的景气指数(行业和经济运行状况),研究江苏整体的、地区的和主要城市的众多中小企业生存和发展状态,因此用“企业生态环境”更为贴切。

因此,本报告将研究对象确定为江苏中小企业生态环境,并将影响企业生存和发展的各种因素归为四个生态条件,分别为:生产(服务)生态条件、市场生态条件、金融生态条件和政策生态条件(图1-1)。

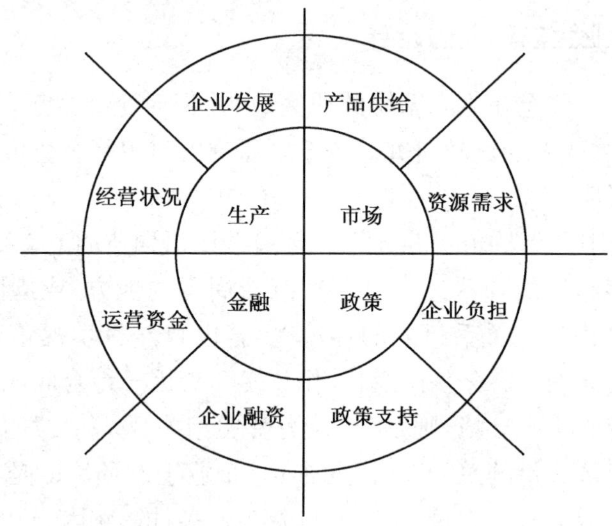

图1-1 企业生态环境的构成

图1-1中的生产(服务)生态条件从企业经营状况和发展状况两个维度综合考察,其影响因子主要有:企业综合生产(服务)经营状况、生产(服务)总量、经营(服务)成本、产能利用、营业收入、利润变化、产成品库存、劳动力需求与人工成本、固定资产投资、新产品开发,以及规模以上中小企业工业总产值、批发和零售业、住宿和餐饮业总额、专利授权数量、私营个体经济固定资产投资等统计指标。

图1-1中的市场生态条件从产品供给和资源需求两个维度综合考察,其影响因子主要有:新签销售合同、产品(服务)销售范围、产品或服务销售价格、营销费用、产成品库存、原材料及能源购进价格、劳动力需求与成本、融资需求与成本等;以及全社会用电量、亿元以上商品交易市场商品成交额、规模以上工业企业产品销售率、总资产贡献率、负债率、私营个体企业户数等统计指标。

图1-1中的金融生态条件从企业融资和运营资金两个维度综合考察,其影响因子主要有:应收款、流动资金、融资需求、融资可获性、融资成本、融资渠道、投资计划,以及规模以上工业企业流动资产、应收账款、单位经营贷款与存款余额、票据融资,年

末金融机构贷款余额等统计指标。

图 1-1 中的政策生态条件从政策支持和企业负担两个维度综合考察，其影响因子主要有：融资优惠、税收优惠、税收负担、行政收费、专项补贴、政府效率、人工成本等，以及一般公共服务、社会保障和就业财政预算支出、企业所得税、行政事业性收费收入占 GDP 比重、从业人数、城镇居民可支配收入等统计指标。

由图 1-1 的四个生态条件构成的企业生态环境是一个动态变化的、整体的循环系统，决定了企业的生存和发展状态，反映了企业整体的成长特征、规律与趋势，其综合评价信息能为企业和政府在管理决策、政策选择与战略制定方面提供依据；企业能根据企业生态环境变化的信息适时进行自我调整，主动应对多变的环境，以期赢得更多生存和发展的新机遇；政府能根据企业生态环境变化的信息不断创新和完善服务支持体系，优化政策生态环境，为企业的成长和竞争力的提升提供更为优质的支持和服务。

1.2　江苏中小企业生态环境评价研究的现实意义

江苏统计年鉴显示，近几年江苏中小企业数占比在 97%左右，工业总产值占比约 60%，总资产占比约 56%，平均资产收益率 10%(高于大型企业的 6.5%)左右，总资产贡献率 35%(高于大型企业的 9%)左右。2016 年，江苏中小企业对江苏全省工业增长的贡献率达 84.1%，拉动全省工业增长 5.9 个百分点，全省新增就业人数的 80%以上是中小企业贡献的。[①] 显然，江苏中小企业对江苏经济做出了巨大贡献，同时也意味着江苏中小企业的成长和发展与江苏经济社会能否健康发展息息相关，与江苏社会的和谐与稳定息息相关，其地位和重要性可形象地比喻为“江苏经济生态环境中的生命之水、国计民生之水和社会和谐之水”。因此，培育和优化江苏中小企业生态环境，大力扶持江苏中小企业成长和发展，是江苏省各级政府、各行各业乃至全社会的共同责任，也是我们南京大学金陵学院企业生态研究中心积极参与和努力的方向。

2014 年—2017 年连续 4 年江苏中小企业景气指数的编制和发布，连续 3 年出版 2014 年、2015 年和 2016 年江苏中小企业生态环境评价报告，是本研究中心的阶段性成果和贡献。4 年来，研究中心利用南京大学暑期时间，组织师生约 1700 人次赴江苏 13 个地级市中小企业，问卷调研、编制和发布江苏中小企业景气指数，出版发行江苏中小企业生态环境评价的年度报告。

党的十八大三中全会的一个重大决策，就是要从过去的市场发挥基础性作用向市场发挥主导性、决定性作用转型。这一转型意味着信息主导市场配置资源的功能

① 数据来源：江苏省经济和信息化委员会 2017 年 2 月发布的 2016 年全省中小企业“年度数据”。

将日益强化。信息经济学认为,商品或金融资产的价格凝聚着各种信息,信息变化必然会导致市场主体的预期变化和选择变化,进而改变商品或金融资产的供求和价格,最终改变其资源的配置效率;信息越充分和越对称,则市场效率越高;因此,信息决定着资源配置的效率①。显然,当代市场经济条件下,信息是决定经济运行效率的最关键、最核心的要素。

南京大学金陵学院企业生态研究中心深入江苏13市中小企业集聚区问卷调研,编制和发布江苏中小企业年度景气指数,分析、研究、撰写和出版发行江苏中小企业生态环境评价年度报告,及时、充分和准确地向市场持续发布企业运行态势的关键信息,发布企业生态环境变化及其趋势的关键信息,不但能很好地填补江苏中小企业统计信息的空白,并能为江苏中小企业以及各级政府的科学管理和决策奠定坚实基础,有助于总体提升江苏经济发展的资源配置效率。

近年来,传统企业,尤其是中小企业正面临着来自四个方面的日益严酷的竞争压力:一是源于经济全球化和金融全球化推动的市场竞争压力,二是源于基于互联网的大数据、云计算的信息技术创新的压力,三是源于产能过剩、经济下行的压力,四是融资难的压力。这四个方面的压力促使一些企业必须转变竞争理念背水一战:从传统的“渠道竞争”(实体店的产品销售渠道)向专注“平台竞争”(互联网平台+)转型,并进一步提升“生态竞争”力②,即打造和完善基于互联网的大数据和云计算等信息技术的生态型公司,或融入企业生态环境,通过分工和合作求得生存和发展。显然,以企业生态环境为视角编制和发布年度的江苏中小企业景气指数,研究和出版发行江苏中小企业生态环境评价年度报告,有助于企业和政府及时准确地获取行业和市场运行的动态信息;有助于中小企业、市场主体和政府根据这些信息进行自我评估,做出前瞻性的研究和决策;有助于提升资源配置的效率;有助于市场健康稳定地运行和发展。

1.3 江苏中小企业生态环境评价报告的特色

特色1:指数体系和生态环境评价体系的原创性。研究中心首次提出诠释企业生态环境得概念,并以企业生态环境为视角,在独创的中小企业景气指数体系基础上,首创中小企业生态环境评价体系(图1-1、图2-1所示),这一评价体系(生态环境)由生产(服务)、市场、金融、政策四大生态条件构成,每一生态条件包括两个维度,

① 阐释这个观点的著名学者有2001年诺贝尔经济学奖得主斯蒂格里茨(为信息经济学的创立做出重大贡献)、2013年诺贝尔经济学奖得主尤金.法玛(有效市场假说)等。

② “产品型公司值十亿美金,平台型公司值百亿美金,生态型公司值千亿美金”形象地说明企业提升竞争力的努力方向。生态型公司不但能凭借互联网+平台充分整合与利用信息,高效率配置资源,还具备内部管理低碳绿色,外部合作和谐共赢等特征。

每个维度由若干问卷指标和统计指标(国家统计局统计年鉴的指标)构成,涵盖了影响中小企业生存和发展的各种“生态条件影响因子”,可以动态的、全方位的、客观真实地观察和评价中小企业的生存发展态势及存在的问题。

特色2:填补统计和研究的空白。研究中心持续发布年度江苏中小企业景气指数和年度江苏中小企业生态环境评价报告,评价对象是江苏的中、小、微企业,并对区域(苏南、苏中、苏北)和江苏13个地级市的中小企业景气指数和生态环境进行深度比较。从指标体系看,统计局系统现行的统计都是针对规模以上企业的,而研究中心创建的指标体系则是针对中小微企业,可以与政府的统计数据形成互补,及时准确地反映影响中小微企业成长的生态环境的变化,这在江苏乃至全国都是首创,填补了这方面的统计空白和研究空白。

特色3:更具真实性、准确性和前瞻性。研究中心发布的年度江苏中小企业景气指数和年度生态环境评价报告依据的信息数据,是南京大学师生团队在暑假期间赴江苏13市中小企业集聚区,通过对中、小、微企业家或企业主一对一的问卷调研后,将问卷收集整理和分析处理后形成的。问卷包括30个问题,大部分问题分为两部分,即调查中小微企业对该问题的过去6个月(上半年)的主观感受(即期指数),和对该问题在未来6个月(下半年)的预期(预期指数),每年至少有400余人参加调研,通过收集、验收和整理得到有效问卷3 500份以上,具有大样本、全覆盖的特征。一对一问卷和大样本、全覆盖,以及包含企业预期的特征,将显著提升景气指数和评价报告信息的真实性、准确性和前瞻性。

特色4:独立第三方和高公信力。研究中心依托南京大学高水平师资队伍和丰富的教学科研资源,拥有一大批产业经济学、统计学、财务管理学、企业管理学、电子商务和市场营销学、金融学、国际贸易学方面的知名教授构成的专家顾问团队,全程指导景气指数的编制和生态环境的研究和评价;公开发布中小企业景气指数,公开出版中小企业生态环境评价报告;同时,基于南京大学这一平台的研究中心所形成的这一成果突出独立第三方特征,有助于确保景气指数和评价报告中信息和观点的公信力和高水平。

特色5:是产、政、学、研深度合作的结晶。本研究中心推出的江苏中小企业景气指数和中小企业生态环境评价报告是政、产、学、研深度融合的结晶和标志性成果,在景气指数问卷调研和编制发布,以及生态环境评价报告出版发行的过程中,不但得到南京大学商学院、南京大学金陵学院的大力支持,得到江苏13市中小企业家的大力支持,还得到江苏省经济信息化委员会、江苏统计局、江苏省金融办公室、江苏省委政策研究室信息处、江苏银行的鼎力支持,特别是江苏经济和信息化委员会为景气指数和生态环境评价的研究提供了大量翔实的文献资料,丰富了评价报告的内容,并帮助调研团队扩展和打通了江苏13市中小企业集聚区的联络渠道,创造了便利的调研条件,为确保研究质量奠定了良好的基础。

第二章　2016年江苏工业经济及中小企业基本情况

2.1　江苏省工业经济发展基本情况

2016年,江苏省经济社会发展总体平稳,稳中有进,主要经济指标增幅保持在合理区间,综合实力明显增强,结构调整实现新进展,发展质量有了新提升,改善民生取得新成效。据江苏省统计局2017年2月发布的2016年江苏省国民经济和社会发展统计公报显示:2016年江苏省全年实现地区生产总值76 086.2亿元,比上年增长7.8%。其中,第一产业增加值4 078.5亿元,增长0.7%;第二产业增加值33 855.7亿元,增长7.1%;第三产业增加值38 152亿元,增长9.2%。全省人均生产总值95 259元,比上年增长7.5%。三次产业增加值比例调整为5.4∶44.5∶50.1,产业结构加快调整[①]。

2016年,江苏经济发展活力继续增强。全年非公有制经济实现增加值51 510.3亿元,比上年增长8.0%,占GDP比重达67.7%,其中私营个体经济占GDP比重为43.6%,民营经济增加值占GDP比重达55.2%。年末全省工商部门登记的私营企业达222.9万户,当年新增50.1万户,注册资本98 090.7亿元,比上年增长34.4%;个体户438.8万户,当年新增77.6万户。区域发展协调性进一步提高。苏南现代化建设示范区引领带动作用逐步显现,苏中融合发展、特色发展加快推进,苏北大部分指标增幅继续高于全省平均水平,苏中、苏北经济总量对全省的贡献率达45.3%。

2016年,江苏省的工业运行也保持基本稳定。全年规模以上工业增加值比上年增长7.7%,其中轻工业增长7.6%、重工业增长7.7%。分经济类型看,国有工业增长4.2%,集体工业增长5.5%,股份制工业增长9.3%,外商港澳台投资工业增长5.3%。在规模以上工业中,国有控股工业增长4.0%,私营工业增长10.6%。企业效益稳步改善。全年规模以上工业企业实现主营业务收入15.8万亿元,比上年增长7.5%;利润10 525.8亿元,增长10.0%。企业亏损面12.3%,比上年下降1.5个百分点。规模以上工业企业总资产贡献率、主营业务收入利润率和成本费用利润率分别为16.7%、6.7%和7.2%。

---

① 《2016年江苏省国民经济和社会发展统计公报》,下同。

2.2　江苏中小企业基本情况

根据江苏省经济和信息化委员会发布的 2016 年全省中小企业“年度数据”显示，截至 2016 年末，江苏省中小企业总数达 248.2 万家，同比增长 22.3%，其中，工业企业 55.3 万家，同比增长 6.6%。规模以上中小工业企业 46 367 家，位居全国第一。

2016 年江苏中小企业中的私营企业新注册户数增长较快，全省工商部门新登记注册私营企业和个体工商户合计 128 万户，同比增长 23.9%，其中，新登记私营企业 50.1 万家，同比增长 27.2%，平均每天新增私营企业 1 373 家，比 2015 年同期多 294 户。

截至 2016 年末，私营企业户数累计达 222.9 万家，同比增长 22.4%。新增私营企业中，服务业企业占比稳步提高。2016 年末，服务业企业数累计达 87.5 万家，比 2015 年底增长 16.6%，服务业企业占全省中小企业总数的比重提至 36.9%。

截至 2016 年底，江苏省规模以上中小工业实现总产值 102 919 亿元，同比增长 9.5%，比 2015 年同期高 1.1 个百分点；主营业务收入 99 929 亿元，同比增长 9.7%，比 2015 年同期 2.6 个百分点。

2016 年，江苏省规模以上中小企业实现利润总额 6 906 亿元，同比增长 10.9%，高于工业总产值增幅 1.4 个百分点；主营业务收入利润率为 6.9%，增幅 1.2 个百分点，同比提高 0.1 个百分点。企业亏损面为 12.4%，比上年同期下降 1.5 个百分点。

2016 年，江苏省规模以上中小工业八大行业中，机械、轻工、石化三大行业产销总量均突破万亿元，其中，机械行业工业总产值突破 3 万亿元；轻工、石化行业突破 2 万亿元。三大行业主营业务收入分别增长 10.8%、11.7%和 11.3%，分别高于江苏全省平均水平 1.1 个、2 个和 1.6 个百分点。

2016 年，江苏省要素资源向优势企业集聚趋势明显，有技术含量、产品不断升级的企业订单饱满，产品供不应求。2016 年专精特新小巨人企业主营业务收入、利润总额和研发投入总额同比增长分别达 25%、35%和 28%以上。但也有一些企业订单量萎缩、开工不足，生产经营下滑。

2016 年，江苏的中小企业对江苏全省工业增长贡献率达 84.1%，拉动全省工业增长 5.9 个百分点。中小(民营)企业上缴税金 6921 亿元，同比增长 4%，占全省税务部门直接征收总额的 58.4%，比去年同期高 1.3 个百分点。中小(民营)企业从业人数增长 11.6%，全省新增就业人数的 80%以上是中小企业贡献的。

2016 年，江苏省规模以上中小工业企业中，民营企业个数占 77.3%，主营业务收入占 69.2%，利润总额占 65.3%。江苏民营中小工业对全省中小工业利润总额增长的贡献率为 62.6%，拉动全省规上中小工业利润总额增长 6.8 个百分点。

第三章　江苏中小企业景气指数与生态环境评价模型

经济周期理论提供了理解和解释经济变量动态变化及其规律的分析工具，但经济周期波动需要通过一些经济活动来进行传递和扩散，任何一个单一的经济变量本身的变动都不能完全代表宏观经济整体的波动过程。因此，为了能正确测定宏观经济的波动，就必须综合地考虑投资、消费、财政、金融、贸易、就业、企业生产经营等一系列指标的变动和相互影响。宏观经济景气分析通过选择若干重要的经济指标集合，建立其经济指标与经济周期之间的对应关系，进而对宏观经济的运行情况做出客观评价。

中小企业是我国重要的经济主体，不仅数量庞大，在促进就业方面有突出贡献，是安置新增就业人员的主要渠道，已成为国民经济的重要支柱，是经济持续稳定增长的坚实基础。随着我国经济市场化程度的提升，中小企业对整体经济的贡献不断增强，全力扶持和促进中小企业的发展，是当前的重要工作。李克强总理多次在不同场合强调对中小微企业的支持问题。尤其是国务院关于大力推进大众创业万众创新若干政策实施的意见（国发 2015 年 32 号文件）正式出台后，通过政策性金融扶持创新型、创业型小微企业的发展，意义尤为重大。因此，持续准确地发布中小企业景气指数，从生产、市场、金融、政策等角度分析中小企业的生存环境和发展趋势，也有助于政府的政策调整，健全和完善中小企业的政府服务体系。

江苏省是我国的经济强省。中小企业在江苏省的经济发展中起着重要的作用，对其经济运行环境进行专项研究，营造一个适于其生存、发展的社会经济环境，不仅有助于中小企业的发展，对江苏整体经济的发展都有着十分积极的作用。

3.1　江苏中小企业生态环境评价体系

江苏中小企业生态环境评价报告，由南京大学金陵学院企业生态研究中心推出。该报告依据南京大学的中小企业问卷调查，以及江苏省统计局的统计数据，构成一套系统、科学的评价体系。并且根据各经济要素的重要程度，在经济景气评价指标基础上，结合中小企业的经济运营特征，建立中小企业生态环境监测指标体系。通过生态环境评价体系和模型来描述中小企业的生态环境、预测未来走势，全面、准确地评价江苏中小企业的经营、发展状况。评价体系立足于中小企业的生产经营和生态环境，围绕着生产、市场、金融、政策等方面的研究和预报，全面、综合地反映江苏省中小企业运行状况。

中小企业生态环境评价体系包括：指数模型建立、调查与数据收集、景气指数计算与数据分析、生态环境评价报告等几个部分，评价体系如图 3-1。

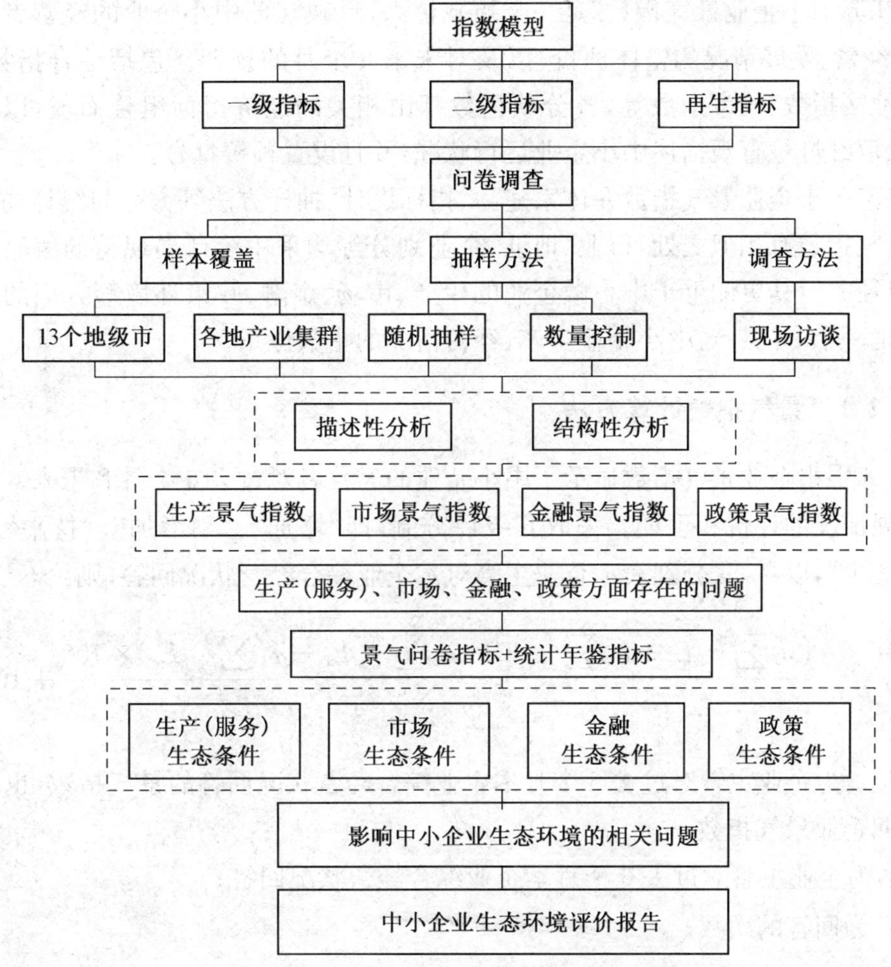

图 3-1 江苏中小企业生态环境评价体系

3.2 江苏中小企业景气指数的问卷调查

景气指数方法是一种综合的经济运行状况的测量方法，宏观经济的景气波动是通过一系列经济流动来传导和扩散的。事实上，任何单一的经济变量波动都不足以完全代表或反映整个宏观经济景气状态。因此，分析宏观景气不能依靠某单一的指标，而要通过编制综合的经济景气指数，包括生产、消费、投资、财政、金融、就业等，构成景气指数体系，以此作为观测宏观经济景气的综合尺度。

江苏中小企业景气指数由南京大学金陵学院企业生态研究中心推出，于每年 11

月下旬定期发布。该指数依据南京大学专项调查,由企业的高层管理者根据调查问卷上的内容做出评价。指数涵盖了国民经济各个行业,研究范围集中在江苏省13个地级市的中小企业。

"江苏中小企业景气指数"是一个指数体系,反映江苏中小企业的经营者对过去6个月经营、发展情况的整体评价,以及对未来6个月的预期。包括综合指数、二级指数、地区指数、城市指数等,各分项指数都由相关的经济指标组合而成,以蓝、绿、黄、红、双红灯号直观描述中小企业运行状况,并且设置预警灯号。

江苏中小企业景气指数在体系建立、指标设计、抽样方法等方面与统计局现行的经济景气指数有相似之处,行业、地址、企业划分等均采用统计局现行的编码规则与统计口径。但其更侧重于中小微企业的生产、市场、金融、政策环境等方面的研究和预报,是一个专门针对中小企业生产、经营情况的指数体系。

3.2.1 景气指数计算方法

江苏中小企业景气指数显示了中小企业的经营者对过去6个月和未来6个月经营、发展情况的评价和预期。采取5级评分制,即"增加"、"稍增加"、"持平"、"稍减少"、"减少",以ω_j、μ_j分别表示企业主管对本企业综合经营状况回答,则:

$$X_{t-6}=\frac{(\omega_5\sum_{i=1}^{n_5}E_i+\omega_4\sum_{i=1}^{n_4}E_i-\omega_2\sum_{i=1}^{n_2}E_i-\omega_1\sum_{i=1}^{n_1}E_i)\times 100}{\sum_{j=1}^{5}\omega_j\sum_{i=1}^{n_j}E_i}+100$$

式中:X_{t-6}为企业主管对过去6个月本企业综合经营状况回答的景气指数,也称为即期企业景气指数;

ω_i为企业主管对过去6个月本企业综合经营状况回答;

E_i为回答的次数。

$$X_{t+6}=\frac{(\mu_5\sum_{i=1}^{n_5}E_i+\mu_4\sum_{i=1}^{n_4}E_i-\mu_2\sum_{i=1}^{n_2}E_i-\mu_1\sum_{i=1}^{n_1}E_i)\times 100}{\sum_{j=1}^{5}\mu_j\sum_{i=1}^{n_j}E_i}+100$$

式中:X_{t+6}为企业主管对将来6个月本企业综合经营状况回答的景气指数,也称为预期企业景气指数;

μ_i为企业主管对将来6个月本企业综合经营状况回答;

E_i为回答的次数。

则有:

企业景气指数$=0.4\times X_{t-6}+0.6\times X_{t+6}$(对过去6个月评价的权重占40%,对未来6个月评价的权重占60%)。

3.2.2　景气指数等级的设定

南京大学金陵学院企业生态研究中心将景气指数分为5个等级，突出景气指数的方向性，即更关注和监测中小企业景气指数下行的态势，特设预警、报警和加急报警，见表3-1。

当景气指数在90～150区间为绿灯区，景气指数在150～200区间为蓝灯区。景气指数在绿灯区或蓝灯区时，表明企业景气呈比较乐观或乐观态势；景气指数在90～50区间为黄灯区，须启动预警；当景气指数下行到50～20区间，即红灯区，表明景气恶化，须立即启动报警；当景气指数暴跌到20～0区间，即双红灯区时，可能爆发危机，须加急报警。

表3-1　景气指数等级构成及说明

指数区间	颜色	预警状态
150～200	蓝灯区	运行状况良好
90～150	绿灯区	运行状况平稳
50～90	黄灯区	预警
20～50	红灯区	报警
0～20	双红灯区	加急报警

3.2.3　调查样本分布与数据检验

2010年，江苏省政府出台《关于进一步促进中小企业发展的实施意见》，从省级层面对中小企业发展进行总体部署，加快培育一批省级中小企业产业集聚示范区，支持重点特色产业基地和产业集群，提高特色产业比重，壮大龙头骨干企业，延长产业链，提高专业化协作水平，实现资源节约和共享的集群化发展。目前，江苏省已经认定的省级特色产业集群和中小企业产业集聚区已经达到100余个。本项研究在样本抽取时，侧重于这些产业集群，采取简单随机抽样方法抽取研究的样本。

2016年的市场调查时点为2016年7月至8月期间，共收回有效问卷3221份。采用Alpha信度系数法进行检验，即期样本的Cronbach's Alpha＝0.905，预期样本的Cronbach's Alpha＝0.906。即期、预期样本Alpha信度系数较2014年、2015年都有不同程度的增长，且都超过0.9，表明2016年的调查质量进一步提高，调查问卷具有较高的可靠性和有效性，符合量表的一贯性、一致性、再现性和稳定性要求。

从企业规模的构成看（表3-2），2016年样本企业中，中型企业有355家，占11.0%；小型企业1563家，占比48.5%，接近总样本的50%；微型企业1 303家，占比40.5%。与2015年调查相比，中、小型企业的样本量均略有下降，而微型企业的样本量有较大上升。总体看,从2014年到2016年,小、微企业占比分别为73.1%、86.7%和89%,逐年突出本研究对小微企业的关注。

表3-2　样本的企业类型构成

企业类型	2014年		2015年		2016年	
	数量	百分比	数量	百分比	数量	百分比
中型企业	946	27.0%	726	13.3%	355	11.0%
小型企业	1 696	48.4%	2 854	52.4%	1 563	48.5%
微型企业	866	24.7%	1 859	34.3%	1 303	40.5%
合计	3 508	100.0%	5 439	100.0%	3 221	100.0%

从样本企业的产业构成看,2016年从事第一产业的企业占比只有5.2%,继2015年上升1%;第二产业1 967家,占比61.1%;第三产业1 086家,占比33.7%。与2015年调查相比,第三产业的样本量占比上升2.1%。

表3-3　样本的产业类型构成

产业类型	2014年		2015年		2016年	
	数量	百分比	数量	百分比	数量	百分比
第一产业	20	0.6%	232	4.2%	168	5.2%
第二产业	2 647	76.1%	3493	64.2%	1 967	61.1%
第三产业	814	23.4%	1714	31.6%	1 086	33.7%
合计	**3 481**	**100.0%**	**5 439**	**100.0%**	**3 221**	**100.0%**

从表3-3还可以看到,2016年第二、第三产业样本数占比达94.8%,一直保持本研究对二、三产业的中小微企业的关注。

3.3　江苏中小企业生态环境评价指标体系构成

在我国目前经济结构中,中小企业成为重要的经济力量。他们市场化程度高、适应性强、覆盖面广,从生产(服务)经营、产品和服务销售、市场开拓到融资发展等方面都表现出高度的自适应性和灵活性;从企业属性看,中小企业的产业关联强,常常与其他企业一起构成产业链,显然中小企业集群或产业园区等在推动产业关联发展方面成效显著。为此,政府希望通过相关政策扶持中小企业发展,加强产业集聚,促进产业结构升级优化。

在指标体系的设置方面,研究中心针对两个重要问题做出相应的解决方案:(1) 与官方标准的一致性。评价体系要兼顾国家统计局现行统计标准和行业分类方法,并与相关统计标准和统计规则保持一致,以利于统计数据的引用和统计指标的对比分析，力求在更大范围内提升各指标的参考价值、研究价值和应用价值；(2) 研究中心的问卷样本数据针对的是中小企业(大多为内源性生态条件影响因子)，还需要一些行业(产业)数据因子甚至更宏观的经济数据(外源性生态条件影响因子)做补充，这意味着在中小企业生态环境评价中，综合统计局规模以上企业统计数据十分必要。为此，研究中心针对实际情况，选择专家法或因子分析法或层次分析法确定指标权重，以期真实全面地反映中小企业的生态环境。

研究中心采用的中小企业划分依据，是国家工业和信息化部、国家统计局、国家发展和改革委员会、财政部《关于印发中小企业划型标准规定的通知》(工信部联企业[2011]300 号)精神，和国家统计局制定的《统计上大中小型企业划分办法》。按现行国家标准，中小企业划分为中型、小型、微型三种类型。

如前论述，江苏中小企业生态环境评价由 4 个生态条件、八个生态条件维度、62 个生态条件影响因子指标构成(图 3-4，表 3-4)。形成中小企业生态环境综合评价指标体系。

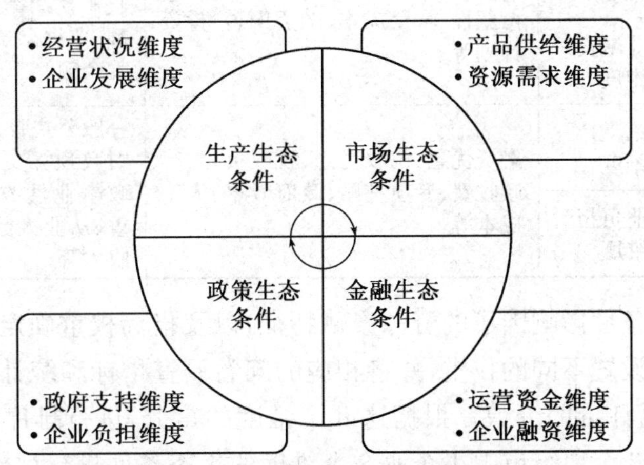

图 3-4　中小企业生态环境评价体系的构成

其中 38.7%的指标选取江苏省统计年鉴的数据，61.3%的指标来自研究中心的问卷调研数据(见表 3-4)。这种指标合成评价方法，可以通过定性与定量相结合的方式，准确地反映内生性因素和外源性因素对中小企业生态环境的影响。

江苏中小企业生态环境评价以问卷调查数据和统计年鉴数据为基础。为方便建立两者间的比较关系，对问卷调查数据采取景气指数的计算方法进行计算，对一些更重要但不具可比性的数据，采用比重指标进行处理。比如，将企业所得税指标转化为用当地企业所得税除以当地 GDP，以消除地区规模差异的影响；对统计年鉴数据，采用专家评估和打分来确定指标权重的方法进行处理，或采用因子分析法、层次分析法确定指标权重。

表 3－4　中小企业生态环境评价指标体系构成

生态条件指数	维度指数	生态条件影响因子	
		问卷调查指标	统计年鉴指标
生产(服务)生态条件	经营状况维度	企业综合生产(服务)经营状况、生产(服务)总量、经营(服务)成本、产能利用、营业收入、盈利(亏损)变化、产成品库存、劳动力需求与人工成本、固定资产投资、新产品开发等	规模以上中小企业工业总产值、批发和零售业、住宿和餐饮业总额、专利授权数量、私营个体经济固定资产投资等
	企业发展维度		
市场生态条件	产品供应维度	新签销售合同、产品(服务)销售范围、产品或服务销售价格、营销费用、产成品库存、原材料及能源购进价格、劳动力需求与成本、融资需求与成本等	全社会用电量,亿元以上商品交易市场商品成交额、规模以上工业企业产品销售率、总资产贡献率、负债率,私营个体企业户数等
	资源需求维度		
金融生态条件	运营资金维度	应收款、流动资金、融资需求、融资可获性、融资成本、融资渠道、投资计划等	规模以上工业企业流动资产、应收账款,单位经营贷款与存款余额、票据融资,年末金融机构贷款余额等
	企业融资维度		
政策生态条件	政策支持维度	融资优惠、税收优惠、税收负担、行政收费、专项补贴、政府效率、人工成本等	一般公共服务、社会保障和就业财政预算支出、企业所得税、行政事业性收费收入占 GDP 比重、从业人数、城镇居民可支配收入等
	企业负担维度		

根据各生态条件影响因子的资源禀赋特征,以及指标权重确定方法,给 62 个生态条件影响因子设置不同的权重,并将相应的问卷调查指标和统计年鉴指标数据汇总,得到 8 个维度评价的分数。根据这 8 个维度的得分,进行排序和维度的内涵分析,对江苏省的 13 个地级市中小企业 8 个维度的生态条件进行评价;将这 8 个维度汇总,可以对生产(服务)生态条件、市场生态条件、金融生态条件、政策生态条件进行评价;再将这 4 个二级指标合成,得到综合的中小企业生态环境的评价,即形成对 13 个地级市中小企业生态环境的整体评价,以及对苏南、苏中和苏北三个地区的整体评价。

表 3－4 中前 7 个维度指标都为正向指标,得分越高表明情况越好;而“企业负担维度”为负向指标,得分越高,表明企业的负担越轻。

3.4　中小企业生态环境评价模型

如前所述,中小企业生态环境评价模型由生产、市场、金融、政策 4 个生态条件二级指标组成,再由这 4 个生态条件二级指标分解出 8 个生态条件维度指标和 62 个生态条件维度影响因子指标(表 3-4、图 3-4),以利于从更加细分的层级上对中小企业生态环境进行深度评价。针对 8 个维度共 62 个生态条件影响因子(问卷调查指标和统计年鉴指标),选用专家法、因子分析法或层次分析法确定其权重后,运用加权组合的方式构建评价模型。

同时,在进行评价之前,采用极差标准化方法,对指标进行无量纲化处理,即对数据进行标准化处理,以增强各经济要素之间的可比性。

3.4.1　数据标准化

对序列 x_{ij}($i=1,2,\cdots,13,j=1,2,3,\cdots,62$),采用极差标准化方法对数据进行标准化处理,正向指标和负向指标的处理公式分别如下:

$$y_{ij}=\frac{x_{ij}-\min\limits_{1\leqslant i\leqslant 13}\{x_{ij}\}}{\max\limits_{1\leqslant i\leqslant 13}\{x_{ij}\}-\min\limits_{1\leqslant i\leqslant 13}\{x_{ij}\}} \tag{3-3}$$

$$y_{ij}=\frac{\max\limits_{1\leqslant i\leqslant 13}\{x_{ij}\}-x_{ij}}{\max\limits_{1\leqslant i\leqslant 13}\{x_{ij}\}-\min\limits_{1\leqslant i\leqslant 13}\{x_{ij}\}} \tag{3-4}$$

式中:i 表示江苏省的 13 个地级市;

j 表示评价体系的 62 个生态条件影响因子。

得到转换后的矩阵 $Y=(y_{ij})_{13\times 62}$,这里 $y_{ij}\in[0,1]$。

3.4.2　评价指标权重设定及评价模型的创建

评价指标的权重是一个相对概念,某一指标的权重反映了该指标在整体评价中的相对重要程度,重要程度越高,则权重越大。权重的设置是专家们根据研究内容以及指标在整体经济运行中的重要性而定的,并根据需要进行适当调整,一组评价指标体系相对应的权重组成了权重体系。

本项研究是针对江苏省中小企业进行的。在指标设置时,与中小企业经营相关性较大的指标,就赋予较高的权重;而与整体经济环境(外源性)相关,对中小企业影响相对较小的指标,则赋予稍低的权重。具体操作中,由多位专家针对问卷调查指标和统计年鉴指标,对各维度影响因子的权重进行打分后得到平均值 W_j。

8 个维度的权重均为 10 分,专家根据维度内的三级指标(生态条件影响因子)的特征及重要性,设置不同的权重。这种以等权的方式设置各维度指标,可以在维度之间建立可比关系。由此得到:

$$M_{ij}=\sum_{j=1}^{62}\sum_{i=1}^{13}W_j\cdot Y_{ij} \tag{3-5}$$

还可以根据中小企业评价系统中的 4 个生态条件指标、8 个维度指标和 62 个生态条件影响因子,建立如下关系模型:

$$F_{sum} = \sum_{env=1}^{4} W_{env} \cdot Y_{env} = \sum_{dim=1}^{8} W_{dim} \cdot Y_{dim} = \sum_{key=1}^{62} W_{key} \cdot Y_{key} \qquad (3-6)$$

其中：

F_{sum}表示江苏省中小企业生态环境指数；

W_{env}表示4个生态条件指数各自的权重；

Y_{env}表示4个生态条件指数具体的数值；

W_{dim}表示8个维度指数各自的权重；

Y_{dim}表示8个维度指数具体的数值；

W_{key}表示62个生态条件影响因子各自的权重；

Y_{key}表示62个生态条件影响因子具体的数值。

3.4.3 确定指标权重的其他方法

如上所述，企业景气指数的指标有很多，各个指标权重的选择十分重要，指标权重设置的科学性直接影响评价结果的合理性。除上述权重确定方法外，还将从研究实际需要出发，选择适宜的权重确定方法。

从现有文献看，权重的确定方法有主观赋权法和客观赋权法两类。其中主观赋权法依据的是专家或个人的知识经验来确定权数，如德尔菲法、层次分析法(AHP)等；客观赋权法是由调查得到的数据确定，主要有因子分析法、均方差法、离差最大化法等。虽然从客观性角度来看，主观赋权不如客观赋权，但是主观赋权往往更贴近实际，解释性较好，而客观赋权法虽然得到的结果更客观，精度更高，但往往得到不符实际的结果。

因子分析的好处是赋权客观，方便横向比较，但不能进行纵向比较，这是因为不同年份得到的公共因子及其载荷不尽相同，各个评价指标在不同年份的权重不完全相同，因而难以建立一套稳定的指标权重体系。适用于产业集群分析中的特定问题。层次分析法的好处是利用专家比较，事先建立起稳定的权重体系，从而方便横向和纵向比较，所不足的是专家比较可能带有一定的主观性。

3.4.3.1 因子分析法

因子分析的目的在于对多个原始变量进行综合评价，将它们转换为少数几个不相关的综合指标。这种将多个变量转换为少数几个不相关的综合指标的多元统计分析方法，被称为因子分析(Factor analysis)，其中代表各类信息的综合指标称为因子。因子分析的步骤如下：

1. 提取因子

在统计分析软件中，提取因子的方法很多，有主成分法、最大似然法、映象因子提取法、α因子提取法、不加权最小平方法等，其中以主成分法和最大似然法较为常用。本项目研究中也会根据实际需要采用主成分法(Principal Components)提取因子。

在主成分分析中，是以各个变量的线性组合构成因子，一个主成分为一个因子，其中第一个主成分因子在样本变量线性组合中的方差最大，第二个主成分因子是与第一个主成分不相关的、具有第二大方差的线性组合，依次类推。也就是说，在主成分分析中，越在后面的因子，其方差越小。

2. 相关分析

通过计算原始变量的相关系数和提取公共因子后的再生相关系数，得到两者的残差，通过残差绝对值大于 0.05 的个数多少及其百分比的高低来检测因子模型是否适合，从而来决定因子提取的方法。

3. 因子旋转

在提取因子后得到因子矩阵。因子矩阵的系数表示因子与各变量的相关性。但由于一个因子与各变量的相关系数常常相差不明显，因而往往难以从中直观地看出各个因子所代表的意义，为此需要进行因子旋转，以达到一个变量尽可能地仅与某一个因子相关，而不是与几个因子相关，并希望每一个因子只与全部变量中的极少数变量有亲缘关系（即较高的载荷量值），以便解释各因子的潜在含意。在统计分析软件中有 Varimax 法、Quartimax 法、Equamax 法、Direct Oblimin 法等多种因子旋转方法，其中 Varimax 法最为常用，旋转的效果最好。

4. 解释因子

因子旋转后，需要对各因子的潜在含义进行归纳和解释。在归纳时，首先要考虑与该因子的相关系数较大的变量有哪几个，然后从这一组变量中归纳出一个总的含义，这个总的含义就代表了这个因子的实质。

5. 计算因子得分

因子分析的目的之一，是减少与因子相关的一些变量，即减少多余的变量。计算因子得分的方法有多种，包括 Regression 法、Bartlett 法和 Anderson-Rubin 法等三种方法。以 Bartlett 法为例，其因子得分为：

$$f=(B'\psi^{-1}B)^{-1}B'\psi^{-1}x$$

其中，B 为因子旋转后的因子载荷阵，ψ 为对角矩阵 ding $(\psi_1,\psi_2,\cdots,\psi_m)$，$\psi_i=1-\sum b_{ij}^2(j=1,2,\cdots,n)$。

设原始变量为 x_1、x_2、x_3、x_4、…、x_m。假设这 m 个变量总的来说可以归结于 n 个方面，每一个方面即为一个因子，于是有 n 个因子：F_1、F_2、F_3、F_4、…、$F_n(n\leqslant m)$，各因子与原始变量之间的关系可以表示成：

$$\begin{cases}F_1=b_{11}X_1+b_{21}X_2+\cdots+b_{m1}X_m\\F_2=b_{12}X_1+b_{22}X_2+\cdots+b_{m2}X_m\\F_3=b_{13}X_1+b_{23}X_2+\cdots+b_{m3}X_m\\\qquad\cdots\\F_n=b_{1n}X_1+b_{2n}X_2+\cdots+b_{mn}X_m\end{cases}$$

写成矩阵即为：$F=BX+E$，其中 X 为原始变量向量，B 为因子负荷矩阵，其每个系数 b_{ij} 称为因子载荷量(factor loading)，F 为公共因子，E 为残差向量，表示某个变量不能被公共因子包括的部分(又称“特殊因子”)。公共因子 F_1、F_2、…、F_n之间彼此不相关，称为正交模型。

6. **计算综合得分**

以各因子的特征根所对应的总方差贡献率为权重，可以得到因子的综合得分：$F=\sum_{i=1}^{n}F_iW_i$，其中 W_i 为因子 F_i 所对应的总方差贡献率，其值越大，表示因子 F_j 越重要。

3.4.3.2 层次分析法

所谓层次分析法(Analytic Hierarchy Process，简称 AHP)，是指将一个复杂的多目标决策问题作为一个系统，将目标分解为多个目标或准则，进而分解为多指标(或准则、约束)的若干层次，通过定性指标模糊量化方法算出层次单排序(权数)和总排序，以作为目标(多指标)、多方案优化决策的系统方法。

使用层次分析法权重的具体步骤包括：

1. **设计指标体系**

将选定的评价指标建成由目标层、准则层和方案层(或措施层)组成的递阶层次结构。其中目标层只有一个元素，它是问题的预定目标或理想结果；准则层包括实现目标所涉及的中间环节需要考虑的准则，该层可由若干层次组成，因而有准则和子准则之分；方案层是为实现目标可供选择的各种措施或解决方案等。

该结构的层次数与问题的复杂程度及需要分析的详尽程度有关，层次数一般不受限制。每一层次中各元素所支配的元素通常不要超过 9 个，因为支配的元素过多会给两两比较判断带来困难。

2. **专家判分**

根据各层次及各层次指标对上一层的重要性，由专家对各指标的重要性进行两两比较，并判值。假设某层有 n 个指标，$X=\{X_1,X_2,\cdots,X_n\}$，用 a_{ij} 表示第 i 个指标相对于第 j 个指标的重要性比较结果，对 a_{ij} 一般采用 1～9 标度进行赋值，赋值标度表如表 6-2 所示。

也就是说，a_{ij} 有 9 种取值：1/9，1/7，1/5，1/3，1/1，3/1，5/1，7/1，9/1，它们分别表示 i 要素对于 j 要素的重要程度由轻到重。

(1) 构造判断矩阵 $A=(a_{ij})_{n\times n}$。将各位专家的赋值结果取几何平均数(即 n 个数的乘积开 N 次方)，并据此构造专家的综合判断矩阵：

$$A=(a_{ij})_{n\times n}=\begin{bmatrix} a_{11} & a_{12} & \cdots & a_{1n} \\ a_{21} & a_{22} & \cdots & a_{2n} \\ \cdots & \cdots & \cdots & \cdots \\ a_{n1} & a_{n2} & \cdots & a_{nn} \end{bmatrix} \quad (\text{其中 } a_{ii}=1, a_{ji}\times a_{ij}=1)$$

表 3-5 赋值标度含义表

标度($a_{ij}=$)	重要性
$a_{ij}=1$	i 和 j 同等重要
$a_{ij}=3$	i 比 j 稍微重要
$a_{ij}=5$	i 比 j 比较重要
$a_{ij}=7$	i 比 j 十分重要
$a_{ij}=9$	i 比 j 绝对重要
$a_{ij}=2$、4、6、8	重要程度基于上述奇数之间
a_{ji} 为 a_{ij} 的倒数	因子 $a_{ji}=1/a_{ij}$

(2) 层次单排序和一致性检验。判断矩阵权重计算的方法有算术平均法(即“和法”)、几何平均法(即“根法”)、特征根法(简称 EM)、对数最小二乘法、最小二乘法等多种方法。可采用和法计算权重向量,计算方程如下:

将矩阵 A 的元素按列进行归一化处理,得到新的矩阵 $B=(b_{ij})_{n\times n}$,其中:

$$b_{ij}=a_{ij}/\sum_{k=1}^{n}a_{kj}\ ;$$

将 B 矩阵中的各元素按行相加求和,得到新的向量:

$$\widetilde{W}_i=\sum_{j=1}^{n}b_{ij}$$

将得到的新向量的每行元素除以 n,即得到权重列向量 W:

$$W_i=\frac{1}{n}/\sum_{i=1}^{n}\frac{a_{ij}}{\sum_{k=1}^{n}a_{kj}},j=1,2,3,\cdots,n$$

计算矩阵 A 的最大特征根 $\lambda_{\max}$。和法下的最大特征根为:

$$\lambda_{\max}=\sum_{i=1}^{n}\frac{(AW)_i}{nW_i}$$

所谓一致性是指判断思维的逻辑一致性。判断方法如下:

计算一致性指标 CI(Consistency Index)

$$CI=(\lambda_{\max}-n)/(n-1)$$

$CI=0$ 时表示判断的逻辑一致。CI 越大,表示 A 的不一致性程度越严重。

查找随机性指标 RI(Random Index)

表 3-6 平均随机一致性指标 *RI* 标准值

矩阵阶数	1	2	3	4	5	6	7	8
RI	0	0	0.58	0.90	1.12	1.24	1.32	1.41

计算一致性比率 CR(Consistency Ratio)

$$CR=CI/RI$$

若 $CR<0.10$,表示 A 的不一致性程度在容许范围内,表明该矩阵中各因素的重要性判断比较符合逻辑一致性,此时可用归一化特征向量作为权重向量,否则需要重新构造成对比较矩阵,对 A 加以调整。

3. 层次总排序及其一致性检验

根据构建的结构模型,计算最底层的每一个指标对应最上层的权重值。确定某层索引因素对于总目标相对重要性的排序权值过程,称为层次总排序。

排序的原则是从最高层到最底层逐层进行。设 A 层有 m 个因素 $A_1,A_2,\cdots,A_m$,分别对总目标 Z 的排序权重为 $a_1,a_2,\cdots,a_m$;B 层 n 个因素对上层 A 中因素 A_j 的层次单排序为 $b_{1j},b_{2j},\cdots,b_{nj}(j=1,2,\cdots,m)$,则 B 层的层次总排序为:

$$\begin{cases} B_1:a_1b_{11}+a_2b_{12}+\cdots+a_mb_{1m} \\ B_2:a_1b_{21}+a_2b_{22}+\cdots+a_mb_{2m} \\ \cdots \\ B_n:a_1b_{n1}+a_2b_{n2}+\cdots+a_mb_{nm} \end{cases}$$

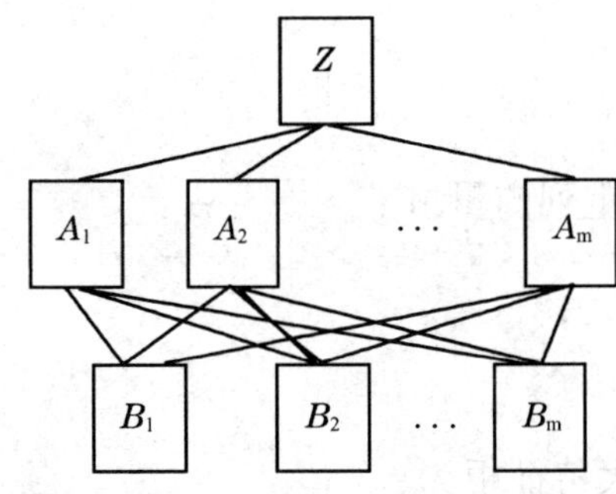

A \ B	$A_1,A_2,\cdots,A_m$ $a_1,a_2,\cdots,a_m$	B 层的层次总排序
B_1	$b_{11},b_{12},\quad b_{1m}$	$\sum a_jb_{1j}=b_1$
B_2	$b_{21},b_{22},\quad b_{2m}$	$\sum a_jb_{2j}=b_2$
⋮	⋮ ⋮ ⋮	⋮
B_m	$b_{a1},b_{a2},\quad b_{am}$	$\sum a_jb_{mj}=b_m$

对层次总排序也应做一致性检验,根据每一层次元素对应上一层次某个因素的 CI 和 RI,以及对应的上一层次因素的权重,计算总排序一致性比率 CR。

设 B 层 $B_1,B_2,\cdots,B_n$ 对上层(A 层)中因素 $A_j(j=1,2,\cdots,n)$ 的层次单排序一致性指标为 CI_j,随机一致性指标为 RI_j,则层次总排序的一致性比率为:

$$CR=\frac{a_1CI_1+a_2CI_2+\cdots+a_mCI_m}{a_1RI_1+a_2RI_2+\cdots+a_mRI_m}$$

若 $CR<0.10$,则层次总排序的一致性是可以接受的,可以按照总排序权重向量表示的结果进行决策,否则需要重新考虑指标体系或重新构造那些一致性比率 CR 较大的成对比较矩阵。

第四章　2016 年江苏中小企业景气指数

2016 年暑假期间，南京大学金陵学院企业生态研究中心继续进行江苏中小企业景气指数调查，有 420 名学生和 30 余名教师参与，共收回有效问卷 3221 份。于 2016 年 12 月 3 日发布江苏中小企业景气指数。这是继 2014 年、2015 年之后，南京大学金陵学院企业生态研究中心第三次公开发布江苏中小企业景气指数。

该景气指数由一个完整的指标体系构成，包括：中小企业景气指数、四个二级指数（生产景气指数、市场景气指数、金融景气指数、政策景气指数），并能针对产业结构、企业规模和江苏的区域、城市进行专项分析。2016 年度的调查样本中，有 74.7% 的企业规模在 100 人以下，小微企业的特征明显，也显示出本项调查更加注重跟踪江苏小微企业的运营状况。

该指数体系的调查指标设置、数据计算方法均借鉴了国内外景气调查方法，其内涵基本一致，即以企业家为调查对象，以问卷方式收集企业家对宏观经济、市场和企业生产经营状况判断的一种统计调查。简而言之，就是调查企业家对宏观经济态势、对企业生产经营状况所做的判断和预期。调查参考了国家统计局景气指数的统计方法和指标体系，在指标计算、行业分类及地址编码等方面均采用官方统计系统的规则。

4.1　江苏中小企业景气指数综合分析

表 4－1 显示，2016 年度江苏中小企业景气指数为 106.9，处于绿灯区域，呈相对景气状况，表明江苏中小企业景气状态平稳。

表 4－1　2014 年—2016 年江苏中小企业景气指数

指数	2014 年	2015 年	2016 年	2016 年比 2014 年上升
中小企业景气指数	107.2	105.5	106.9	－0.3
即期指数	106.4	104.9	105.9	－0.5
预期指数	107.8	105.9	107.7	－0.1

以 2014 年作为基准数据，2016 年的景气指数为 99.8，景气状态略显下行，但比 2015 年稍有回升（2015 年指数为 98.4），显示出江苏整体经济的景气状况在经历了 2015 年一定幅度下降之后，2016 年已经出现回升的态势，景气状况有所好转。

从指数的构成来看,预期指数高于即期指数,显示出大多受调查的中小企业高层管理者对整体经济前景抱有信心,表现出较为乐观的态度。预期指数与即期指数相差幅度为近2年最高,显示出现实的经济环境仍然让企业家感受到压力,但他们对预期表现出较高的信心。与2014年相比,即期指数下降了0.5点,预期指数仅下降0.1点,基本与2014年持平。

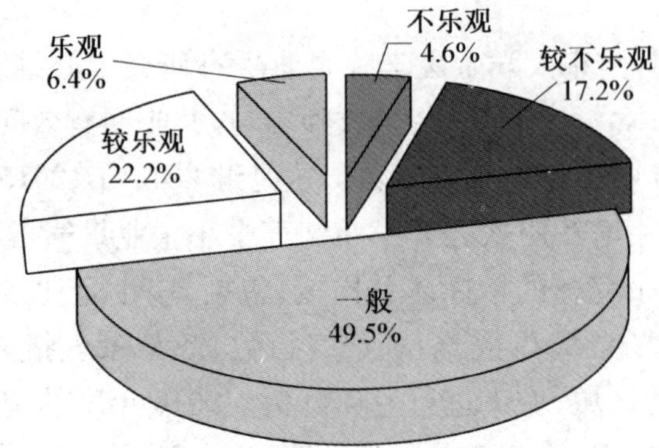

图4-1　中小企业管理者对整体经济的评价

2016年度江苏中小企业景气指数调查问卷显示:在问及"中小企业管理者对整体经济的评价"时,有78.2%的样本企业高层管理者给予"一般"以上的评价,较2014年上升了2.4个百分点;"不乐观"、"较不乐观"等负面评价的只有21.8%(图4-1、表4-2);与2014年相比,选择中性评价的比重有所上升,"一般"的比重上升了4.4个百分点,而乐观、悲观的评价都有不同程度的下降,下降幅度基本相等;与2015年相比,企业家在"一般"、"较不乐观"的比重有所上升。由此可见,虽然整体经济面临下行的压力,2016年中小企业的管理者仍然抱有较积极的态度,但观望情绪有所上升。

表4-2　中小企业管理的整体评价

评价指标	2014年	2015年	2016年	2016年比2014年上升
不乐观	5.6%	6.2%	4.6%	−1.0
较不乐观	18.6%	14.9%	17.2%	−1.4
一般	45.1%	47.3%	49.5%	4.4
较乐观	22.9%	24.6%	22.2%	−0.7
乐观	7.8%	7.0%	6.4%	−1.4

问卷中"总体运行状况"和"企业综合生产(服务)经营状况"是2个独立的、主观的指标,能够更加直接地反映企业的高层管理者对整体经济状况和企业本身经营状况主观评价。2016年这2个指标的景气指数分别为124.5和127.2,位于问卷所有30个指标的前列,与2014、2015年的调查基本一致。

2016 年"总体运行状况"的景气指数比 2014 年低 1.0,但是比 2015 年已有明显好转(2015 年下降了 6.2),见表 4-3。即期指数为 124.4,预期指数为 124.6,预期指标稍高于即期指标;与 2015 年相比,2016 年出现显著转化,更多的企业家对前景的评价转向乐观。"企业综合生产(服务)经营状况"比 2014 年上升了将近 10 个指数点,比 2015 年上升 6.5 个指数点。

表 4-3 总体与企业运行状况景气指数

指标	2014 年	2015 年	2016 年	2016 年比 2014 年上升
总体运行状况	125.5	119.3	124.5	−1.0
企业综合生产经营状况	117.9	120.7	127.2	9.7

综合分析,"总体运营状况"与"企业综合生产经营状况"这 2 个调查指标的景气指数均高于总景气指数,表明企业高层管理者对整体经济、企业的运营的信心较高。3 年的跟踪调查显示,在"总体运行状况"的景气度出现波动的同时,"企业综合生产经营状况"的景气度依然呈现出持续和稳步增加态势,表明虽然受到经济下行压力,江苏大多数中小企业依然持续坚守发展信念,对生产经营前景较为乐观。结合问卷另一项指标"技术水平评价"的景气指数达到 126.9,列 2016 年度景气度第 2 位,表明江苏较多中小企业对本企业的技术水平持有信心,为"企业综合生产经营状况"的乐观评价奠定良好基础。

4.2 江苏中小企业二级景气指数分析

经济景气状况的内涵十分广泛,为了能够更加准确地反映生产、市场、金融、政策等因素对中小企业景气状况的影响,创设"生产(服务)景气指数、市场景气指数、金融景气指数、政策景气指数"4 项二级景气指数。这 4 项二级景气指数之间、与综合指数之间都存在着相互的影响,但彼此之间没有数量上的关联。

"生产"、"市场"、"金融"、"政策"4 个景气指数都是组合指标,分别由问卷上的多个三级指标组合而成。2016 年度的调查中,4 个二级景气指数较均匀,且都高于 100,见表 4-4。"生产"、"金融"景气指数稍高于综合指数,"市场"、"政策"景气稍低于综合指数。从构成情况看,综合景气指数与各个二级景气指数的即期指数均小于预期指数,表现出对前景较为一致的乐观态度。其中:"政策景气指数"的预期指数与即期指数相差最大,表明中小企业管理者对政策环境给予了积极的评价,并且认为政策环境会持续向好,也表明各级政府的努力正在得到中小企业的认可。"生产景气指数"的差距列第 2 位,这表明虽然经济下行让中小企业面临着巨大的挑战,现实的市场环境依然严峻(市场景气指数较 2014 年仍有 4.7 的降幅),但大多中小企业对经济前景仍抱有信心,并以积极的心态和实际行动面对挑战。

表 4-4　2016 年江苏中小企业景气指数

指标＼景气指数	综合指数	即期指数	预期指数	预期指数与即期指数之差
中小企业景气指数	106.9	105.9	107.7	1.8
生产景气指数	108.5	107.4	109.1	1.7
市场景气指数	104.7	104.0	105.1	1.1
金融景气指数	106.0	105.5	106.4	0.9
政策景气指数	102.6	101.4	103.3	1.9

表 4-5 和图 4-2 显示，2016 年“生产”、“政策”2 个二级景气指数都呈现持续上升态势，较 2014、2015 年都有不同程度的增长。市场景气指数比 2015 年稍有回升，但仍低于 2014 年。金融景气指数稍有回落。

表 4-5　江苏中小企业景气指标、二级指数比较

指标＼年份	2014 年	2015 年	2016 年	2016 年比 2014 年上升
总指数	107.2	105.5	106.9	−0.3
生产景气指数	103.9	107.4	108.5	4.6
市场景气指数	109.4	103.4	104.7	−4.7
金融景气指数	100.3	106.3	106.0	5.7
政策景气指数	88.9	100.2	102.6	13.7

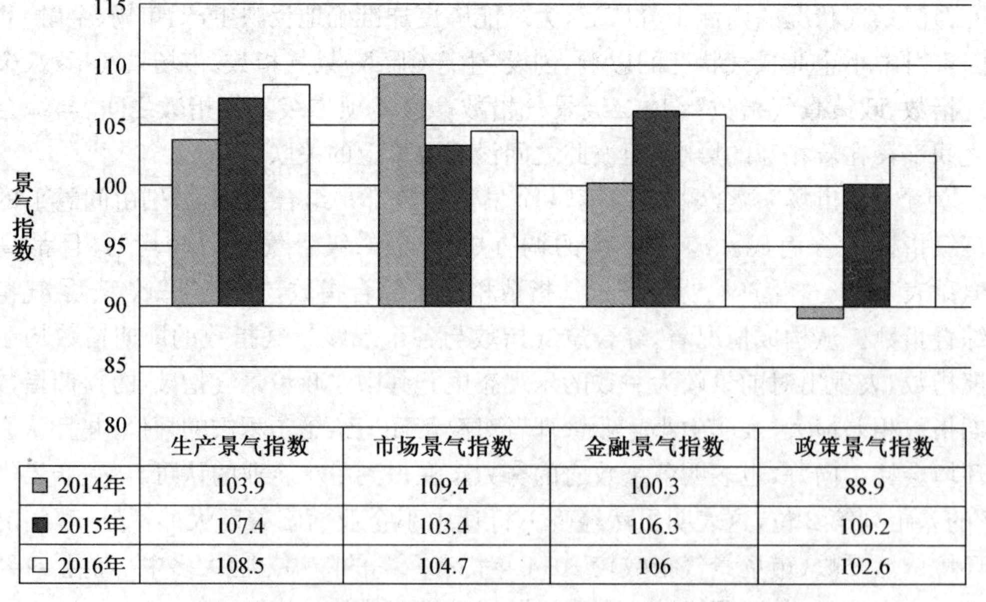

图 4-2　2014 年—2016 年江苏中小企业景气指数的二级指数

如前所述,“生产”、“市场”、“金融”、“政策”4 个景气指数都是组合指标,分别由问卷上的多个三级指标组合而成。若进一步分析各二级指数波动的成因,就需从三级指标分析入手。

4.2.1　江苏中小企业生产景气分析

2016 年江苏的经济总量位于全国第二位,工业增加值列全国第一,其中制造业继续领先全国。2016 年江苏第三产业增加值比例已超越第二产业,加快二、三产业的发展成为江苏经济的重要特征。

“生产景气指数”展现企业生产(服务)运营的态势,旨在从“经营状况”、“企业发展”2 个维度来综合反映中小企业内部管理与企业发展的状况。其三级指标指标包含了:营业收入、经营成本、产能过剩、盈亏变化、技术水平与技术人员需求、劳动力需求、人工成本、应收款、投资计划、产品与服务创新、流动资金等问卷调查指标。

2016 年度,江苏中小企业“生产景气指数”为 108.5,稍高于综合指数。即期指数为 107.4,预期指数为 109.1,表现出江苏中小企业的生产状况保持上升势头,大多中小企业管理者对生产前景表现出了更为乐观的态度,预期这种上升的势头仍将持续,见图 4-3。

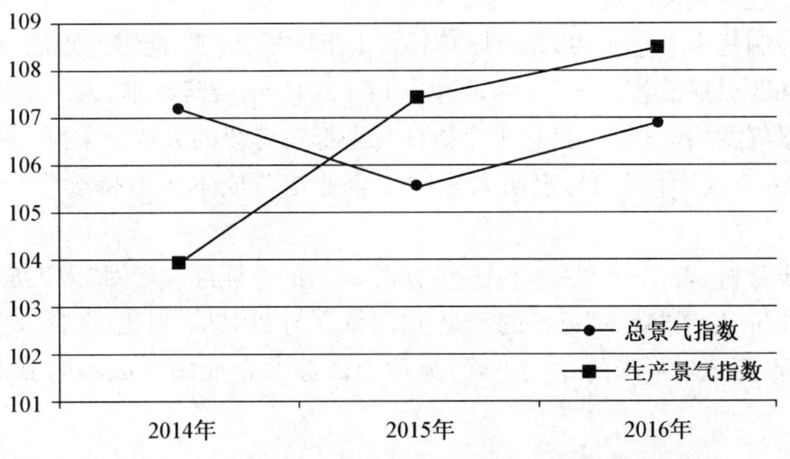

图 4-3　2014—2016 年总景气指数与生产景气指数变化情况

从构成来看,图 4-4 显示,2016 年“生产景气指数”的上升主要得益于营业收入、流动资金、应收款等指标,以及投资计划、产品创新、劳动力需求等有关企业发展类指标方面。

例如,营业收入较 2015 年上升 1.4,流动资金较 2015 年上升 6.0,应收款较 2015 年上升 3.7,投资计划上升 3.0,产品创新上升 6.3,劳动力需求上升 2.2,等等,这些三级指标的上升助推生产景气指数上升。另一方面,经营成本、产能过剩的问题较为突出,景气度比 2015 年又有比较大幅度的下降;人工成本在 2015 年出现小幅度回升

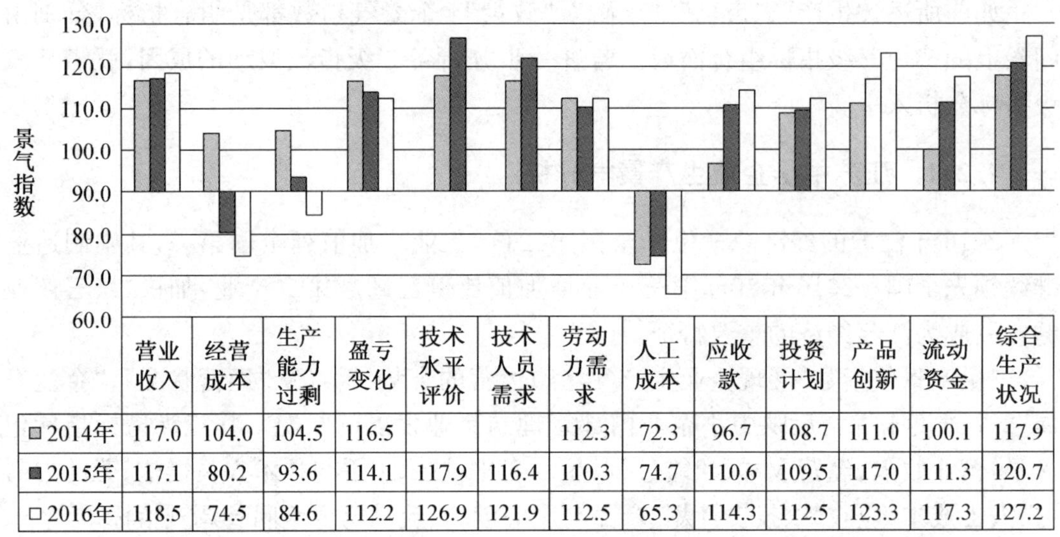

	营业收入	经营成本	生产能力过剩	盈亏变化	技术水平评价	技术人员需求	劳动力需求	人工成本	应收款	投资计划	产品创新	流动资金	综合生产状况
■2014年	117.0	104.0	104.5	116.5			112.3	72.3	96.7	108.7	111.0	100.1	117.9
■2015年	117.1	80.2	93.6	114.1	117.9	116.4	110.3	74.7	110.6	109.5	117.0	111.3	120.7
□2016年	118.5	74.5	84.6	112.2	126.9	121.9	112.5	65.3	114.3	112.5	123.3	117.3	127.2

图 4-4　2014—2016 年生产景气指数三级指数的比较

之后,2016 年出现了较大幅度下降(9.4 降幅)。附件 1 中生产景气指数三级指标经济含义的阐释是:经营成本、产能过剩、人工成本都是逆指标,即指数下降,表明成本增加或产能过剩愈发严重。

成本控制是中小企业共同面对的问题,由于规模、资源、能力的限制,使得中小企业对成本问题更加敏感。图 4-4 显示 2014—2016 年经营成本、人工成本和生产能力过剩的景气度均低于 90,且这三个指标几乎都在持续的大幅度下降并都进入黄灯区,尤其是人工成本(65.3),表明大多中小企业运营成本压力持续增加,进入预警区间。

进一步分析,表 4-6 显示,2016 年有近 50%的企业经营者对"人工成本"给出了"增加"的评价,给予"减少"评价的不足 14.4%。与 2015 年相比,选择人工成本增加的比例上升,而选择下降的比例下降,显示出江苏的企业用工成本明显上升的严峻态势。

表 4-6　企业管理者对"人工成本"的评价

	增加	稍增加	持平	稍减少	减少
2014 年	10.0%	38.7%	35.5%	12.6%	3.2%
2015 年	10.5%	35.0%	34.7%	16.2%	3.6%
2016 年	11.1%	38.5%	36.0%	12.6%	1.8%

产能过剩的问题也依然严峻。2016 年"生产(服务)能力过剩"的景气指数为 84.6,已经低于 90,落入黄灯区,比 2014 年下降了 20 点,比 2015 年下降了 9 点,出现了持续下滑的态势;即期指数为 86.6,预期指数为 83.2,预期指数低于即期指数 3.4

点，这一跌幅是比较罕见的，凸显不少中小企业对产能过剩问题表现出持续的悲观情绪。

投资计划与产品创新是与企业长期发展直接相关的指标。这 2 个指标的景气度较高，且技术水平、技术人员需求的景气度也较高，显示大多中小企业都注重技术进步（技术水平评价高达 126.9）和产品创新，愿意增加投资计划和招募技术人员，通过技术创新和产品创新来降低生产成本、减少用工量和增加收益。

4.2.2　江苏中小企业市场景气分析

“市场景气指数”包含新签销售合同、产品销售价格、原材料购进价格、应收款、人工成本等 12 个三级指标（图 4-6），通过这一组指标的企业评价来反映中小企业所面临的市场景气状态。

2016 年度，江苏中小企业“市场景气指数”为 104.7，稍低于综合指数。比 2014 年下降了 4.7 个点，比 2015 年上升 1.3 点，见图 4-5。2016 年度市场景气指数的即期指数为 104.0，预期指数的 105.1，预期指数稍大于即期指数，表明对市场前景持乐观预期的企业数增加了，市场环境有所改善。

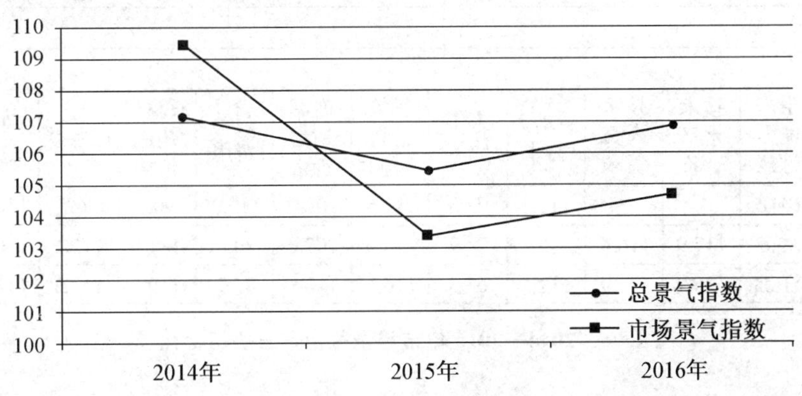

图 4-5　2014—2016 年江苏中小企业景气指数与市场景气指数的变化

从构成来看，三级指标中，推动市场景气指数上升的营销类指标有：(1)“新签销售合同”(1.2 升幅)，说明市场需求向好，在“营销费用”上面的投入有一定成效，该指标预期指数大于即期指数，表明大多中小企业预期下半年将稍好于上半年；(2)“产品销售价格”(3.8 升幅)，意味着其价格水平进一步回落；(3)“原材料购进价格”(7.4 升幅—逆指标，即该指数上升意味着价格下降)。

营销费用(73.9)是致使市场景气指数有向下压力的指标，其景气度下降较快（有

−6.7降幅),落入黄灯区[①]。这是由于经济下行、市场萎缩,中小企业不得不通过增加营销投入来维持现有的销售状态,消化产能或库存。“营销费用”的景气指数由2014年的119.2,急剧地下降到2015年的80.6,又继续下降到2016年的73.9,是2014—2015年的问卷调查中下降幅最大的调查指标。

营销类指标的起伏,符合中小企业的经营特征,它们常采取市场追随的营销策略,通常不会主动地以加大营销投入的方式去扩大销售,但当市场不景气时,他们也有应对的方法,最直接、易行的办法就是加大营销投入。

2016年技术类指标如“技术水平评价”、“技术人员需求”的景气度都在120以上,显示出大多中小企业已经更加注重改进增长方式,努力地提升企业的技术含量,抵消市场环境的不利影响。

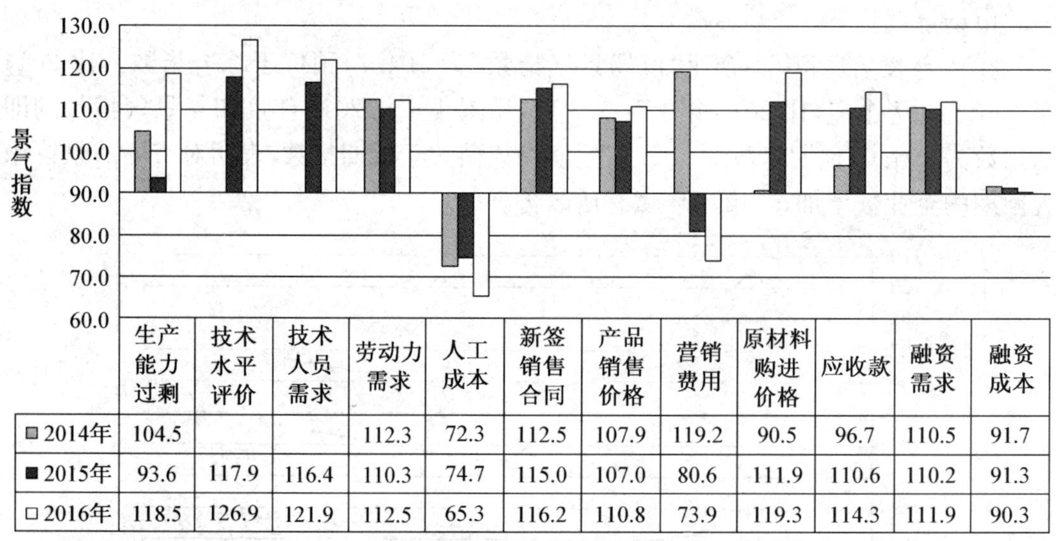

	生产能力过剩	技术水平评价	技术人员需求	劳动力需求	人工成本	新签销售合同	产品销售价格	营销费用	原材料购进价格	应收款	融资需求	融资成本
2014年	104.5			112.3	72.3	112.5	107.9	119.2	90.5	96.7	110.5	91.7
2015年	93.6	117.9	116.4	110.3	74.7	115.0	107.0	80.6	111.9	110.6	110.2	91.3
2016年	118.5	126.9	121.9	112.5	65.3	116.2	110.8	73.9	119.3	114.3	111.9	90.3

图4-6　2014—2016年市场景气指数三级指标比较

4.2.3　江苏中小企业金融景气分析

中小企业的融资问题正在得到中央乃至各级地方政府的高度重视,政府力图通过金融扶持,努力营造适于中小企业生存、发展的金融环境。政府相关职能部门和商业银行都出台了不少政策措施,不少银行组建了专门针对中小企业贷款的业务部门,加快中小企业贷款的体制建设。

但金融市场对中小企业金融支持的效率不是一蹴而就的,而且经济波动尤其是经济下行对中小企业融资的负面影响很大。2016年度,江苏中小企业“金融景气指

① 在2014年的调查中就出现了预期指数小于即期指数的状况,预示着中小企业营销费用的景气度将会转差,但2015年下降的幅度如此之大,确实有些出乎预料;2016年的预期指数大于即期指数,是否预示着江苏中小企业的营销费用将会有所减少?景气度会有所回升?

数”为 106.0，稍低于综合指数。比 2014 年上升了 5.7 点，但比 2015 年下降了 0.3 点（图 4-7）；即期指数为 105.5，预期指数为 106.4，预期指数虽稍大于即期指数，幅度小于 1，是 4 个二级指标中，预期指数与即期指数差值最小的指标，表明大多中小企业对金融环境或融资难易程度的预期低于其他 3 个二级指数。

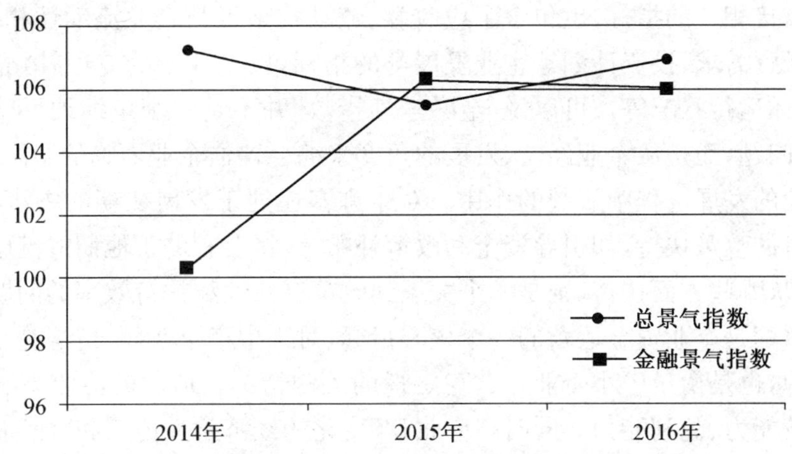

图 4-7　2014—2016 年总景气指数与金融景气指数变化情况

从构成来看，“金融景气指数”可以从企业内部、外部分为 2 大类。与企业经营相关的内部指标中，2016 年，只有“生产（服务）能力过剩”的景气指数低于 90，其他各项指标都位于 90 以上。总体运营状况（5.2 升幅）、应收款（3.7 升幅）、投资计划（3.0 升幅）、流动资金（6.0 升幅）、融资需求（1.7 升幅）等 5 项都比 2015 年有所增加，表明大多中小企业内部管理和资金管控较为平稳（图 4-8）。

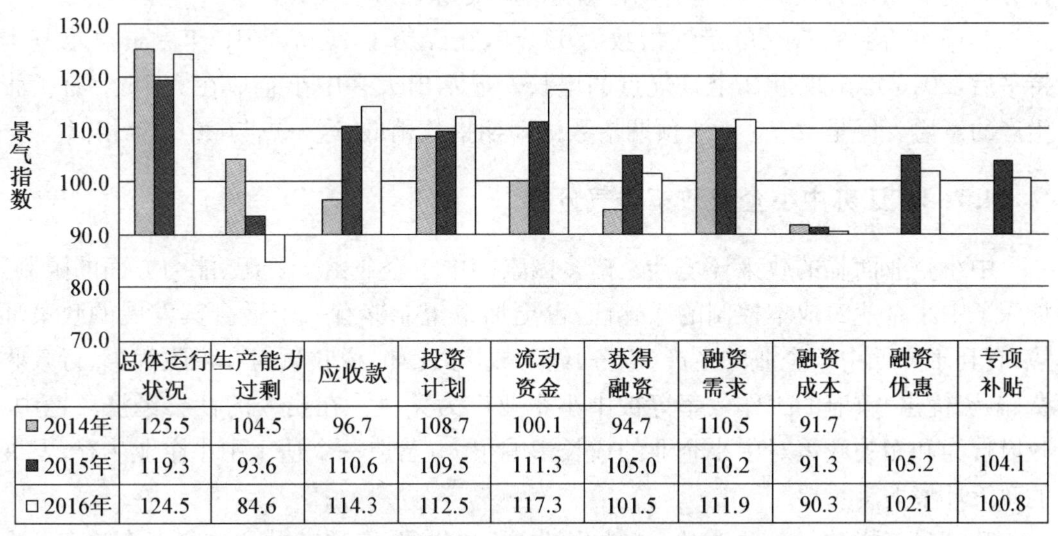

	总体运行状况	生产能力过剩	应收款	投资计划	流动资金	获得融资	融资需求	融资成本	融资优惠	专项补贴
2014年	125.5	104.5	96.7	108.7	100.1	94.7	110.5	91.7		
2015年	119.3	93.6	110.6	109.5	111.3	105.0	110.2	91.3	105.2	104.1
2016年	124.5	84.6	114.3	112.5	117.3	101.5	111.9	90.3	102.1	100.8

图 4-8　2014—2106 年金融景气指数各项三级指标

外部指标包括:获得融资(3.5 降幅)、融资成本(1.0 降幅)、融资优惠(3.1 降幅)、专项补贴(3.3 降幅)等,显然外部指标的评价均低于 2015 年,且其中大多指标低于内部管控的评价。"融资难、融资贵"的状况依然困扰着中小企业。

"金融景气指数"不仅有"融资成本"、"获得融资(融资的难易程度)"、"融资优惠"等与融资直接相关的指标,也包含了应收款、流动资金等与企业流动性相关的指标,还包含了融资需求、投资计划等企业发展类的指标,以及政府的专项补贴(政府财政支持)和总体运行状况等。可以说"金融景气指数"并不是一个单纯地反映"融资难、融资贵"的问题,而是从企业经营、发展的角度来综合评估企业面临的金融环境,以及融资在企业的发展进程中所起的作用。对于许多还处于发展初期的中小企业,能够获得一定量的政策扶持,如引导资金和政策补贴等,将会有助于他们的健康发展。但如何扶持、从哪些方面扶持,则是一个关系到政策有效性和扶持效率的问题。

"应收款"是企业资金运营的一个核心指标,对于中小企业而言,这是企业流动性的主要来源,也是衡量中小企业运营稳定性的关键指标。适度的应收款有助于提升企业的经营能力、盈利能力。同时,"应收款"变化的经济含义还需和"流动资金"的变化结合起来综合评价,如果流动资金和应收款同时增加,则应收款的增加有积极效果;若流动资金减少,则应收款的增加不是改善而是弱化了企业流动性。

图 4-8 显示,3 年来的跟踪调查显示,流动资金和应收款的景气指数是持续上升的,表明中小企业的管理者对应收款采取了比较有效的管控措施,在应收款增加的同时,更多地采用"现款现货"的销售方式,确保企业流动性的稳定。结合"投资计划"等指标的景气度持续上升,可以认为,总体上看,江苏大多中小企业在资金的内部管控方面还是比较有效的,企业流动性管理基本健康。

2016 年"融资需求"的景气指数为 111.9,在经历了 2014、2015 年融资需求基本持平后,2016 年出现近 2 个景气点的增长。显示出大多中小企业在 2016 年有扩张生产的意愿。但是,2016 年的预期指数比即期指数稍低,这一点与 2015 年相似。

4.2.4 江苏中小企业政策景气分析

中小企业面临的政策环境涉及诸多因素。中小企业由于资源、能力方面的限制,加深了中小企业对成本控制的敏感性,也更加希望能够有一个适合其发展的政策环境,有利于降低中小企业的生产(服务)经营成本,比如,税收负担和税收优惠、行政收费、融资优惠、政府的工作效率等被中小企业广为关注。在当今的社会经济环境中,政府行为和相关政策对中小企业的成长影响很大,营造一个适于中小企业生存、发展的政策环境尤为重要。

政策景气指数是一项涉及:融资、税收、行政收费、专项补贴和政府工作效率等内容的二级指数。2016 年江苏中小企业"政策景气指数"为 102.6,继 2015 年超过景气指数临界点之后,2016 年继续保持上升的态势(图 4-9)。2014 年政策景气指数仅有 88.9,处于黄灯区。2015 年的景气度比 2014 年上升了 11.3 点,2016 年再次上升 2.4 点。3 年时间,对政策的评价由较为负面转变为较积极的肯定,表现出江苏中小企业面临的政策环境有了较为显著的改善,各级政府对中小企业的支持得到大多中小企业的认可。2016 年政策景气指数的预期指数为 103.3,即期指数为 101.4,预期指数比即期指数高 1.9,为 4 个二级指数中差值(升幅)最大的指数,表明整体的政策环境向好,且中小企业管理都对未来有更大的信心,对政策持续改善抱有充分的期待。

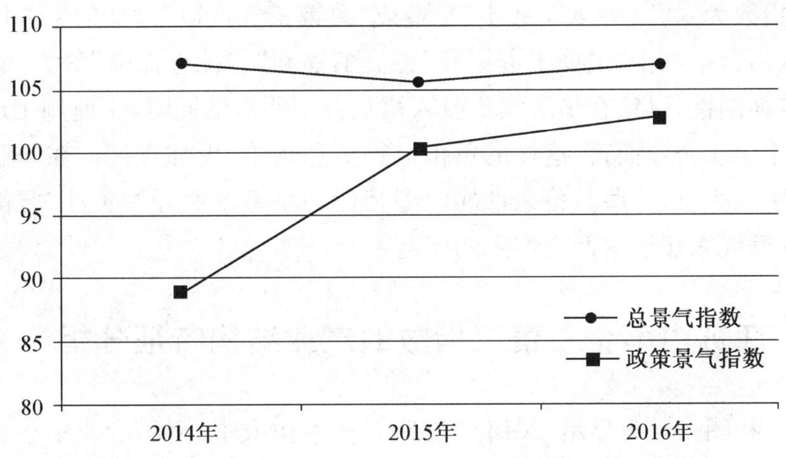

图 4－9　2014—2016 年总景气指数与政策景气指数变化情况

从构成看,"政策景气指数"包含了获得融资、税收负担、行政收费、人工成本以及政府效率、各项补贴等。调查显示,大多中小企业对"政府效率"给予了相当积极的评价,其景气指数达到 121.8,比 2015 年上升了 7 点(图 4－10),政府的积极作为得到大多中小企业的充分肯定。

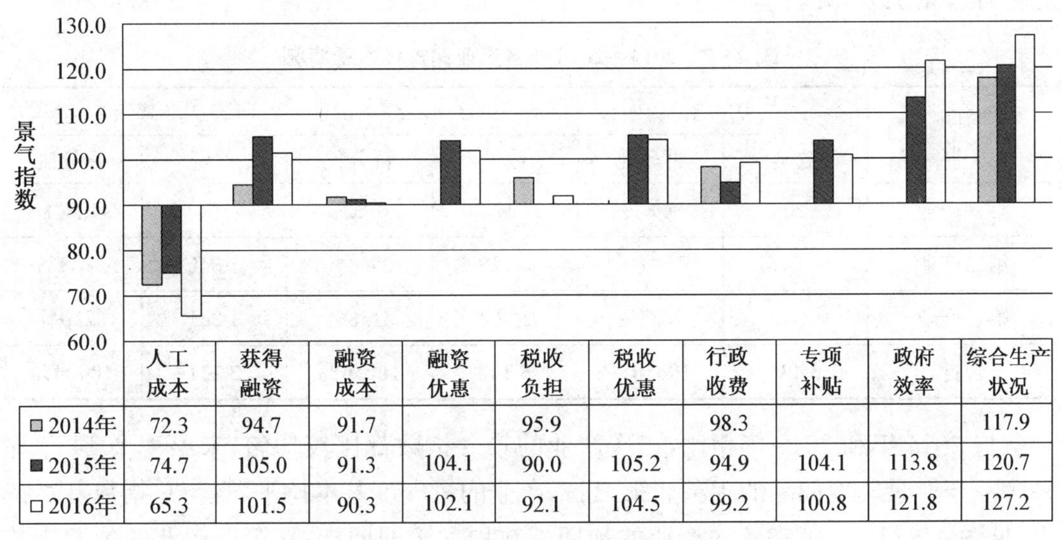

	人工成本	获得融资	融资成本	融资优惠	税收负担	税收优惠	行政收费	专项补贴	政府效率	综合生产状况
2014年	72.3	94.7	91.7		95.9		98.3			117.9
2015年	74.7	105.0	91.3	104.1	90.0	105.2	94.9	104.1	113.8	120.7
2016年	65.3	101.5	90.3	102.1	92.1	104.5	99.2	100.8	121.8	127.2

图 4－10　2015 年政策景气指数各项指标状况

注:融资优惠、税收优惠、专项补贴、政府效率是 2015 年补充的指标。

“税收负担”、“行政收费”是 2 个与政策环境高度相关的指标，由于中小企业经营中对成本更为敏感，因此对这 2 个指标更加关注。2016 年这 2 个指标的景气度分别为 92.1 和 99.2，从 2014 年到 2016 年，经历较大幅度的下滑后有小幅回升；税收负担和行政收费都是逆指标，即指数上升代表企业负担减少，显然，这 2 个指标在 2016 年的回升，表明企业负担相应有所减轻。

2016 年“人工成本”的景气度为 65.3，为近 3 年跟踪调查中最低，预期指数为 67.2，即期指数为 62.3。“人工成本”是造成“政策景气指数”过低的主要因素。目前江苏各地区出台了不少“最低工资标准”、“员工福利”、“社会保险”等方面的政策，并都带有一定强制性，以致在员工实际收入增长并不明显的同时，企业用工成本却大幅度提高，对于中小企业而言，这样的负担显得更加沉重、更加直接。在“招工难”、“工资高”的双重压力下，一些具备条件的中型企业和小型企业开始关注“智能制造”，以期通过技术升级来缓解这两个实际的问题。

4.3 江苏中小企业景气指数的产业结构特征分析

表 4－7 和图 4－11 显示，2016 年度问卷样本构成中，第一产业中小企业样本量为 4.8%，景气指数为 108.8，高于全省综合指数；第二产业的样本量达到 57.3%，景气指数为 106.9，与全省综合指数基本持平；第三产业的样本量约占 37.9%，景气指数为 106.8，略低于全省综合指数。样本量占绝大比重的二、三次产业景气指数值均处于绿灯区，运行状态良好。

与 2014 年和 2015 年相比，第二产业的样本比重有所下降，第一、三产业的样本比重有一定上升，见表 4－7。

表 4－7　2014—2016 年各产业调查样本量情况

时间 产业	2014 年		2015 年		2016 年	
	数量	百分比	数量	百分比	数量	百分比
第一产业	20	0.6%	17	0.3%	154	4.8%
第二产业	2 647	76.1%	3 719	68.4%	1 846	57.3%
第三产业	814	23.4%	1 704	31.3%	1 221	37.9%
合计	**3 481**	**100.0%**	**5 440**	**100.0%**	**3 221**	**100.0%**

与 2014 年和 2015 年相比，三次产业的景气指数都比较均匀，未出现 2014 年那种第一产业景气度偏高的现象。第二、三产业的景气度基本持平，且与总指数基本持平，见图 4－11。3 年来三次产业的预期指数均大于即期指数，第一产业的预期指数与即期指数相差稍大(3.5)，二、三产业基本持平，见图 4－12。

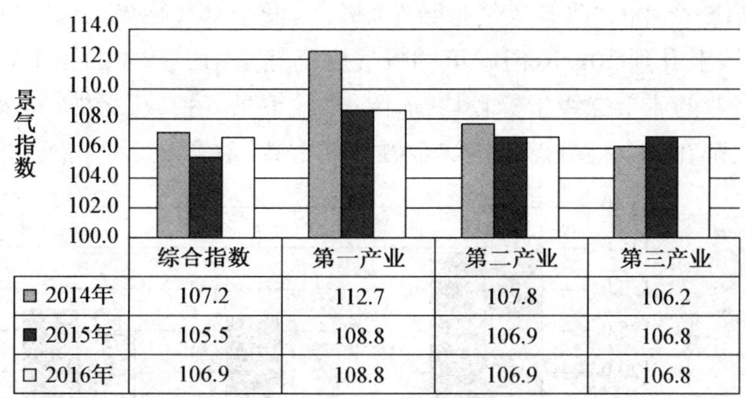

图 4－11　2014—2016 年三次产业景气指数比较

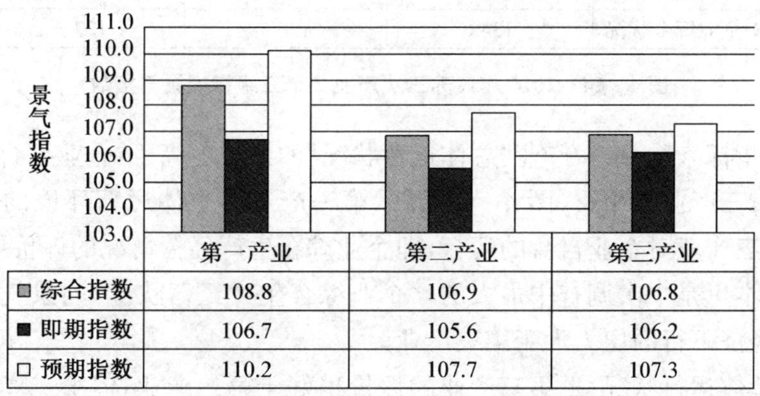

图 4－12　2016 年三次产业即期和预期景气指数

4 个二级景气指标中(图 4－13),除第一产业外(样本量占比小),第二产业的“生产景气指数”明显高于第三产业,“金融景气指数”次之,“市场景气指数”略低于第三产业;相对而言,经济和市场下行对第二产业的影响较显著。

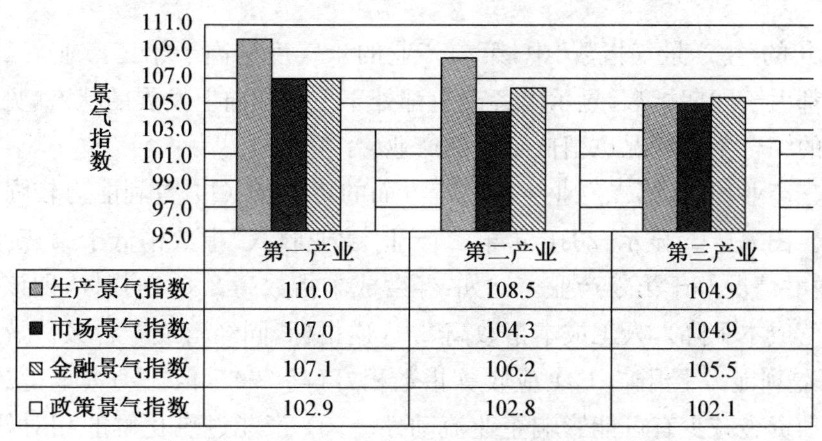

图 4－13　2016 年江苏三次产业各二级景气指数

2015 年第二产业的“政策景气指数”为 99.9,低于景气临界点,到 2016 年有了比较显著的提升,上升到 102.8,但政策的景气度仍然是第二产业的 4 个二级指标中最低的。第三产业的 4 个二级指标较均衡,除了“政策景气指数”之外,其余 3 个二级指数的波动幅度都在 1 个指数点之内,“金融景气指数”最高。

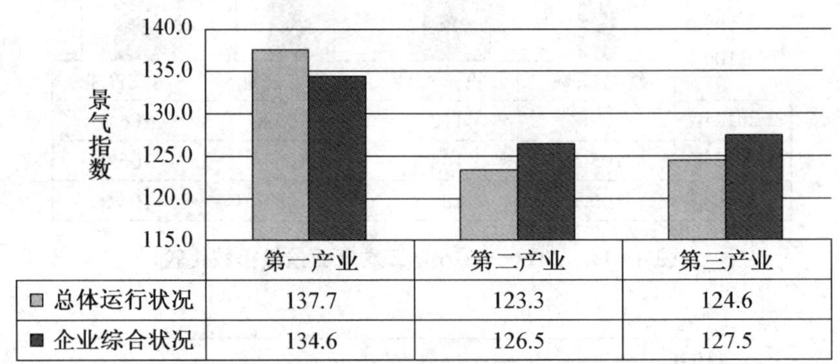

	第一产业	第二产业	第三产业
总体运行状况	137.7	123.3	124.6
企业综合状况	134.6	126.5	127.5

图 4-14　2016 年江苏三次产业 2 个三级指标景气指数

从三级指标来看,第一产业“总体运营状况”的景气度高于“企业综合生产经营状况”,但第二、三产业都相反,图 4-14 显示第一产业对总体运营环境的评价更为乐观,而第二、三产业对企业自身的运行,即企业综合生产经营情况的评价更为乐观;第二产业的样本量是本次调查中最大的,“企业综合生产经营状况”的景气度低于第三产业,表明经济下行的压力大于第三产业。

尽管“总体运行状况”上第三产业的评价稍好于第二产业,但第二产业的预期指数稍大于即期指数,而第三产业的预期指数小于即期指数(图 4-12),这种现象与 2015 年相似;对“企业综合生产经营状况”的评价,第二产业的景气度比第三产业低了一个指数点,而 2015 年这个指标是稍高于第三产业的。

4.3.1　江苏各产业生产景气分析

2016 年的“生产景气指数”中,第二产业的景气度稍高于第三产业,三次产业的预期指数都大于即期指数,显示出各产业都处于平衡和向上发展的状态,见图4-15。第二产业的综合生产状况也稍低于第三产业。

与第三产业比较,第二产业生产景气方面的特点有:(1) 盈利能力较强源于成本控制较好。图 4-15 显示,2016 年第二产业“营业收入”指数稍低于第三产业,但成本控制、盈亏情况好于第三产业。比如:经营成本指数高 2.8(逆指标,即该指标值上升表明经营成本下降),人工成本指数高 2.1(逆指标,同经营成本含义);盈亏变化指数高 1.3(盈利能力上升)。(2) 应收款指数稍好(高 3.4),但流动资金指数较低(低 2.5)。流动资金减少有可能影响企业流动性。(3) 产能过剩化解的相对好一些(高 1.3,是逆指标,即指数上升,产能过剩压力减少),但投资计划相对不足(低 1.8),表明第二产业生产扩张相对滞后。(4) 产品创新稍高(高 1.0),但对技术水平和技术人员的需求稍低(分别低 1.7 和 0.4)。

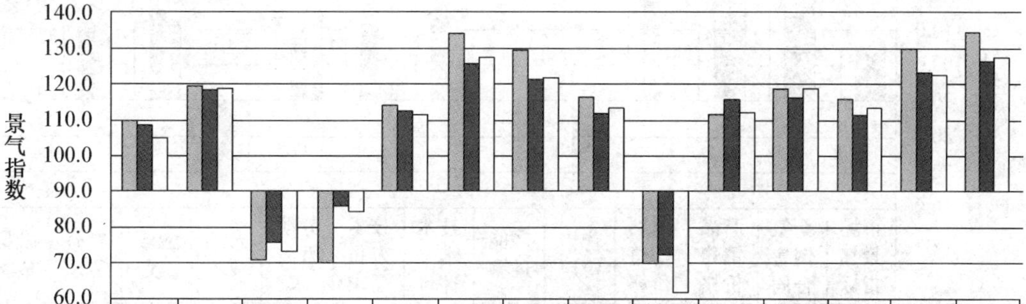

	生产景气指标	营业收入	经营成本	产能过剩	盈亏变化	技术水平评价	技术人员需求	劳动力需求	人工成本	应收款	流动资金	投资计划	产品创新	综合生产状况
第一产业	110.0	119.5	70.8	70.0	113.9	134.3	129.6	116.4	65.2	112.0	118.9	115.7	130.0	134.6
第二产业	108.5	118.3	75.8	85.8	112.7	125.8	121.4	111.7	66.1	115.8	116.3	111.6	123.3	126.5
第三产业	104.9	118.7	73.0	84.5	111.4	127.5	121.8	113.1	64.0	112.4	118.8	113.4	122.3	127.5

图 4-15　江苏三次产业"生产景气指数"三级指标构成

这些特点中,有些特点似乎有点矛盾,但结合我国我省实际,通过综合分析可以做一些解释:长期以来,投资扩张型发展取向导致第二产业的产能过剩压力高于第三产业,经济下行进一步加重第二产业的产能过剩压力,迫使第二产业的企业激发创新动力,去产能、去库存、降成本,表现为创新指数上升,成本类指数上升(强化管理,降低成本),应收款增加(去库存的策略),但由于产能过剩导致第二产业总体利润率水平下降,投资计划(新增投资规模)增速减缓,以致技术水平和技术人员需求暂时相对滞后。

通常认为第三产业是劳动密集型的产业,不仅对劳动力的需求高于第二产业,对人工成本的承受能力也弱于第二产业。2016 年第三产业的"劳动力需求"指数比第二产业高 1.4,"人工成本"指数比第二产业低 2.1(逆指标,表明整体上人工成本高于第二产业)。一般情况下,与第二产业相比较,第三产业劳动密集特征更显著,劳动力需求更高,则对人工成本更加敏感,意味着第三产业在维持较高劳动力需求的同时,也承受着稍高的人工成本。在劳动力资源充裕时期,劳动力供给大于需求,上述特征不会显现;但在劳动力资源紧缺时期,上述 2016 年的情景就会出现。

4.3.2　江苏三次产业市场景气分析

图 4-16 显示,2016 年,第三产业的市场景气指数(104.9)稍高于第二产业(104.3),三次产业的市场预期指数都大于即期指数,显示出各产业的市场都处于稳步向上发展态势,见图 4-16。

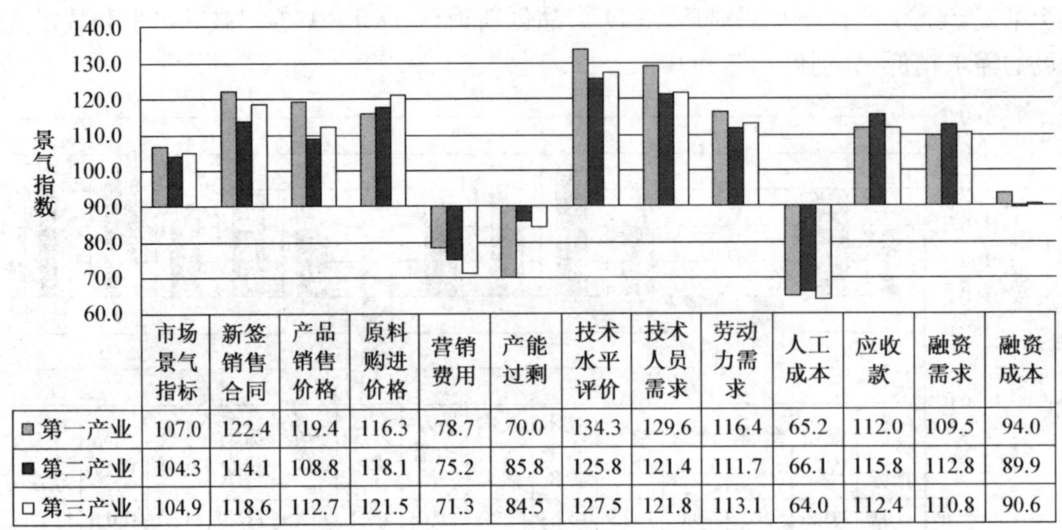

	市场景气指标	新签销售合同	产品销售价格	原料购进价格	营销费用	产能过剩	技术水平评价	技术人员需求	劳动力需求	人工成本	应收款	融资需求	融资成本
□第一产业	107.0	122.4	119.4	116.3	78.7	70.0	134.3	129.6	116.4	65.2	112.0	109.5	94.0
■第二产业	104.3	114.1	108.8	118.1	75.2	85.8	125.8	121.4	111.7	66.1	115.8	112.8	89.9
□第三产业	104.9	118.6	112.7	121.5	71.3	84.5	127.5	121.8	113.1	64.0	112.4	110.8	90.6

图 4－16　江苏三次产业“市场景气指标”构成

因第一产业样本企业占比小，现在重点分析第二产业和第三产业。图 4－16 的三级指标显示 2016 年第三产业市场景气指数具有的特点，与第二产业比较：(1) 第三产业更注重市场。比如：“新签销售合同”指数高 4.5，产品销售价格指数高 3.9(价格上升收益增加)，原材料购进价格指数高 3.4(逆指标，价格下降成本降低)，营销费用低 3.9(逆指标，营销费用指数降低意味着为了促销而投入了更多的费用)。(2) 涉及技术类的指数较高。如技术水平评价指数高 1.7，技术人员需求指数高 0.4。(3) 产能过剩压力稍高一些。如产能过剩指数低 1.3(逆指标，指数向下，产能过剩压力增加)。(4) 投资扩张动力弱于第二产业。因为融资成本稍低于第二产业(逆指标，其指数高于第二产业 0.7)，而融资需求反而低于第二产业(其指数低 2.0)，表明第三产业投资扩张动力弱于第二产业。

4.3.3　江苏三次产业金融景气分析

从图 4－17 看到，“金融景气指数”中，第二产业的景气指数(106.2)高于第三产业(105.5)，整体上看三次产业都处在平稳态势。第一、二产业的金融预期指数稍大于即期指数，第三产业的预期指数稍低于即期指数，相差仅 0.1 个景气点，显然，2016 年三次产业面临的金融景气状况变化不大。

第二产业获得政策性金融支持的力度高于第三产业。比如：融资优惠指数高 10.7，专项补贴指数高 3.3，以致获得融资指数高 0.8。表明政府对中小企业的支持，更侧重以制造业为主的第二产业。

但在流动性方面，第二产业稍弱于第三产业，比如流动资金指数低 2.5，融资成本指数低 0.7(逆指标，即融资成本较高一些)，应收款指数高 3.4(表明应收而未收到的销货款比第三产业多一些)。

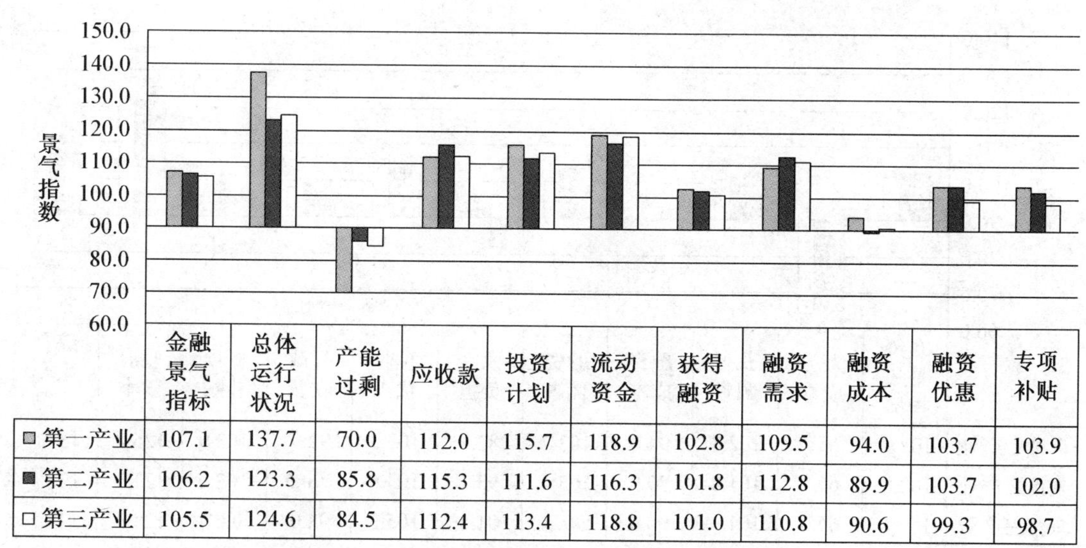

	金融景气指标	总体运行状况	产能过剩	应收款	投资计划	流动资金	获得融资	融资需求	融资成本	融资优惠	专项补贴
第一产业	107.1	137.7	70.0	112.0	115.7	118.9	102.8	109.5	94.0	103.7	103.9
第二产业	106.2	123.3	85.8	115.3	111.6	116.3	101.8	112.8	89.9	103.7	102.0
第三产业	105.5	124.6	84.5	112.4	113.4	118.8	101.0	110.8	90.6	99.3	98.7

图 4－17　江苏三次产业"金融景气指标"构成

还有，第二产业融资需求较高（融资需求指数高 2.0）而投资计划较少（投资计划指数低 1.8），表明尽管第二产业的企业融资需求高一些，但由于资金面相对吃紧（流动性和融资成本压力），投资扩张动力较弱于第三产业。

4.3.4　江苏三次产业政策景气分析

2016 年的政策景气指数是 2014 年以来持续较大幅度上升的景气指数。图 4－18 显示，2016 年"政策景气指数"中，第二产业的景气指数高于第三产业，且第二产业的政策预期指数高即期指数 2.4 景气点，第三产业的政策预期指数高即期指数 1 个景气点，均呈现继续上升态势。

2015 年，第二产业在"融资优惠"、"税收负担"、"行政收费"、"专项补贴"等政策性扶持方面均高于第三产业，显示出第二产业可以享受到更多的政策扶持。2016 年这种带有明显倾向性的政策特征继续保持，但比 2015 年有所减弱。特别是第三产业的"税收优惠"比第二产业高 2.2，表明对小微企业占比更大的第三产业，各种税收优惠政策的落地得到小微企业的积极评价。

2016 年三次产业对"政府效率"都给予了积极的评价，景气指数都在 120 以上。但各产业普遍认为"税收负担"重，景气指数都位于 100 以下。

人工成本指数是 2016 年三次产业政策景气指数的三级指标中最低的一个，而且数值均在 67 以下，位于黄灯区的下端。突出表明人工成本高居不下，已经成为三次产业中大多中小企业面临的最大困扰和难题，人工成本的高低与相关用工政策密切相关，如前所述，最低工资制度，社会保障制度、因人口制度引致的劳动力供给减少等原因都是人工成本过高的制度成因。

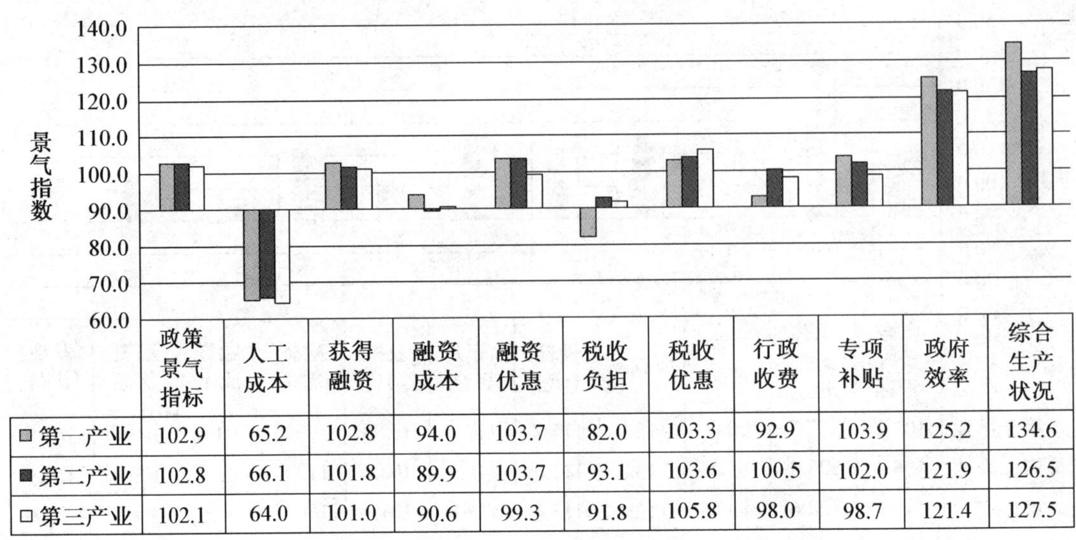

	政策景气指标	人工成本	获得融资	融资成本	融资优惠	税收负担	税收优惠	行政收费	专项补贴	政府效率	综合生产状况
第一产业	102.9	65.2	102.8	94.0	103.7	82.0	103.3	92.9	103.9	125.2	134.6
第二产业	102.8	66.1	101.8	89.9	103.7	93.1	103.6	100.5	102.0	121.9	126.5
第三产业	102.1	64.0	101.0	90.6	99.3	91.8	105.8	98.0	98.7	121.4	127.5

图 4-18　2016 年江苏三次产业政策景气指数的三级指标

4.4　江苏中小企业景气指数企业规模特征分析

从样本的构成来看，2016 年的调查中，中型企业的样本比重继续下降。微型企业的样本比重有所提升，显示出本次调查更侧重小微企业的特征。见表 4-8。

表 4-8　2014—2016 年不同规模企业样本量及占比

	2014 年		2015 年		2016 年	
	数量	百分比	数量	百分比	数量	百分比
中型企业	946	27.0%	712	13.1%	355	11.0%
小型企业	1 696	48.4%	2 867	52.7%	1 563	48.5%
微型企业	866	24.7%	1 861	34.2%	1 303	40.5%
合计	**3 508**	**100.0%**	**5 440**	**100.0%**	**3 221**	**100.0%**

表 4-9 显示，2016 年度江苏不同规模企业的景气指数都位于 105 以上，且预期指数都大于即期指数，表明不同规模的大多企业对前景抱有信心。与 2014 年相比，微型企业的景气度稍有 0.5 的下降，中型、小型企业的景气度都有一定增长。

表 4-9　2014—2016 年不同规模企业景气指数比较

	2014 年	2015 年	2016 年	2016 年比 2014 年上升
综合指数	**107.2**	**105.5**	**106.9**	**−0.3**
中型企业	108.5	106.0	110.1	1.6

（续表）

	2014 年	2015 年	2016 年	2016 年比 2014 年上升
小型企业	107.4	105.9	107.9	0.5
微型企业	105.5	104.8	105.0	−0.5

2016 年江苏不同规模企业景气指数中，四个二级指标的景气指数都高于 100（图 4－19），处在绿灯区间。其中，以生产景气指数最高（108.5），金融景气指数次之（106.0），见图 4－19。从波幅看，金融景气指数上升较快，市场景气指数下降幅度稍大，表明 2014 年到 2016 年，市场下行对江苏中小企业的负面影响较大；虽然 2016 年政策景气指数是四个二级指数中最低的（102.6），但与 2014 年比较（100.2），已经有了明显的上升。

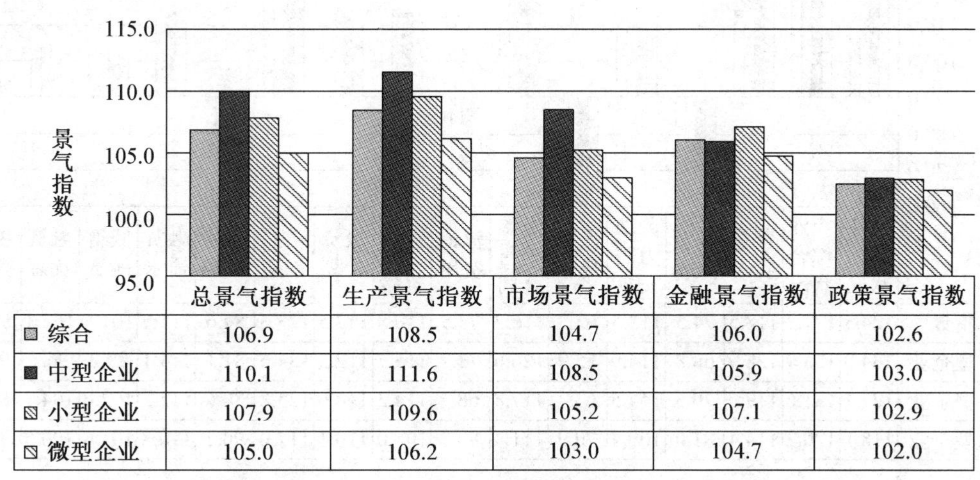

	总景气指数	生产景气指数	市场景气指数	金融景气指数	政策景气指数
综合	106.9	108.5	104.7	106.0	102.6
中型企业	110.1	111.6	108.5	105.9	103.0
小型企业	107.9	109.6	105.2	107.1	102.9
微型企业	105.0	106.2	103.0	104.7	102.0

图 4－19　2016 年景气指数企业规模特征评价

图 4－19 显示，2016 年不同规模企业的金融景气指数都在 105.0 以上（同 2015 年），比较稳定，其中，小型企业的金融景气指数由 2014 年的 98.8，2015 年的 106.7，上升到 2016 年的 107.1，呈持续上升的态势；不同规模企业的政策景气指数在 2016 年也呈上升态势，与 2015 年比较，中型企业 103.0，上升 1.5；小型企业 102.9，上升 3.1；微型企业 102.0，上升 1.8。表明在 2016 年，中小微企业的政策环境得到进一步改善。

分企业类型来看，中型企业的景气状况较好，在生产、市场 2 个景气指数上，中型企业明显地高于小型企业和微型企业；小型企业的金融景气指数比较突出，景气度高于中型、微型企业，看来小型企业是相关扶持政策的主要受益者，在小型和微型企业之间银行更愿意选择小型企业。微型企业的各项二级指标都低于中、小企业，表明微型企业在经济和市场下行阶段，比中型和小型企业更加脆弱。

4.4.1 江苏中型企业景气分析

2016 年调查中，中型企业有 355 家，约占总样本的 11.0%，样本规模比 2014、2015 年稍有下降。景气指数为 110.1，预期指数稍大于即期指数，表明大多中型企业对前景较有信心。图 4－19 显示江苏中型企业景气指数的二级指数普遍较高，在综合指数以及生产、市场、政策 3 个二级指标的景气度都高于小、微企业，其中市场景气指数达到 108.5，明显地高于小型、微型企业，显示出 2016 年大多中型企业市场信心较高；而金融景气指数稍低于小型企业。

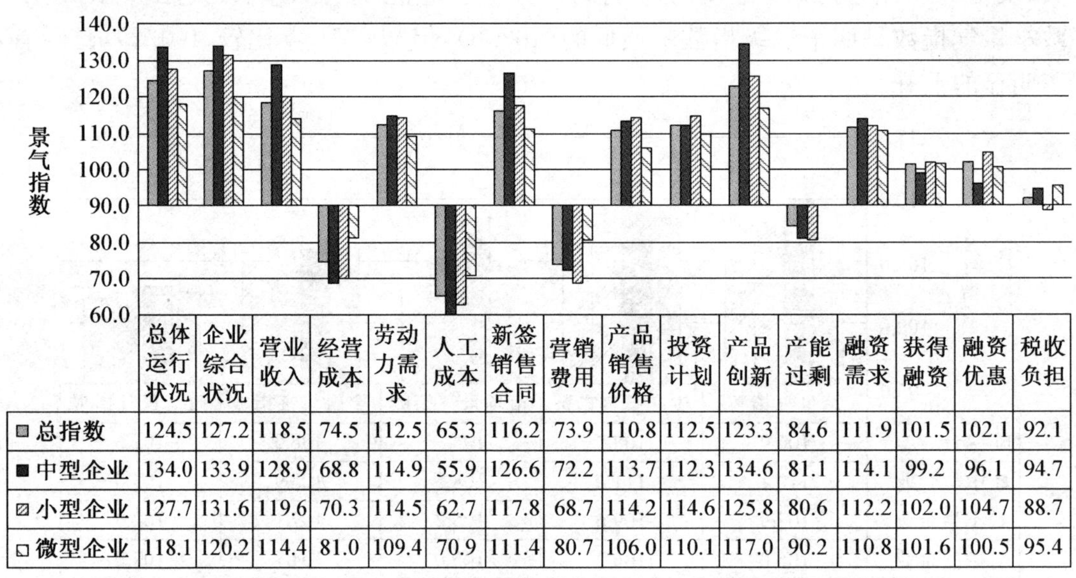

	总体运行状况	企业综合状况	营业收入	经营成本	劳动力需求	人工成本	新签销售合同	营销费用	产品销售价格	投资计划	产品创新	产能过剩	融资需求	获得融资	融资优惠	税收负担
总指数	124.5	127.2	118.5	74.5	112.5	65.3	116.2	73.9	110.8	112.5	123.3	84.6	111.9	101.5	102.1	92.1
中型企业	134.0	133.9	128.9	68.8	114.9	55.9	126.6	72.2	113.7	112.3	134.6	81.1	114.1	99.2	96.1	94.7
小型企业	127.7	131.6	119.6	70.3	114.5	62.7	117.8	68.7	114.2	114.6	125.8	80.6	112.2	102.0	104.7	88.7
微型企业	118.1	120.2	114.4	81.0	109.4	70.9	111.4	80.7	106.0	110.1	117.0	90.2	110.8	101.6	100.5	95.4

图 4－20　2016 年江苏中型、小型、微型企业部分三级指标比较(一)

从具体的构成指标看，2016 年中型企业的景气度一改 2015 年基本上介于小型与微型企业之间的状况，有些三级指数已经明显的领先，见图 4－20。2016 年中型企业景气指数出现了一些新特点：

1. 中型企业对"总体运行状况"(134.0)、"企业综合生产经营状况"(133.9)的评价最高，表明大多中型企业的整体运营环境、企业运行状况相对更好一些。

2. 中型企业的一些生产、营销类指标的景气度较高，其中营业收入(128.9)、新签销售合同(126.6)、产品创新(134.6)方面的景气度都高于小、微企业，表明中型企业在应对市场方面的管控措施更为有效。

3. 中型企业产品(服务)销售价格的景气度(113.7)低于小型(114.2)，高于微型企业(106.0)。最终产品或服务的销售价格直接关系到企业的盈利能力，2015 年这一指标中型企业明显低于小型企业和微型企业，有 8.2 的差幅；2016 年有一些好转，已经高于微型企业并接近小型企业。

4. 中型企业的成本类指数明显低于小型企业和微型企业。比如：2016 年的经营成本指数 68.8，低于小型企业（70.3）和微型企业（80.0）；人工成本指数 55.9（落入黄灯区），低于小型企业（62.7）和微型企业（70.9）。成本类指数都是逆指标，该指数下降表明成本上升。显然，2016 年中型企业面临的成本压力高于小型企业和微型企业。

5. 中型企业融资约束强于小型企业和微型企业。比如：中型企业融资需求指数 114.1，高于小型企业（112.2）和微型企业（110.8），但获得融资指数 99.2，低于小型企业（102.0）和微型企业（101.6）；融资优惠指数 96.1，低于小型企业（104.7）和微型企业（100.5）。

4.4.2　江苏小型企业景气分析

2016 年调查中，共有小型企业 1 563 家，样本量约占 48.5%，接近总样本的 1/2。景气指数为 107.9，低于中型企业（110.1），而高于微型企业（105.0）。即期指数为 106.9，预期指数为 108.5，预期指数高于即期指数，显示大多小型企业对前景抱有信心。小型企业的生产、市场、政策景气指数都介于中型、微型企业之间，金融景气指数高于中型、微型企业，见图 4－19。金融景气指数持续 2015 年上升态势，显示出 2016 年小型企业的金融环境的在继续改善。

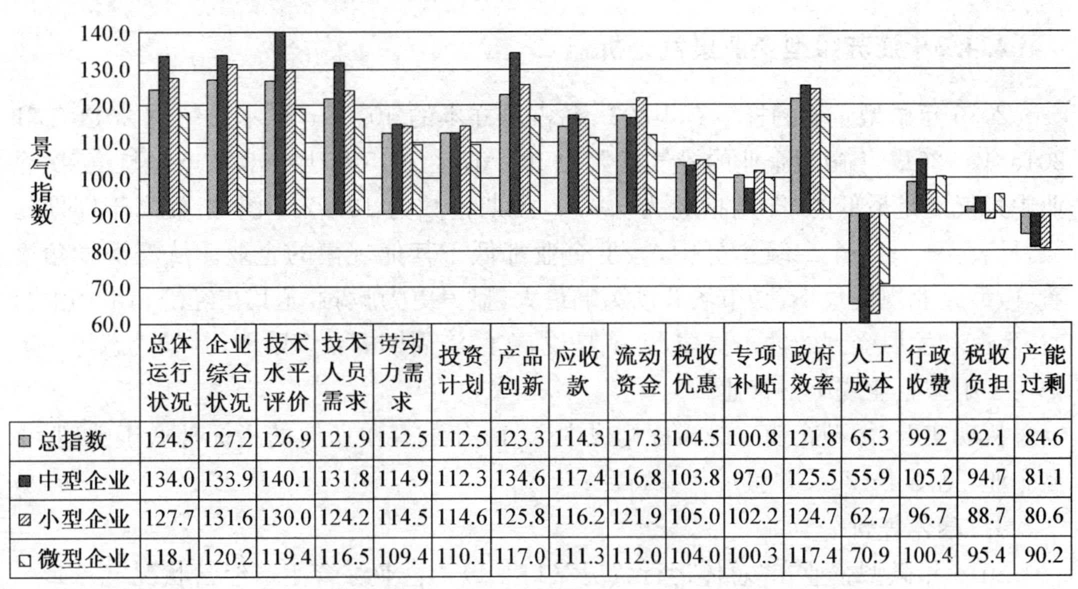

	总体运行状况	企业综合状况	技术水平评价	技术人员需求	劳动力需求	投资计划	产品创新	应收款	流动资金	税收优惠	专项补贴	政府效率	人工成本	行政收费	税收负担	产能过剩
总指数	124.5	127.2	126.9	121.9	112.5	112.5	123.3	114.3	117.3	104.5	100.8	121.8	65.3	99.2	92.1	84.6
中型企业	134.0	133.9	140.1	131.8	114.9	112.3	134.6	117.4	116.8	103.8	97.0	125.5	55.9	105.2	94.7	81.1
小型企业	127.7	131.6	130.0	124.2	114.5	114.6	125.8	116.2	121.9	105.0	102.2	124.7	62.7	96.7	88.7	80.6
微型企业	118.1	120.2	119.4	116.5	109.4	110.1	117.0	111.3	112.0	104.0	100.3	117.4	70.9	100.4	95.4	90.2

图 4－21　2016 年江苏中型、小型、微型企业的部分三级指标比较（二）

从具体的构成指标看，2016 年小型企业有一些指标的景气度高于中型、微型企业，见图 4－21：

1. 小型企业对“总体运行状况”（127.7）、“企业综合生产经营状况”（131.6）这类概念化的整体评价的景气指数稍低于中型企业（134.0，133.9）而高于微型企业

(118.1,120.2)。这点与2015年相似。显示出大多小型企业对外部运行和内部经营都抱有信心。

2. 小型企业在企业发展类指标方面,例如:投资计划的景气度(114.6)都高于中型(112.3)、微型企业(110.1),这是非常积极的信号,显示出小型企业发展动力增强;同时,小型企业的流动资金指标(121.9)好于中型(116.8)和微型企业(112.0),意味着小型企业经营稳定性强于中型企业和微型企业,为投资扩张奠定了较好的基础。

3. 小型企业在税收优惠(105.0)、专项补贴(102.2)等指标的景气度也高于中型(103.8,97)、微型企业(104.0,100.3),表明小型企业获得了更多的政策支持,这是从中央到地方,各级政府近年来对中小微企业,尤其是小型企业出台各种政策扶持的结果,这些举措得到小型企业的广泛好评。但小型企业认为税收负担(88.7)较重,景气度低于中型(94.7)、微型企业(95.4);以及行政收费(96.7)较多,其景气度低于中型(105.2)和微型企业(100.4),这些低评价表明尽管小型企业在政策优惠方面得到一些实惠,但历史遗留的一些政策因素导致的成本压力,即税负过重和行政收费过多问题仍然是大多小型企业希望进一步减负增效的诉求。

4. 2015年小型企业的产能过剩景气度为92.8,2016年下降到80.6,降幅达12.2。表明小型企业产能过剩压力进一步加大。

4.4.3 江苏微型企业景气分析

2016年微型企业的样本有1 303家,占总样本的40.5%,样本量超过2014年和2015年。2016年微型企业的景气指数为105.0,比2015年上升0.2点,但在三次企业中景气度是最低的,即期指数为104.0,预期指数为105.7,预期指数高于即期指数,见表4-9。4个二级指标中,微型企业都低于其他规模的企业。从经济学角度看,微型企业规模最小,受市场波动影响最大,显得更为脆弱,尤其在经济和市场下行时,生存和发展受到的冲击更多,也就是说,在经济周期的大多阶段,其景气态势一般都弱于中型企业或小型企业。

从现实看,微型企业三级指标构成中,2016年的几乎所有的指标都低于中型、小型企业,见图4-22。并呈现一些特征:

1. 总体评价

2016年微型企业在“总体运行状况”(118.1)、“企业综合生产经营状况”(114.4)这2个指标的景气指数都低于中型(134.0,133.9)、小型企业(127.7,131.6),为三种企业类型中最低的,状况比2014年差,但相比2015年都有了一定程度的回升。如前所述,微型企业受规模、资源、能力等方面的限制,会最先感受到经济下行的压力。

2. 应收款

2014年微型企业应收款景气指数是最高的(逆指标,指数值越高,应收但未收到的货款越多),但2015年微型企业应收款的景气度(110)与小型企业持平,2016年

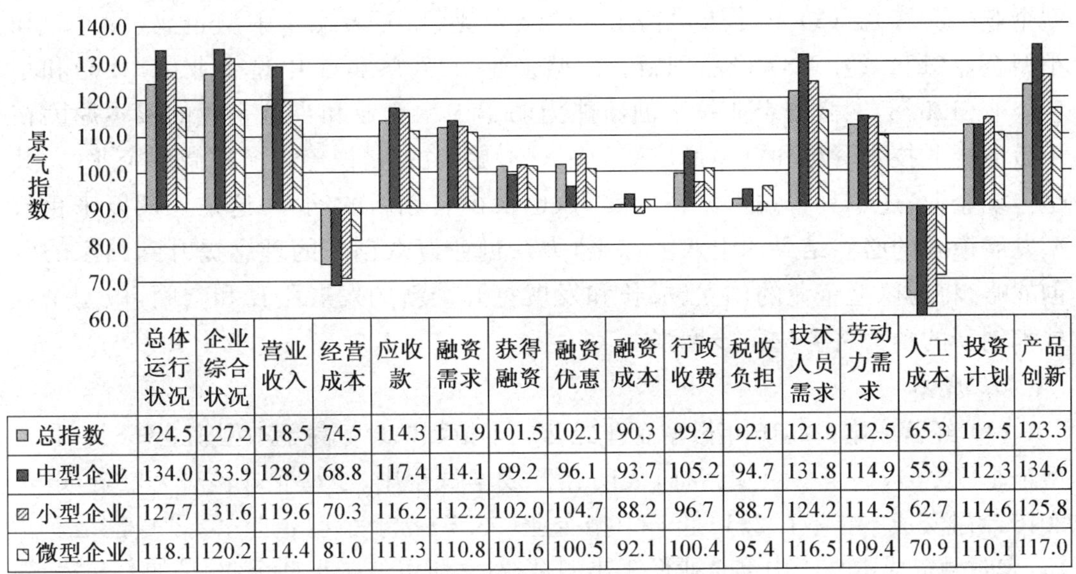

	总体运行状况	企业综合状况	营业收入	经营成本	应收款	融资需求	获得融资	融资优惠	融资成本	行政收费	税收负担	技术人员需求	劳动力需求	人工成本	投资计划	产品创新
总指数	124.5	127.2	118.5	74.5	114.3	111.9	101.5	102.1	90.3	99.2	92.1	121.9	112.5	65.3	112.5	123.3
中型企业	134.0	133.9	128.9	68.8	117.4	114.1	99.2	96.1	93.7	105.2	94.7	131.8	114.9	55.9	112.3	134.6
小型企业	127.7	131.6	119.6	70.3	116.2	112.2	102.0	104.7	88.2	96.7	88.7	124.2	114.5	62.7	114.6	125.8
微型企业	118.1	120.2	114.4	81.0	111.3	110.8	101.6	100.5	92.1	100.4	95.4	116.5	109.4	70.9	110.1	117.0

图 4-22　2016 年江苏中型、小型、微型企业部分三级指标比较(三)

(111.3)虽有 1.3 的增幅，但已经低于中型(117.4)、小型企业(116.2)；现场访谈发现，虽然微型企业更多地以“现款现货”的方式经营，但应收未收的销货款增多将危及微型企业生产运营的稳定性。

3. 投融资

2016 年微型企业融资成本指数(92.1)低于中型企业(93.7)高于小型企业(88.2)，表明融资成本高于中型企业和低于小型企业；融资需求(110.8)低于中型企业(114.1)和小型企业(112.2)，表明大多微型企业的资金周转或投资扩张依赖于自有资金，而不是信贷；所以投资计划(110.1)也低于中型企业(11.23)和小型企业(114.6)。

4. 政策

2016 年微型企业税收负担指数(95.4)高于中型企业(94.7)和小型企业(88.7)，税收负担是逆指标，指数值越高表明税收负担越轻，体现政府减负政策在微型企业中见效，得到大多微型企业的好评；专项补贴(100.3)高于中型企业(97)，低于小型企业(102.2)，表明针对微型企业专项补贴的力度少于小型企业，强于中型企业；同样，融资优惠(100.5)高于中型企业(96.1)，低于小型企业(104.7)，行政收费(100.4)低于中型企业(105.2)高于小型企业(96.7)，该指标为逆指标，表明其负担高于中型企业低于小型企业。综上比较可以看到，在获得政府的政策性支持方面，中型企业相对较少，小型企业获得最多，微型企业次之。

5. 技术创新

有 3 项指标衡量微型企业技术创新水平，2016 年这 3 项指标值均低于中型企业和小型企业。(1) 技术水平评价。微型企业(119.4)低于中型企业(140.1)和小型企业(130.0)。(2) 技术人员需求。微型企业(116.5)低于中型企业(131.8)和小型企业(124.2)。(3) 产品创新。微型企业(117.0)低于中型企业(134.6)和小型企业(125.8)。微型企业技术创新能力弱于中型企业和小型企业的根本原因在于微型企业技术资源和资本形成能力相对不足,也就是说绝大多数微型企业(尤其是传统企业)还不具备技术创新的实力,也很少有创新的动力,这是长期以来粗放型发展模式的必然结果。十八大以来,大众创业万众创新的理念提升到国家的双创战略,将为微型企业的创立、成长和发展打开全新的发展路径和空间,微型企业技术创新的动力将会进一步增强。

6. 成本

(1) 经营成本。2016 年微型企业经营成本指数(81.0)高于中型企业(68.8)和小型企业(70.3),这是一个逆指标,表明经营成本低于中、小型企业。(2) 融资成本。2016 年融资成本指数(92.1)低于中型企业(93.7)高于小型企业(92.1),也是逆指标,表明融资成本高于中型企业低于小型企业,之所以低于小型企业,是如上前述,微型企业的融资需求(110.8)低于中型企业(114.1)和小型企业(112.2)。(3) 人工成本。2016 年微型企业人工成本指数 70.9,高于中型企业(55.9)和小型企业(62.7),表明微型企业的人工成本尽管已经很高,但明显低于中型企业和小型企业。调查现场发现,大多微型企业目前还是以企业主自己(老板)+有亲缘关系人员的组合模式进行经营,纯公司化治理的企业还不多,自有资金有限,用工成本较低。(4) 政策负担成本。如前述,在一些政策性因素(行政收费、税收负担、专项补贴)引致的企业成本方面,微型企业的成本压力也相对轻一些。

4.5 江苏中小企业景气指数的区域特征分析

表 4-10 显示的是 2016 年问卷样本的区域分布情况,苏南地区样本最多,苏北地区样本最少。相对而言,苏南地区微型企业的样本比例略高,苏北地区的中型、小型企业的样本比例较高。

表 4-10 2016 年江苏三地区中、小、微企业样本量及占比

	中型企业		小型企业		微型企业		总计
	数量	百分比	数量	百分比	数量	百分比	
苏南地区	149	10.2%	672	46.2%	635	43.6%	1 456
苏中地区	85	8.5%	490	49.0%	425	42.5%	1 000
苏北地区	121	15.8%	401	52.4%	243	31.8%	765
合计	355	11.0%	1 563	48.5%	1 303	40.5%	3 221

比较 2016 年三地区的景气指数(图 4-23),区域间不同规模企业的景气指数各有高低。苏中地区的总景气指数排名第一,其微型企业的景气指数远高于苏南和苏北地区,小型企业的景气指数低于苏南地区但高于苏北地区,而中型企业的景气指数在三地区中最低,但相差不大;苏南地区总景气指数排名第二,略低于苏中地区,其中,小型企业的景气指数为三地区中最高,中型和小型企业的景气指数虽低于苏中地区,但均高于苏北地区;苏北地区的总景气指数最低,除中型企业的景气指数以外,小型和微型企业的景气指数都低于苏南和苏中地区。

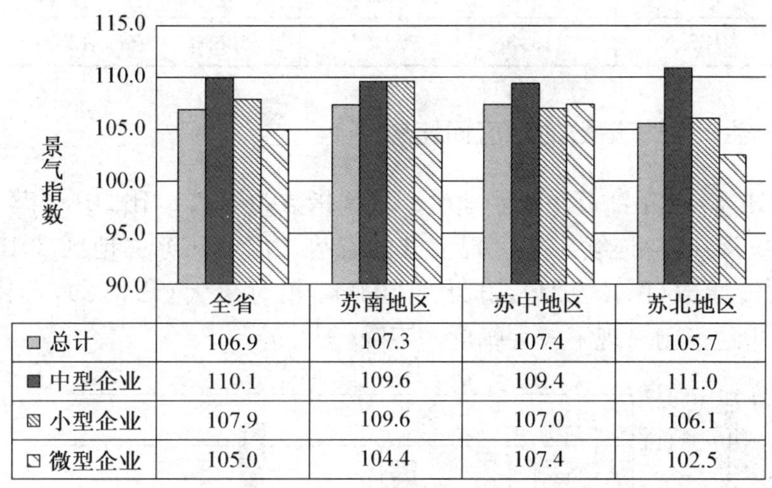

图 4-23　2016 江苏三地区中、小、微企业景气指数

与 2015 年相比,2016 年江苏三地区的中、小、微企业的景气指数各有升降,见表 4-11。其中,苏南地区中型企业的景气指数有 1.9 的增加,小型企业的景气指数也有 3.2 的升幅,微型企业则有一定程度下降。苏中地区中、小、微企业的景气指数相比 2015 年都略有下降,但降幅并不大,都在－1 内。苏北地区中型和微型企业的景气指数增幅较大,分别为＋13.1 和＋8.3,而小型企业的景气指数保持不变。

表 4-11　2015 年和 2016 年江苏三地区不同规模企业景气指数比较

地区 企业类型	全省		苏南地区		苏中地区		苏北地区	
	2016 年	2015 年	2016 年	2015 年	2016 年	2015 年	2016 年	2015 年
总计	106.9	105.5	107.3	106.7	107.4	108.4	105.7	100.8
中型企业	110.1	106.0	109.6	107.7	109.4	109.9	111.0	97.9
小型企业	107.9	105.9	109.6	106.4	107.0	108.0	106.1	106.1
微型企业	105.0	104.8	104.4	106.7	107.4	108.2	102.5	94.2

从三级指标看,表 4-12 显示,相比于 2015 年,2016 年苏南和苏北地区的“总体运行状况”和“企业综合生产经营状况”这两个指标都出现了上升,其中苏北地区的两

项指标在经历2015年的下降后,出现了较大幅度的增长。苏中地区虽然总景气指数排名第一,但中小企业对这两项指标的评价出现了明显的下降,值得关注。

表4-12　2014—2016年江苏三地区两个综合指标景气指数比较

地区 年份	总体运行状况景气指数			企业综合生产经营状况		
	苏南	苏中	苏北	苏南	苏中	苏北
2014	132.3	137.3	113.8	123.2	132.2	105.7
2015	121	131.7	104.4	125.6	136.3	97.4
2016	128.3	119.3	124.1	128.3	128.1	124.2

4.5.1　生产景气指数的地区间比较

如前所述,2016年江苏中小企业生产景气指数为108.5,比2015年(107.4)上升了1.1,2014—2016年连续三年呈现上升的态势。比较江苏三地区2015年和2016年的生产景气指数(图4-24),苏北地区升幅相对较大(+3.3),苏南地区其次(+0.9),苏中地区则出现了较大幅度的下降(-9.9)。

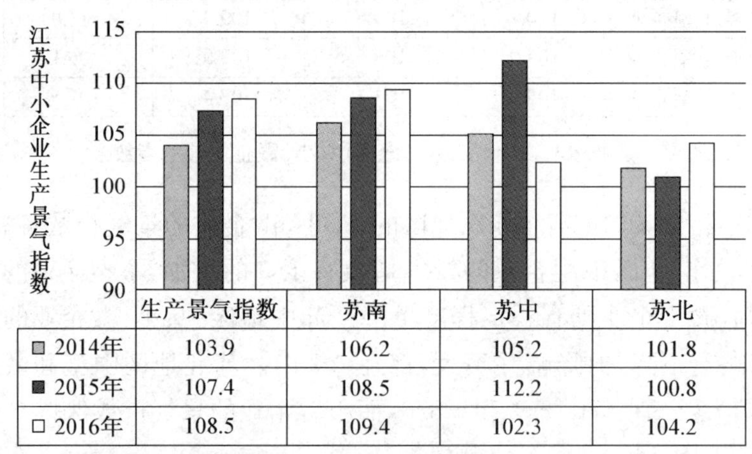

	生产景气指数	苏南	苏中	苏北
2014年	103.9	106.2	105.2	101.8
2015年	107.4	108.5	112.2	100.8
2016年	108.5	109.4	102.3	104.2

图4-24　2014年、2015年和2016年江苏三地区中小企业生产景气指数比较

从2014—2016年生产景气指数的变化情况看,苏南地区连续三年呈上升态势,2016年的生产景气指数高于全省的生产景气指数,为三地区最高;苏中地区则由上升转为下降,2016年的景气指数甚至低于2014年,为三地区最低;苏北地区则由下降转为上升,并且2016年的景气指数超过了2014年。(图4-25)

由图4-25可见,江苏中小企业生产景气指数的三级指标中数值较高(高于100)或上升的有"营业收入"、"技术水平评价"、"技术人员需求"、"应收款"、"产品(服务)创新"、"流动资金"共6个指标。这6个指标中,苏南地区的景气指数除了"技术人员需求"外均为最高,体现了苏南地区中小企业的盈利能力、创新能力较强,流动性得到

改善，从而使得苏南地区的生产景气指数能够高于苏中、苏北地区，并且连续三年保持上行的态势。而苏北地区的景气指数除了“营业收入”外均为最低。

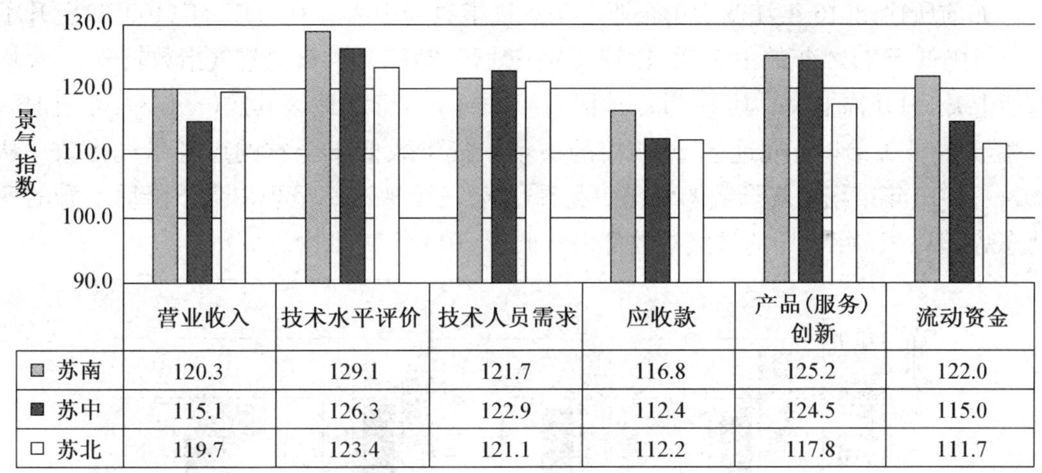

	营业收入	技术水平评价	技术人员需求	应收款	产品(服务)创新	流动资金
□ 苏南	120.3	129.1	121.7	116.8	125.2	122.0
■ 苏中	115.1	126.3	122.9	112.4	124.5	115.0
□ 苏北	119.7	123.4	121.1	112.2	117.8	111.7

图 4－25　2016 年生产景气三级指标中数值较高(高于 100)或上升的指标

由图 4－26 可见，江苏中小企业生产景气指数的三级指标中数值较低或下降的有“经营成本”、“生产能力过剩”、“劳动力需求”、“人工成本”共 4 个指标。从区域比较看，三个地区仍然面临较为严重的产能过剩问题，尤其是苏中地区，产能过剩压力最大。“经营成本”和“人工成本”的景气指数三个地区均低于 90，位于黄灯区。尤其是苏北地区，“经营成本”、“生产能力过剩”、“人工成本”的景气指数下滑严重，都从 2015 年的绿灯区转为黄灯区。苏南、苏北地区的劳动力需求相比 2015 年均有一定程度的减少。可见，产能过剩和较高的生产成本是下压三个地区生产景气指数的主要因素。

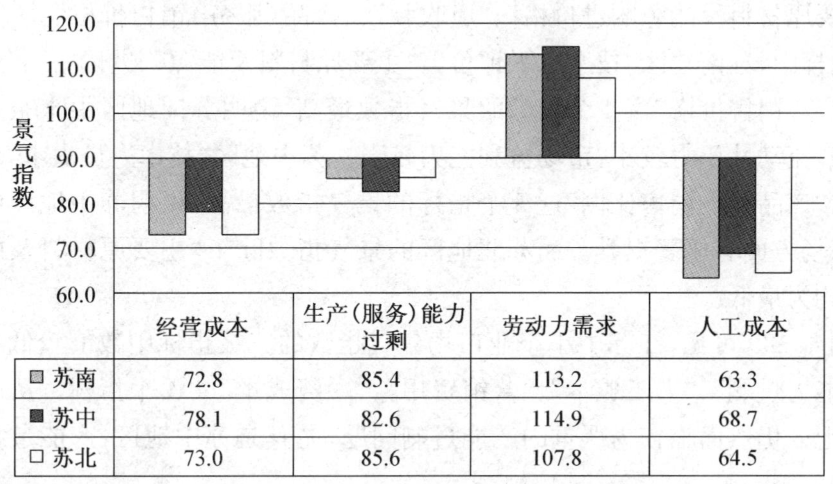

	经营成本	生产(服务)能力过剩	劳动力需求	人工成本
□ 苏南	72.8	85.4	113.2	63.3
■ 苏中	78.1	82.6	114.9	68.7
□ 苏北	73.0	85.6	107.8	64.5

图 4－26　2016 年生产景气三级指标中数值较低或下降的指标

4.5.2 市场景气指数的地区间比较

如前所述,2016 年江苏中小企业市场景气指数为 104.7,比 2015 年(103.4)上升了 1.3,但仍低于 2014 年的 109.4。比较江苏三地区,2016 年的市场景气指数较 2015 年均有所上升,但升幅不大。其中,苏中地区升幅(+1.6),苏北地区其次(+1.3),苏南地区升幅最小(+0.8)。苏北地区 2016 年的市场景气指数低于全省的市场景气指数。从 2014—2016 年市场景气指数的变化情况看,尽管三个地区都呈现出先下降后上升的变化态势,但 2016 年市场的景气指数都仍然低于 2014 年。(图 4-27)

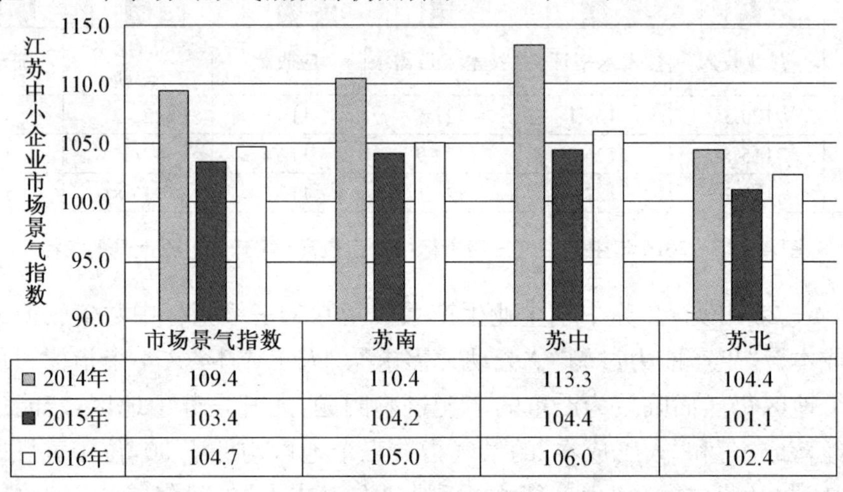

	市场景气指数	苏南	苏中	苏北
2014年	109.4	110.4	113.3	104.4
2015年	103.4	104.2	104.4	101.1
2016年	104.7	105.0	106.0	102.4

图 4-27 2014 年、2015 年和 2016 年江苏三地区中小企业市场景气指数比较

由图 4-28 可见,江苏中小企业市场景气指数的三级指标中数值较高(高于 110)或上升的有“技术水平评价”、“技术人员需求”、“新签销售合同”、“产品线上销售比例”、“主要原材料及能源购进价格”、“应收款”、“产品(服务)销售价格”共 7 个指标。这 7 个指标中,苏南地区“技术水平评价”、“主要原材料及能源购进价格”、“应收款”、“产品(服务)销售价格”这 4 个指标的景气指数最高,说明苏南地区中小企业的创新能力较强,流动性压力较小,市场盈利能力较强。苏中地区“技术人员需求”、“新签销售合同”、“产品线上销售比例”这 3 个指标的景气指数最高,说明苏中地区中小企业在开拓市场方面有显著提升。而苏北地区的景气指数除了“主要原材料及能源购进价格”外均为最低。

由图 4-29 可见,江苏中小企业市场景气指数的三级指标中数值较低或下降的有“生产能力过剩”、“人工成本”、“营销费用”、“融资成本”共 4 个指标。从区域比较看,三个地区仍然面临较为严重的产能过剩问题,尤其是苏中地区,产能过剩压力最

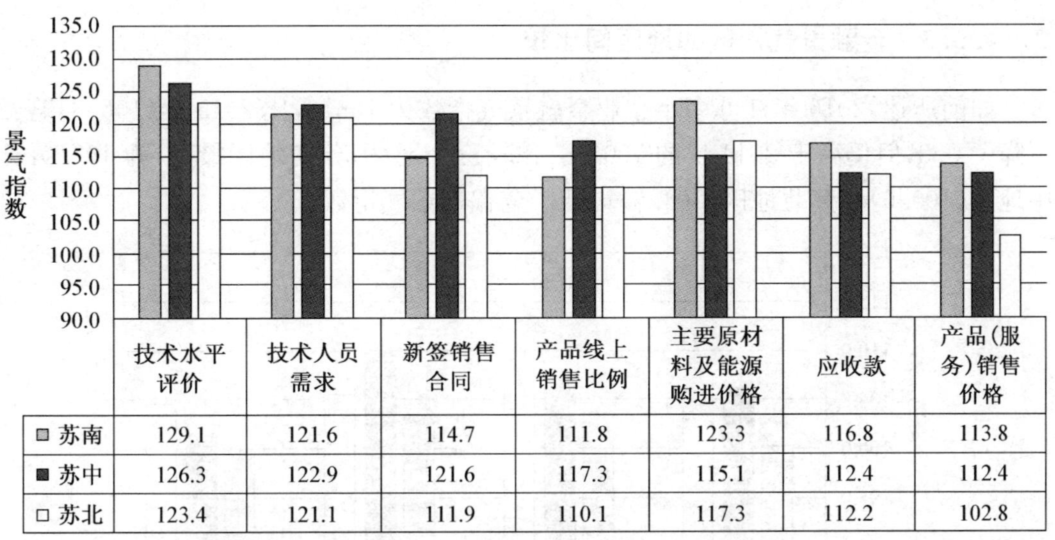

	技术水平评价	技术人员需求	新签销售合同	产品线上销售比例	主要原材料及能源购进价格	应收款	产品(服务)销售价格
苏南	129.1	121.6	114.7	111.8	123.3	116.8	113.8
苏中	126.3	122.9	121.6	117.3	115.1	112.4	112.4
苏北	123.4	121.1	111.9	110.1	117.3	112.2	102.8

图 4－28　2016 年市场景气指数的三级指标中数值较高(高于 110)或升高的指标

大。三个地区的"人工成本"、"融资成本"①、"营销费用"这 3 个反映成本的三级指标的景气指数几乎都低于 90，位于黄灯区。尤其是苏北地区，"经营成本"、"生产能力过剩"、"人工成本"、"融资成本"的景气指数下滑严重，2015 年均高于 90，位于绿灯区，而 2016 年则全部下行，低于 90，进入黄灯区。可见，产能过剩和成本的压力是下压三个地区市场景气指数的主要原因。

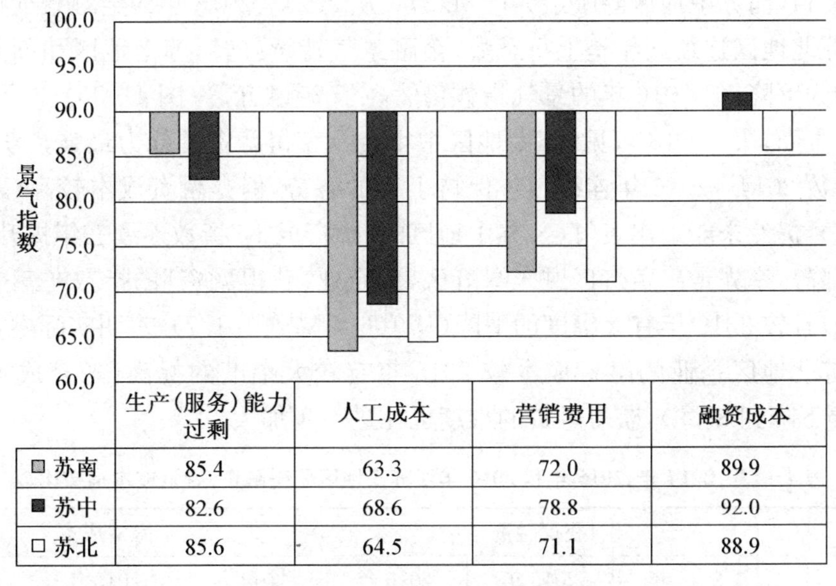

	生产(服务)能力过剩	人工成本	营销费用	融资成本
苏南	85.4	63.3	72.0	89.9
苏中	82.6	68.6	78.8	92.0
苏北	85.6	64.5	71.1	88.9

图 4－29　2016 年市场景气三级指标中数值较低或下降的指标

① 2016 年三地区融资需求指数较高，其中苏南 109.6，苏中 1124，苏北 115.1，而融资成本也较高，苏南(89.9)和苏北(88.9)落入黄灯区。融资约束较为明显。

4.5.3 金融景气指数的地区间比较

如前所述,2016 年江苏中小企业金融景气指数为 106.0,比 2015 年(106.3)略微下降了 0.3,但仍高于 2014 年的 100.3。比较三个地区,苏南地区最高,为 107.0,苏中地区(105.6)和苏北地区(104.6)均低于全省的景气指数。

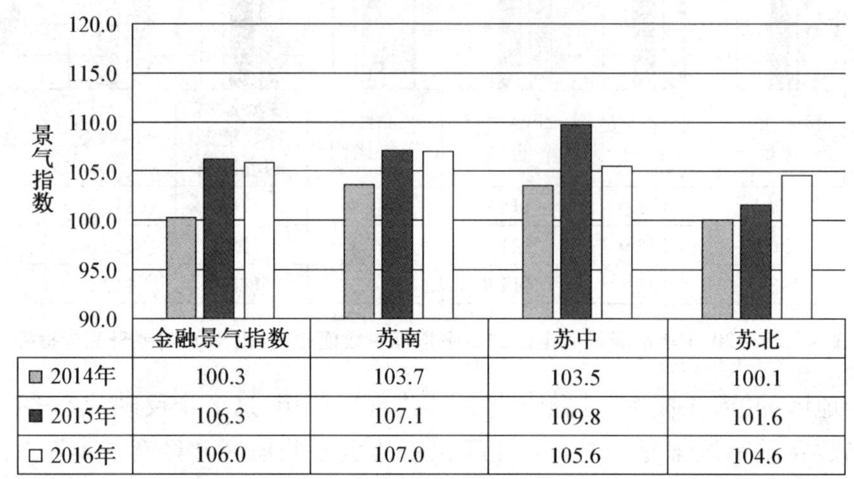

	金融景气指数	苏南	苏中	苏北
2014年	100.3	103.7	103.5	100.1
2015年	106.3	107.1	109.8	101.6
2016年	106.0	107.0	105.6	104.6

图 4-30 2014 年、2015 年和 2016 年江苏三地区中小企业金融景气指数比较

与 2015 年相比,2016 年苏北地区金融景气指数升幅最大(+3),苏南地区略微下降(−0.1),而苏中地区降幅最大(−4.2)。从 2014—2016 年的金融景气指数变化情况看,苏北地区连续三年呈上行态势,金融景气持续好转,苏南地区和苏中地区则由上升转为下降,但 2016 年的景气指数仍然高于 2014 年。(图 4-30)

融资方面,表 4-13 可见,苏南地区中小企业获得融资的能力最强,"获得融资"的景气指数 2014—2016 年连续三年保持上行的态势,但是融资成本较高(融资成本指数较低),仍然未能走出黄灯区;苏中地区的"融资成本"指数连续三年提升(融资成本逐年下降),率先走出黄灯区进入绿灯区,但企业"获得融资"的指数在三个地区中是最低的,且较 2016 年有大幅度的下降(从 106.4 降到 101.7),表明实际融资的难度在加大;苏北地区企业的融资成本较 2015 年有较大幅度的提高(融资成本指数从 98.8 大幅下降到 89.9),获得融资的难度也在进一步加大。

表 4-13 2014 年、2015 年和 2016 年江苏三地区获得融资、融资成本指数比较

地区	获得融资			融资成本		
	2014 年	2015 年	2016 年	2014 年	2015 年	2016 年
苏南	94.6	105.4	109.6	93.0	89.8	89.9
苏中	91.8	106.4	101.7	82.4	85.9	92.0
苏北	91.6	103.2	102.4	88.8	98.8	89.9

在资金的流动性方面，由表 4－14 和图 4－31 可见，苏南、苏北地区的“应收款”、“流动资金”指数 2014—2016 均呈现出连续三年上升的态势；而苏中地区则均较 2015 年有所下降，但应收款的预期指数高于即期指数，表明企业经营者认为未来的应收款会继续增加。在流动资金指数提升的情况下，应收款指数上升（应收未收货款增加）有利于企业通过“赊销”的方式去库存，减缓库存压力和产能过剩的压力，有利于稳定和提升企业整体经营能力。而苏中 2016 年出现应收款和流动资金指数双降的情况，鉴于苏中金融景气指数与 2015 年比较降幅最大，与流动资金指数和获得融资指数下降有一定关系。

表 4－14　2014 年、2015 年和 2016 年江苏三地区“应收款”指数比较

地区	指数	2014 年	2015 年	2016 年
苏南	总指数	96.2	111.3	116.8
	即期指数	95.2	113.2	118.5
	预期指数	97.0	110.0	115.7
苏中	总指数	92.2	120.0	112.4
	即期指数	89.5	121.2	110.8
	预期指数	119.2	94.0	113.4
苏北	总指数	97.4	100.4	112.2
	即期指数	100.0	100.3	113.5
	预期指数	95.6	100.5	111.4

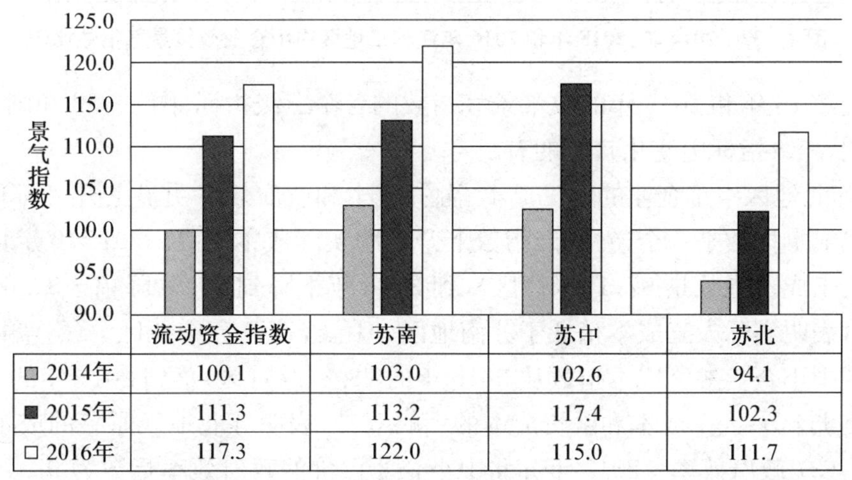

	流动资金指数	苏南	苏中	苏北
2014年	100.1	103.0	102.6	94.1
2015年	111.3	113.2	117.4	102.3
2016年	117.3	122.0	115.0	111.7

图 4－31　2014 年、2015 年和 2016 年江苏三地区中小企业“流动资金”指数比较

4.5.4 政策景气指数的地区间比较

如前所述,2016 年江苏中小企业政策景气指数为 102.6,比 2015 年(100.2)上升了 2.4,2014—2016 连续三年呈上行态势。2016 年三个地区的政策景气指数较为接近,均超过 100,位于绿灯区。苏北地区政策景气指数略高于全省,苏中地区、苏北地区则略低于全省。与 2015 年相比,三个地区的政策景气指数均有所上升,苏北地区的升幅最大(+5),苏中地区(+2)和苏南地区(1.1)升幅略低。从 2014—2016 年政策景气指数的变化情况看,苏南地区、苏中地区连续三年呈上行态势,政策环境持续好转;苏北地区则由下降转为上升,政策环境改善力度相对较大。(图 4-32)

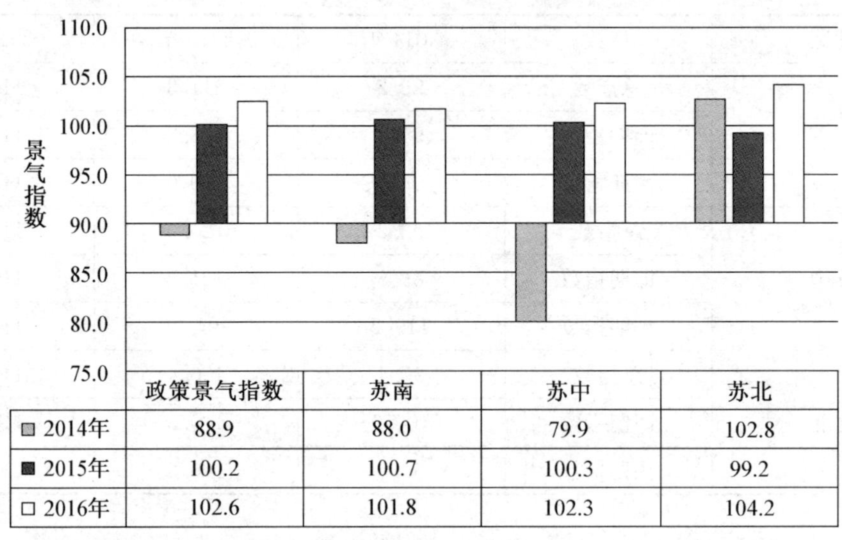

	政策景气指数	苏南	苏中	苏北
2014年	88.9	88.0	79.9	102.8
2015年	100.2	100.7	100.3	99.2
2016年	102.6	101.8	102.3	104.2

图 4-32 2014 年、2015 年和 2016 年江苏三地区中小企业政策景气指数比较

比较 2016 年和 2015 年的政策景气指数的各个三级指标(图 4-33 和图 4-34),可以看到,三级指标中变化较大的有:

1. 苏北地区中小企业的人工成本、融资成本和政府效率明显上升。(1) 人工成本。人工成本指数是一个逆指标,指数上升表明实际成本下降。2015 年苏北地区中小企业人工成本指数是 97.1(绿灯区),到 2016 年下降到 64.5(降幅-32.6,黄灯区最下端),表明实际人工成本稍低于苏南地区,但已经高于苏中地区。(2) 融资成本。苏北地区中小企业融资成本指数从 2015 年的 98.8(绿灯区)落到 2016 年的 88.9(降幅 9.9,黄灯区);人工成本和融资成本的大幅双升,表明苏北地区原有的成本优势已经不在。(3) 政府效率。2015 年苏北中小企业评价的政府效率指数为 98.7,三地区最低;2016 年这一指标上升到 126.4,跃居三地区之首

2. 苏中地区中小企业税收减负力度较大。税收负担指数也是一个逆指标,数值越高表明负担越轻。2015 年苏中地区税收负担指数(82.9)最低,低于苏南 6.4,低于

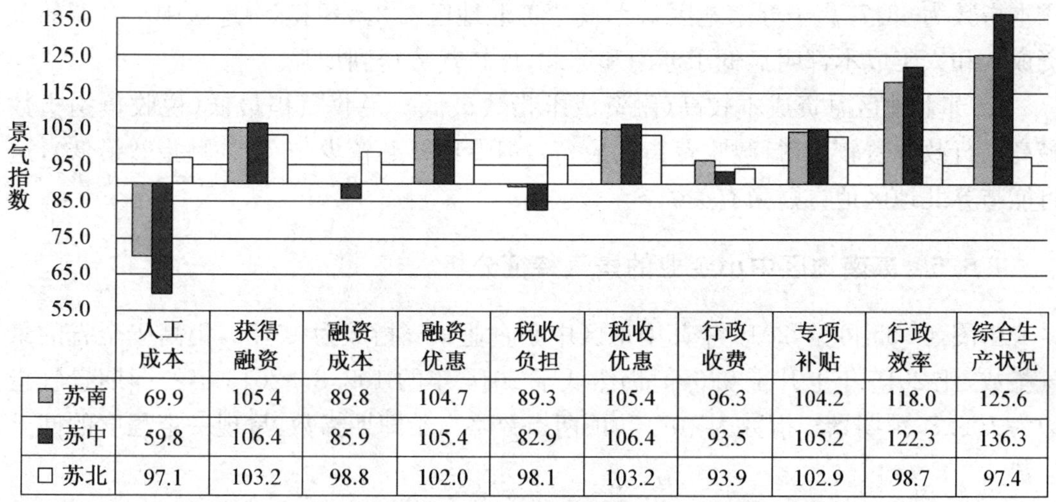

	人工成本	获得融资	融资成本	融资优惠	税收负担	税收优惠	行政收费	专项补贴	行政效率	综合生产状况
苏南	69.9	105.4	89.8	104.7	89.3	105.4	96.3	104.2	118.0	125.6
苏中	59.8	106.4	85.9	105.4	82.9	106.4	93.5	105.2	122.3	136.3
苏北	97.1	103.2	98.8	102.0	98.1	103.2	93.9	102.9	98.7	97.4

图 4－33　2015 年政策景气指数的三级指标

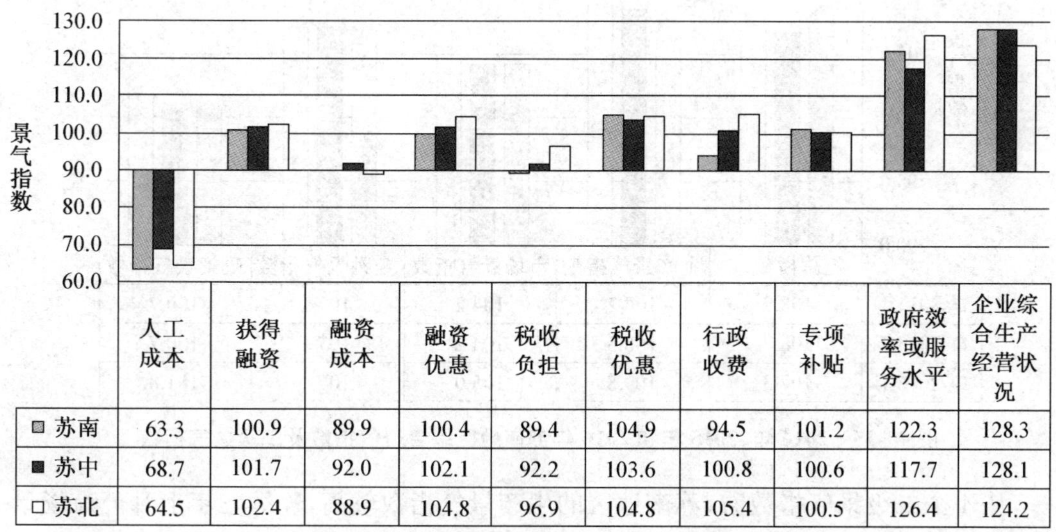

	人工成本	获得融资	融资成本	融资优惠	税收负担	税收优惠	行政收费	专项补贴	政府效率或服务水平	企业综合生产经营状况
苏南	63.3	100.9	89.9	100.4	89.4	104.9	94.5	101.2	122.3	128.3
苏中	68.7	101.7	92.0	102.1	92.2	103.6	100.8	100.6	117.7	128.1
苏北	64.5	102.4	88.9	104.8	96.9	104.8	105.4	100.5	126.4	124.2

图 4－34　2016 年政策景气指数的三级指标

苏北 15.2，表明苏中地区中小企业税收负担压力最大。2016 年苏中地区中小企业税收负担指数为 92.2，上升到绿灯区，高于苏南 2.8，仅低于苏北地区 4.7，表明其税收负担有了明显减轻。

比较 2016 年三地区政策景气指数的三级指标，有以下特点：

1. 苏南地区税收优惠和专项补贴力度较大，税收优惠指数 104.9，高于苏中和苏北地区；专项补贴指数 101.2，也高于苏中和苏北地区。表明苏南地区对中小企业的政策扶持力度较大。

2. 苏中地区融资成本和人工成本较低。这两个指标是逆指标，指数越高成本越低。2016 年苏中地区融资成本指数为 92.0，高于苏南地区 2.1 和苏北地区 3.1；人工成本指数为68.7,高于苏南地区5.4,高于苏北地区4.2,表明苏中地区中小企业的融资成本和人工成本都明显低于苏南和苏北,比较优势得到加强。

3. 苏北地区融资成本较高(融资成本指数最低)、税收负担最低(税收负担指数最高)、行政收费较少(行政收费指数最高),但专项补贴较少(专项补贴指数最低),这可能与苏北地区地方财力有关。

4.5.5 苏南地区中小企业的景气特征分析

由图4-35可见,2016年苏南地区中小企业景气指数为107.3,稍高于全省的景气指数,比2015年上升了0.6,但仍然低于2014年的108.8。2016年的即期景气指数为106.8,预期景气指数为107.7,预期指数略高于即期指数,呈现一定程度的回升态势。

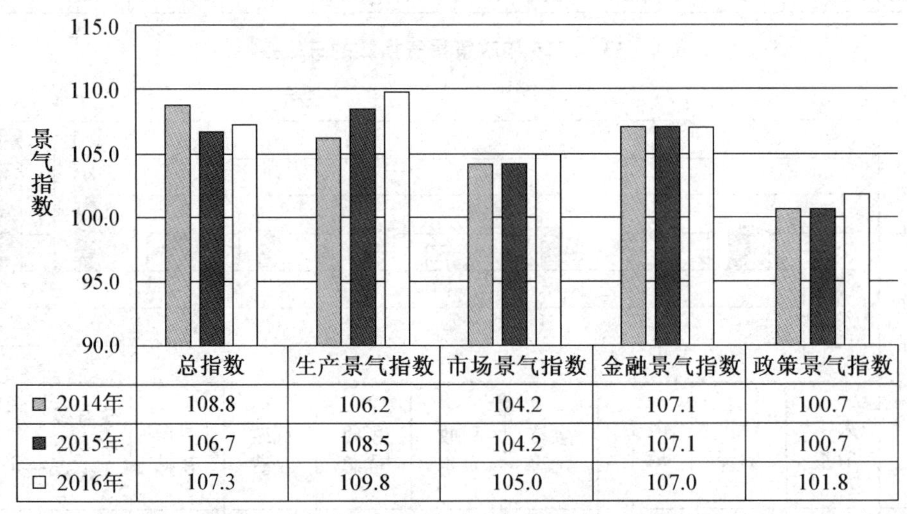

	总指数	生产景气指数	市场景气指数	金融景气指数	政策景气指数
2014年	108.8	106.2	104.2	107.1	100.7
2015年	106.7	108.5	104.2	107.1	100.7
2016年	107.3	109.8	105.0	107.0	101.8

图4-35 2014年、2015年和2016年苏南地区综合景气指数及二级景气指数

从4个二级景气指数看,苏南地区的生产景气指数较高,连续三年上升。市场景气指数和政策景气指数均较2015年小幅上升,而金融景气指数略微下降(—0.1)。可见,生产景气指数上升对总景气指数的拉动作用最大。(图4-36)

从三级指标的景气指数地区比较来看,2016年苏南地区共有11个三级指标的景气指数高于苏中、苏北地区。

如图4-36所示,苏南地区"总体运行状况"、"营业收入"、"主要原材料及能源购进价格"、"流动资金"等4个三级指标的景气指数均比苏中地区、苏北地区高出很多。"技术水平评价"、"产品(服务)销售价格"、"应收款"、"产品(服务)创新"、"税收优惠"、"专项补贴"、"企业综合生产经营状况"等7个三级指标的景气指数均稍高于苏中地区、苏北地区。表明苏南地区中小企业的盈利能力、创新能力相对较强,是总体运行状况和企业综合生产经营情况好于苏中和苏北地区的主要原因。

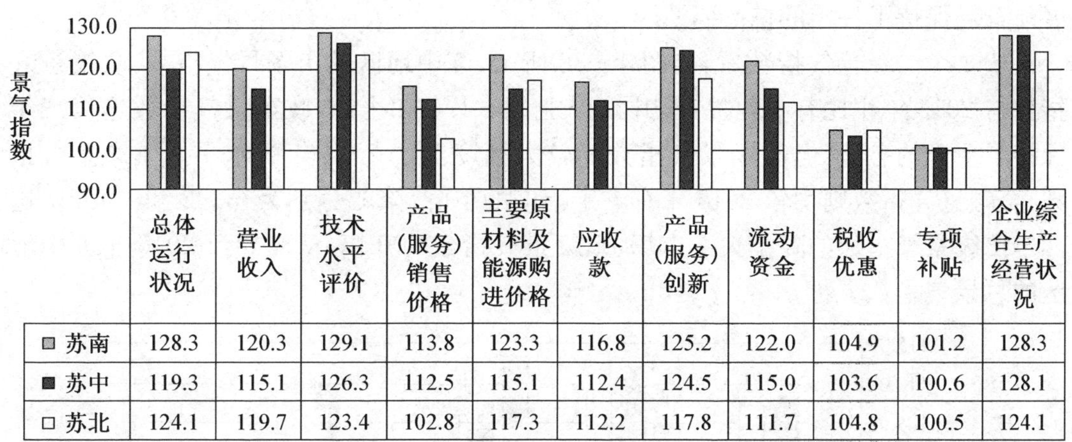

	总体运行状况	营业收入	技术水平评价	产品(服务)销售价格	主要原材料及能源购进价格	应收款	产品(服务)创新	流动资金	税收优惠	专项补贴	企业综合生产经营状况
苏南	128.3	120.3	129.1	113.8	123.3	116.8	125.2	122.0	104.9	101.2	128.3
苏中	119.3	115.1	126.3	112.5	115.1	112.4	124.5	115.0	103.6	100.6	128.1
苏北	124.1	119.7	123.4	102.8	117.3	112.2	117.8	111.7	104.8	100.5	124.1

图 4－36　2016 年苏南地区三级指数较高的指标

但是苏南地区中小企业仍然面临着成本较高，企业负担相对较重的问题。如图 4－37 所示，苏南地区的经营成本、人工成本、营销费用都比较高，税收负担和行政收费压力较大，享受的融资优惠不及苏中地区和苏北地区，企业的融资需求相对不足，获得融资相对偏少，融资仍然较为困难。这是导致 2016 年苏南地区金融景气指数下降的主要原因。

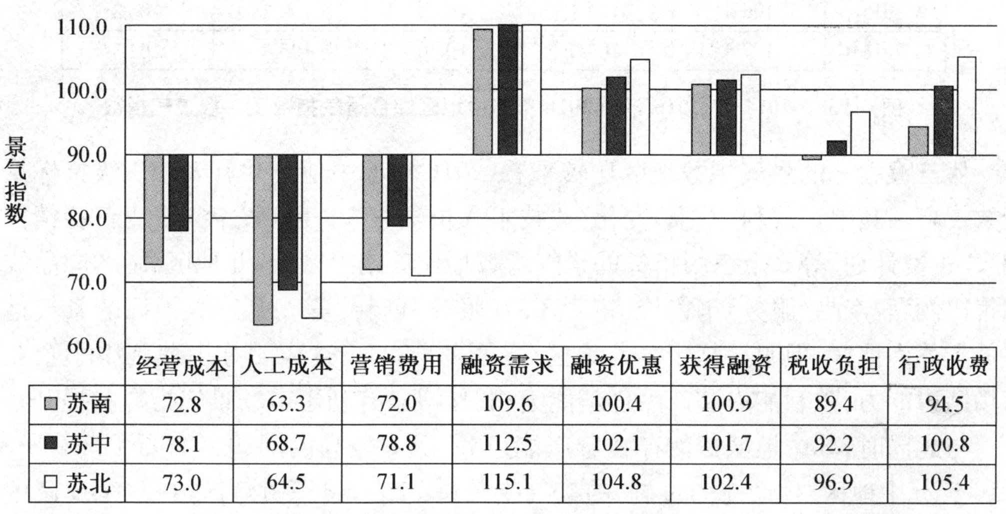

	经营成本	人工成本	营销费用	融资需求	融资优惠	获得融资	税收负担	行政收费
苏南	72.8	63.3	72.0	109.6	100.4	100.9	89.4	94.5
苏中	78.1	68.7	78.8	112.5	102.1	101.7	92.2	100.8
苏北	73.0	64.5	71.1	115.1	104.8	102.4	96.9	105.4

图 4－37　2016 年苏南地区三级指数较低的指标

4.5.6　苏中地区中小企业景气指数

由图 4－38 可见，2016 年苏中地区中小企业景气指数为 107.6，比 2015 年下降了 1.0，虽然是三个地区中最高的，但 2014—2016 年连续三年呈现下行的态势。2016 年的即期景气指数为 105.5，预期景气指数为 108.6，预期指数高于即期指数。尽管连续三年景气指数下行，但较高的指数水平表明苏中地区中小企业经营者对发展前景仍保持了一定的信心。

从4个二级景气指数看,如图4-38所示,苏中地区的市场景气指数、政策景气指数与2015年相比有小幅提升,升幅分别为+1.6和+2。政策景气指数连续三年保持了上升的态势,但市场景气指数仍较大幅度低于2014年的水平。生产景气指数、金融景气指数则均较2015年有一定幅度的下降,降幅分别为-3.2和-4.2。这两个二级景气指数的降幅大于市场、政策景气指数的升幅,从而导致2016年苏中地区的总景气指数下行。

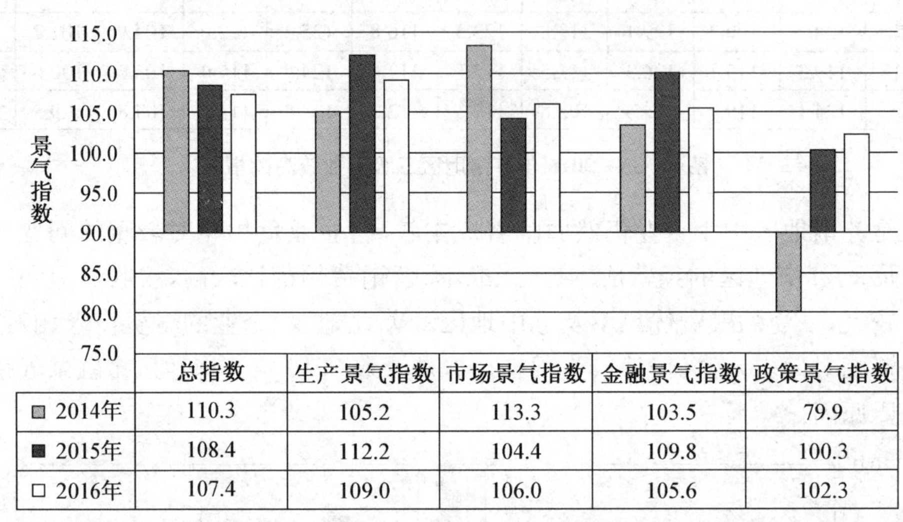

	总指数	生产景气指数	市场景气指数	金融景气指数	政策景气指数
■ 2014年	110.3	105.2	113.3	103.5	79.9
■ 2015年	108.4	112.2	104.4	109.8	100.3
□ 2016年	107.4	109.0	106.0	105.6	102.3

图4-38　2014年、2015年和2016年苏中地区综合景气指数及二级景气指数

从三级指标的景气指数地区比较来看,2016年苏中地区共有8个三级指标景气指数较高。其中,“盈利(亏损)变化”、“技术人员需求”、“劳动力需求”、“新签销售合同”、“投资计划”等5个三级指标的景气指数均比苏南地区、苏北地区高。“产品线上销售比例”、“产品(服务)销售价格”、“产品(服务)创新”等3个三级指标的景气指数略低于苏南地区,但明显高于苏北地区(见图4-39)。这表明苏中地区中小企业的市场销售能力、盈利能力和产品创新能力相对较强,有利于市场景气指数的提升。

与此同时,苏中地区依然存在着产能过剩、成本较高的问题。如图4-40所示,2016年苏中地区“生产能力过剩”的景气指数是82.6,位于黄灯区,在三个地区中是最低的,产能过剩压力较大。“人工成本”和“经营成本”的景气指数尽管略高于其他地区,但均大幅低于90,位于黄灯区。“融资成本”的景气指数高于其他地区,但仅略高于90而已。产能过剩和成本较高是导致苏中地区中小企业生产景气指数、金融景气指数较低的主要原因。

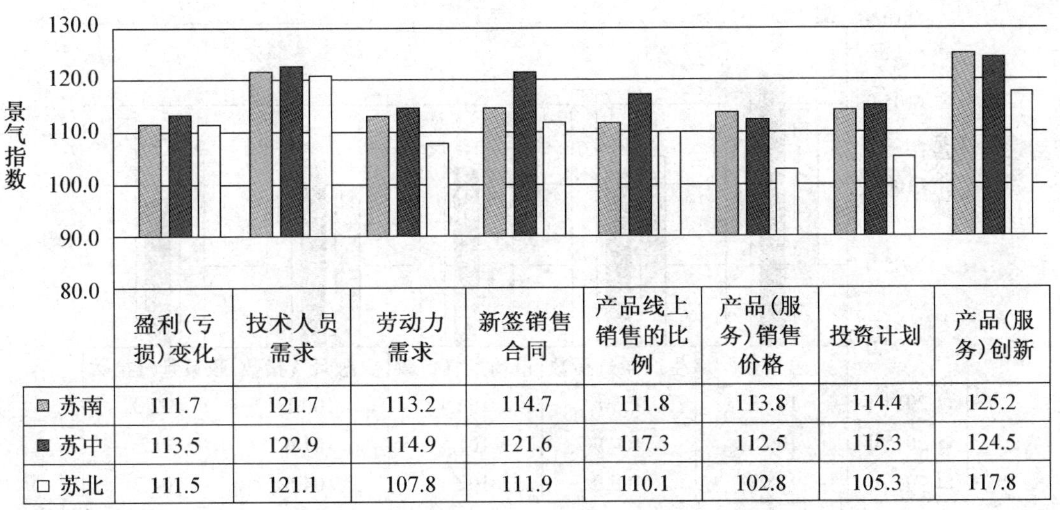

	盈利(亏损)变化	技术人员需求	劳动力需求	新签销售合同	产品线上销售的比例	产品(服务)销售价格	投资计划	产品(服务)创新
苏南	111.7	121.7	113.2	114.7	111.8	113.8	114.4	125.2
苏中	113.5	122.9	114.9	121.6	117.3	112.5	115.3	124.5
苏北	111.5	121.1	107.8	111.9	110.1	102.8	105.3	117.8

图 4-39　2016 年苏中地区三级指数较高的指标

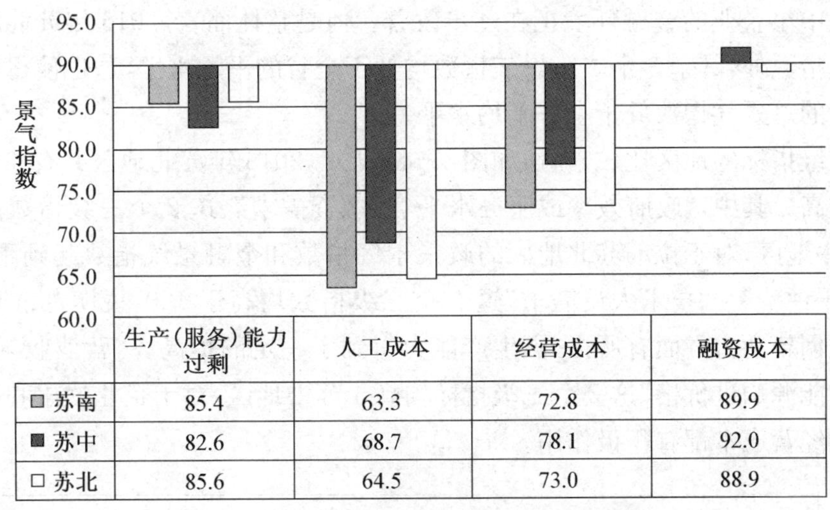

	生产(服务)能力过剩	人工成本	经营成本	融资成本
苏南	85.4	63.3	72.8	89.9
苏中	82.6	68.7	78.1	92.0
苏北	85.6	64.5	73.0	88.9

图 4-40　2016 年苏中地区三级指数稍低的指标

4.5.7　苏北地区中小企业景气指数

由图 4-41 可见，2016 年苏北地区中小企业景气指数为 105.7，比 2015 年下降了 1.1，低于全省的平均水平，但仍高于 2014 年的 103.8。2016 年的即期景气指数为 104.7，预期景气指数为 106.5，预期指数高于即期指数，表明 2016 年尽管景气指数略有下行，但大多中小企业经营者仍保持了一定的信心。

从 4 个二级景气指数看，如图 4-41 所示，2014—2016 年，苏北地区的生产景气指数、市场景气指数和政策景气指数均呈现出先下降后上升的变化态势，市场景气指数较低，仍然低于 2014 年的水平，而金融景气指数则连续三年保持小幅上升，显示了

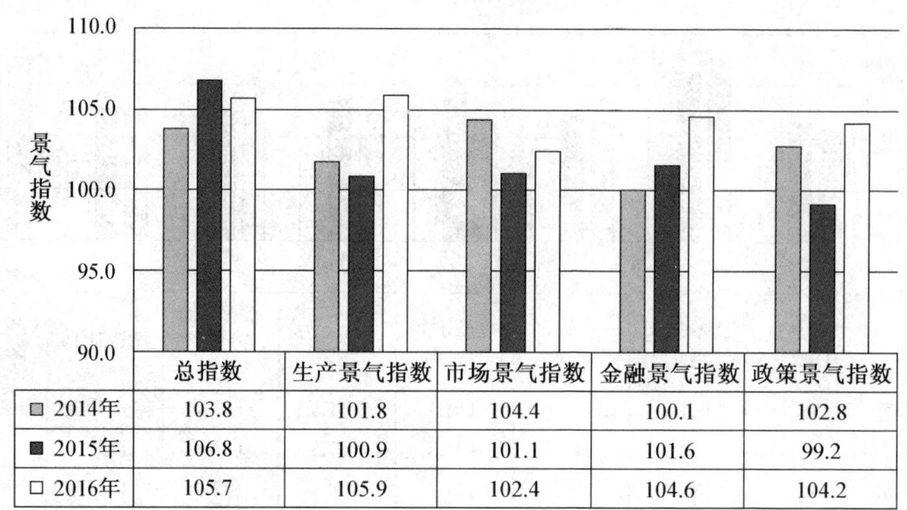

	总指数	生产景气指数	市场景气指数	金融景气指数	政策景气指数
2014年	103.8	101.8	104.4	100.1	102.8
2015年	106.8	100.9	101.1	101.6	99.2
2016年	105.7	105.9	102.4	104.6	104.2

图 4-41　2014 年、2015 年和 2016 年苏北地区总景气指数及二级景气指数

苏北地区中小企业的金融环境正在逐步改善。但是整体而言,2016 年苏北地区除了政策景气指数外,其余 3 个二级景气指数均低于全省的平均水平,这也使得苏北地区中小企业的总景气指数低于全省平均水平。

从三级指标的地区比较来看,如图 4-42 所示,2016 年苏北地区共有 6 个三级指数相对较高。其中,“政府效率或服务水平”、“融资需求”、这 2 个三级指数高于苏南地区、苏中地区,对于拉动苏北地区的政策景气指数和金融景气指数起到重要作用。“技术水平评价”和“技术人员需求”这 2 个三级指数均高于 120,说明苏北地区的中小企业在创新动力方面有所提升,生产能力得到了一定的提高。“营业收入”、“主要原材料和能源购进价格”这 2 个三级指标均高于苏中地区,对于企业的盈利能力的提升和降低经营成本都有积极作用。

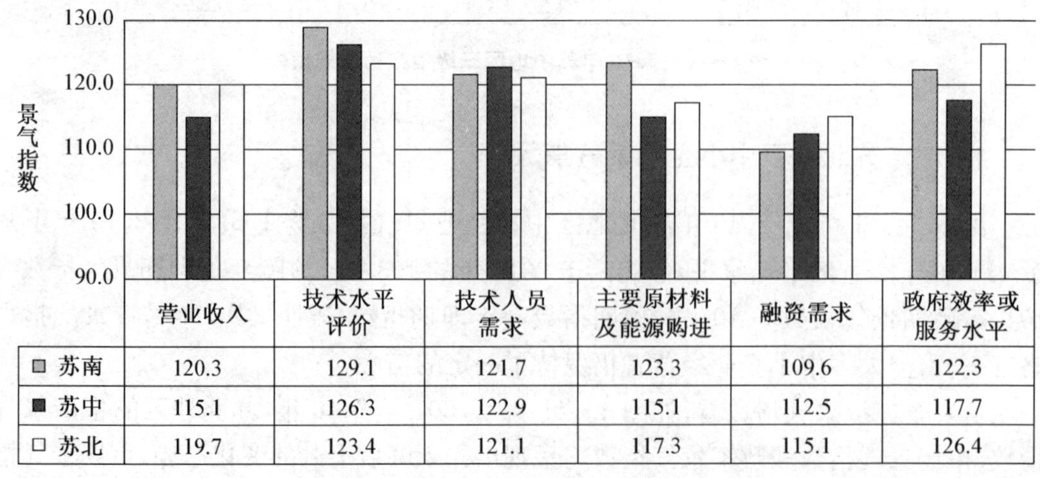

	营业收入	技术水平评价	技术人员需求	主要原材料及能源购进	融资需求	政府效率或服务水平
苏南	120.3	129.1	121.7	123.3	109.6	122.3
苏中	115.1	126.3	122.9	115.1	112.5	117.7
苏北	119.7	123.4	121.1	117.3	115.1	126.4

图 4-42　2016 年苏北地区中小企业部分三级指数

但是，由图 4－43 可见，苏北地区的中小企业仍然面临着较为严重的产能过剩问题，“经营成本”、“人工成本”、“营销费用”、“融资成本”等反映企业成本的三级指数均低于 90，位于黄灯区，尤其是企业的营销费用（逆指标）和融资成本（逆指标），仍然是三个地区中最高的。企业的税收负担（逆指标）虽然低于苏南和苏北地区，但是指数也不到 100。

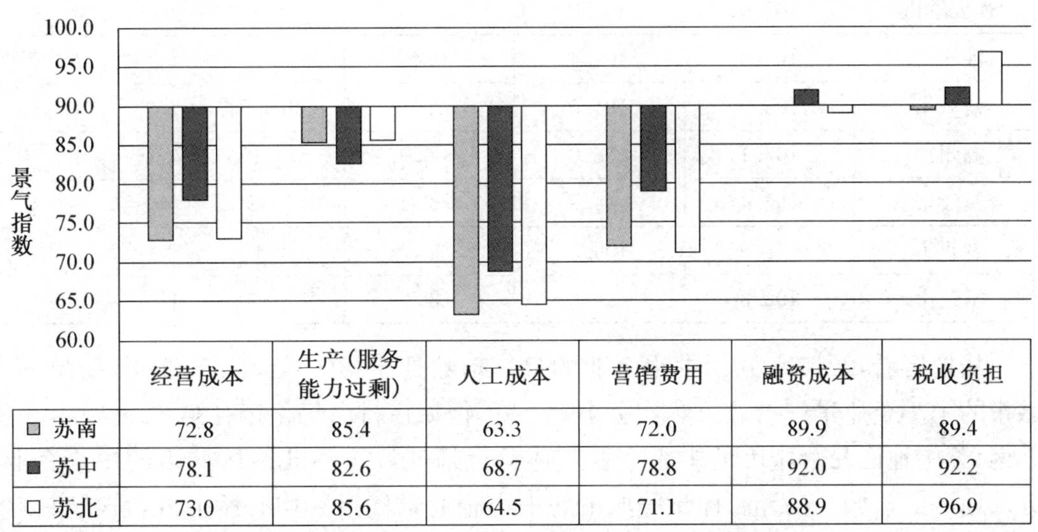

图 4－43　2016 年苏北地区中小企业部分三级景气指数

4.6　江苏中小企业景气指数的城市特征分析

2016 年江苏 13 市的中小企业景气指数均高于 102，表明 13 市中小企业的整体运行状况较为平稳。其中，泰州中小企业景气指数最高（108.9），比 2015 年上升2.4；宿迁中小企业景气指数最低（102.3），但与 2015 年相比则大幅上升（＋12.3），是所有城市中增幅最大的。2016 年，13 个市中有 8 个城市的中小企业景气指数与 2015 年相比呈上升态势，其中宿迁升幅最高，达到 12.3，其余城市的升幅均不超过 3.5；5 个城市的中小企业景气指数与 2015 年相比呈小幅下降态势，最大降幅为南通（－3.2）。（详见表4－15）

表 4－15　2015 年和 2016 年江苏 13 市中小企业景气指数

城市	2016 年	2015 年	相差	2016 年排序	2015 年排序
南京市	108.2	109.4	－1.2	2	2
无锡市	106.7	104.9	1.8	8(并列)	7
徐州市	106.7	104.3	2.4	8(并列)	11

(续表)

城市	2016年	2015年	相差	2016年排序	2015年排序
常州市	106.9	103.4	3.5	6(并列)	12
苏州市	107.9	108.7	−0.8	3	3
南通市	106.7	109.9	−3.2	8(并列)	1
连云港市	107.0	105.0	2.0	5	6
淮安市	104.8	104.4	0.4	11	10
盐城市	106.9	104.5	2.4	6(并列)	9
扬州市	107.1	108.0	−0.9	4	4
镇江市	102.4	104.8	−2.4	12	8
泰州市	108.9	106.5	2.4	1	5
宿迁市	102.3	90.0	12.3	13	13

从地区看,2016年泰州中小企业的景气指数处于第1位,南京、苏州、扬州三个城市的中小企业景气指数虽然均有小幅下降,但城市排名仍稳定在第2、3、4位,表明苏南、苏中地区几个城市的中小企业整体运行情况好于苏北地区城市的中小企业。苏北地区的盐城、连云港、徐州等城市的中小企业景气指数均有所上升,且城市排名也有所提高;宿迁尽管升幅最高,但城市排名仍为最低。

泰州、常州、徐州、南通、镇江这5个城市的排名变化较大。泰州从第5位上升到第1位;常州从第12位上升至并列第6位;徐州从第11位上升至第8位(并列);南通排名降幅最大,从2015年的第1位降至2016年的第8位(并列),镇江从第8位降至第12位。

由图4-44可见,2016年江苏13市中小企业景气指数围成的面积比2015年江苏13市中小企业景气指数围成的面积略有扩张,且分布更为均匀。从2014—2016三年的景气指数变化情况看,部分城市如宿迁、盐城、徐州等2016年的景气指数不仅高于2015年,而且高于2014年,呈现出先下降后上升的变化态势。无锡、常州、连云港、泰州等城市2016年的景气指数尽管高于2015年,但仍低于2014年。镇江、扬州、淮安等三市的景气指数则连续三年呈下降态势。苏州近三年的景气指数变化较小,基本稳定。

表4-16显示的是2014—2016年江苏13市中小企业景气指数的统计描述。2016年度江苏13市中小企业景气指数均值为106.3,比2015年提高了0.9,但仍略低于2014年(−0.4)。标准差与标准差离散系数连续三年下降,景气指数最高的泰州与景气指数最低的宿迁相差6.5,远远低于2014年(19.2)和2015年的极差(19.9),说明各城市中小企业景气指数的离散程度在不断缩小。

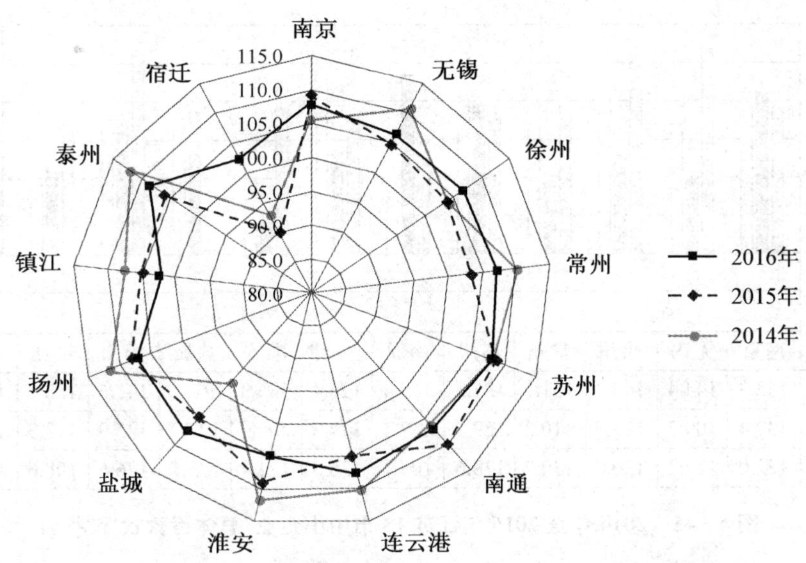

图 4－44　2014 年、2015 年和 2016 年江苏 13 市中小企业景气指数

表 4－16　2014 年至 2016 年江苏 13 市中小企业景气指数统计描述

年份	N	最小值	最大值	均值	极差	标准差	标准差 离散系数
2016 年	13	102.3	108.9	106.3	6.5	2.015 0	0.018 9
2015 年	13	90.0	112.6	105.4	19.9	2.230 3	0.021 3
2014 年	13	92.9	112.1	106.7	19.2	2.411 8	0.022 6
有效的 N （列表状态）	13						

“总体运营状况”与“企业综合生产经营状况”这两个三级指标反映中小企业经营者对整体经济和企业经营前景的主观评价。结合图 4－45 看，总体运营状况除南通、宿迁外，11 个城市的大多中小企业的评价较为乐观，且总体运营状况指数均高于各市的总景气指数，其中，泰州最高，达到 140.7，宿迁最低，为 99.0，是唯一低于 100 的城市。与 2015 年相比，8 个城市的总体运营状况指数上升，其中升幅最大的是宿迁（＋27.9）；5 个城市的总体运营状况指数下降，降幅最大的是南通（－32）。尽管大部分城市的总体运营状况指数与 2015 年相比有所上升，但 13 市中却有 9 个城市这一指数仍然低于 2014 年，尚处于回升过程中。无锡、徐州、南通、淮安、扬州、镇江等城市与 2014 年相比，总体运营状况差距较大。而连云港、宿迁两市 2016 年的总体运营状况有极大的好转，尤其是宿迁，2016 年走出黄灯区，进入绿灯区。

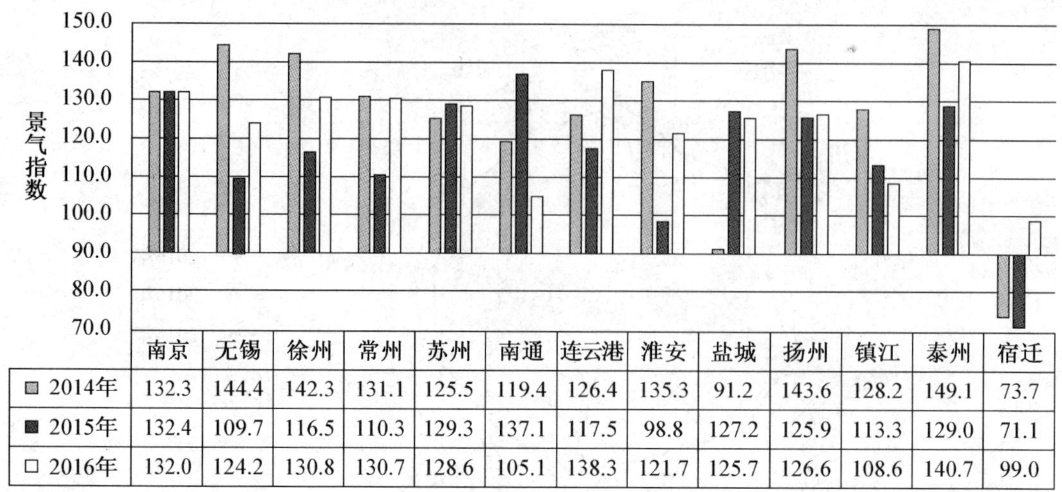

	南京	无锡	徐州	常州	苏州	南通	连云港	淮安	盐城	扬州	镇江	泰州	宿迁
■ 2014年	132.3	144.4	142.3	131.1	125.5	119.4	126.4	135.3	91.2	143.6	128.2	149.1	73.7
■ 2015年	132.4	109.7	116.5	110.3	129.3	137.1	117.5	98.8	127.2	125.9	113.3	129.0	71.1
□ 2016年	132.0	124.2	130.8	130.7	128.6	105.1	138.3	121.7	125.7	126.6	108.6	140.7	99.0

图 4-45　2014 年至 2016 年江苏 13 市中小企业“总体运营状况”指数

结合图 4-46 看企业 2016 年的综合生产经营状况，13 市的综合生产经营状况指数均高于各市的总景气指数。与 2015 年相比，6 个城市的综合生产经营状况指数有所上升，升幅最大的是宿迁（＋47.2），直接从红灯区跨越到绿灯区；7 个城市的指数有所下降，降幅最大的是南通（－15.1）。2014—2016 年，常州、连云港两市的综合生产经营状况指数连续三年呈现上升态势；扬州、泰州两市则连续三年呈现下降态势；无锡、苏州、淮安、扬州、泰州等 5 市其指数均未达到 2014 年的水平。

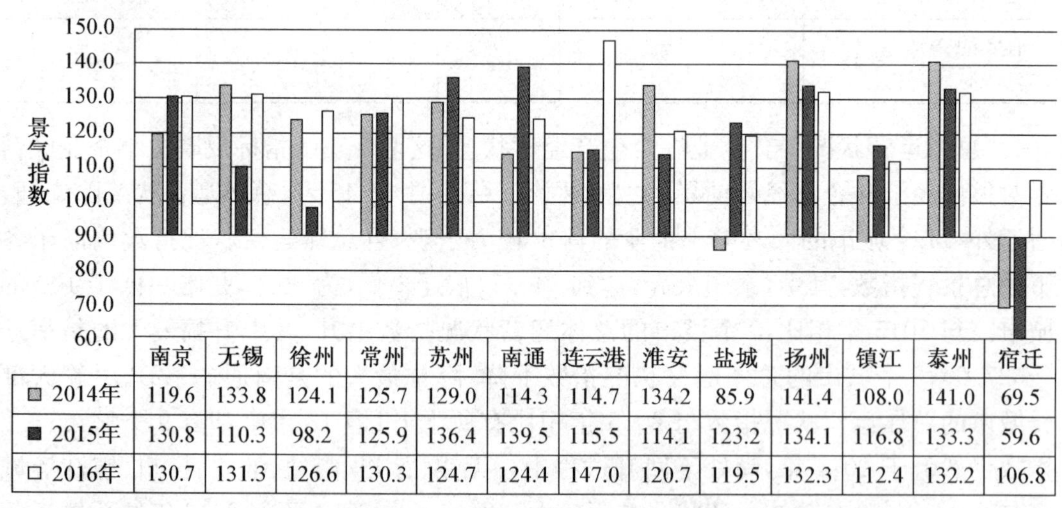

	南京	无锡	徐州	常州	苏州	南通	连云港	淮安	盐城	扬州	镇江	泰州	宿迁
■ 2014年	119.6	133.8	124.1	125.7	129.0	114.3	114.7	134.2	85.9	141.4	108.0	141.0	69.5
■ 2015年	130.8	110.3	98.2	125.9	136.4	139.5	115.5	114.1	123.2	134.1	116.8	133.3	59.6
□ 2016年	130.7	131.3	126.6	130.3	124.7	124.4	147.0	120.7	119.5	132.3	112.4	132.2	106.8

图 4-46　2014 年至 2016 年江苏 13 市中小企业“企业综合生产经营状况”指数

4.6.1　江苏 13 市中小企业生产景气指数分析

2016 年江苏中小企业生产景气指数为 108.5，比 2015 年小幅上升 1.1，2014—2016 年连续三年保持了上升的态势。从城市比较看，表 4－17 所示，2016 年 13 市中小企业生产景气指数均高于 100，最高的是南京(112.2)，最低的是宿迁(102.0)。南京、泰州、苏州、常州等 4 个城市的生产景气指数分列前四位，并且均高于全省的生产景气指数，苏南、苏中地区城市的生产景气指数普遍高于苏北地区城市。与 2015 年相比，8 个城市的生产景气指数上升，升幅最大的是宿迁(＋15.8)；5 个城市的生产景气指数下降，降幅最大的是南通(－5.6)。

表 4－17　2015 年和 2016 年江苏 13 市中小企业生产景气指数

城市	2016 年	2015 年	相差	2016 年排序
南京市	112.2	111.7	0.5	1
无锡市	105.6	105.5	0.1	11
徐州市	107.9	106.6	1.3	6
常州市	108.9	104.9	4.0	4
苏州市	110.0	111.2	－1.2	3
南通市	108.3	113.9	－5.6	5
连云港市	107.0	108.0	－1.0	8
淮安市	106.0	104.4	1.6	9
盐城市	105.8	103.2	2.6	10
扬州市	107.2	111.4	－4.2	7
镇江市	102.6	106.2	－3.6	12
泰州市	111.6	110.3	1.3	2
宿迁市	102.0	86.2	15.8	13

由图 4－47 可见，2016 年 13 市中小企业生产景气指数围成的面积比 2015 年略有扩张，且分布更为均匀，城市之间的差异度在缩小。2014—2016 年，南京、徐州、盐城、泰州共 4 个城市的生产景气指数连续三年保持了上升的态势；而连云港则呈现出连续三年下降的态势。扬州、南通、苏州这 3 个城市 2016 年的生产景气指数尽管与 2015 年相比有所下降，但仍高于 2014 年；宿迁 2016 年的生产景气指数与 2015 年相比大幅上升，从黄灯区进入了绿灯区。

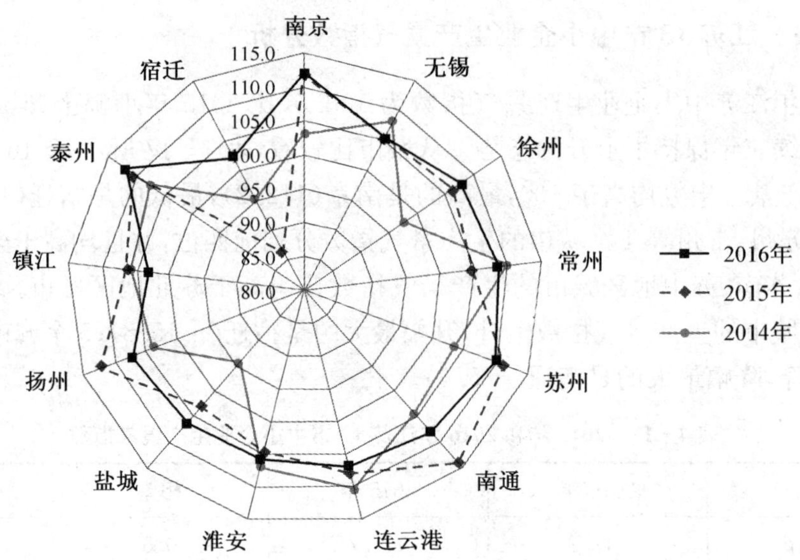

图 4-47　2014 年、2015 年和 2016 年江苏 13 市中小企业生产景气指数

表 4-18 是 2014—2016 年江苏 13 市中小企业生产景气指数统计描述。2016 年江苏 13 市中小企业生产景气指数的平均值为 107.3，高于 2015、2014 年，连续三年上升。标准差和标准差离散系数与 2015 年相比有一定幅度的缩小，生产景气指数最高的南京(112.2)和最低的是宿迁(102.0)之间的差值为 10.1，大大低于 2015 年的 27.7，总体极差小于 20%，表明江苏各城市之间的生产景气指数的离散性不是很大。

表 4-18　2014 年至 2016 年江苏 13 市中小企业生产景气指数统计描述

年份	N	最小值	最大值	均值	极差	标准差	标准差 离散系数
2016 年	13	102.0	112.2	107.3	10.1	3.028 5	0.028 2
2015 年	13	86.2	113.9	106.4	27.7	6.925 6	0.065 1
2014 年	13	94.5	110.2	103.9	15.7	5.196 8	0.050 0
有效的 N (列表状态)	13						

南京 2016 年的生产景气指数最高，在 13 市的排名中从 2015 年的第 2 位上升至第 1 位，继续良好的上行态势。2016 年南京“生产能力过剩”、“营业收入”、“盈亏变化”的景气指数均位列 13 市第 3，说明南京中小企业的产能过剩压力减缓，企业的盈利能力得到提高。“投资计划”、“产品创新”的景气指数均位列 13 市第 1，“流动资金”、“技术水平”、“劳动力需求”的景气指数均位列 13 市第 2，“技术人员需求”的景气指数位列 13 市第 3，说明南京中小企业保持了较好的流动性，有扩大生产规模的需求，同时技术水平和创新能力方面也有一定的优势，从而保证了生产能力能够得到

稳步提升。

宿迁 2016 年的生产景气指数尽管增幅最大(+15.8),但在 13 市中排名最低,并且 2014—2016 年连续三年排名最低。从三级指标看,2016 年宿迁的“营业收入”、“应收款”、“投资计划”、“劳动需求”、“产品创新”、“技术水平”的景气指数均为全省最低,说明中小企业经营状况不理想,流动资金短缺较为严重,技术水平和创新能力相对不足,扩张过程中受到资金和技术的双重制约。

4.6.2　江苏 13 市中小企业市场景气指数分析

2016 年江苏中小企业市场景气指数为 104.7,比 2015 年(103.4)小幅上升 1.3,但仍低于 2014 年(109.4)。从城市比较看,表 4－19 所示,2016 年 13 市中小企业市场景气指数均高于 100,最高的是扬州(106.6),最低的是宿迁(100.1),各城市间的差距较小。扬州、泰州、南京的市场景气指数分列前三位,均高于全省的市场景气指数,可见苏中地区城市的市场景气指数普遍高于苏南、苏北地区城市,尤其是高于宿迁、连云港、淮安等苏北城市。

与 2015 年相比,8 个城市的市场景气指数上升,升幅相对较大的是宿迁(+6.5)、泰州(+4.6),其余城市升幅较小;4 个城市的市场景气指数下降,降幅最大的是连云港(−3.2),其余城市的降幅均不超过 1;镇江的景气指数与 2015 年持平。整体而言,2016 年 13 市的市场景气指数变动幅度不是很大。

表 4－19　2015 年和 2016 年江苏 13 市中小企业市场景气指数

城市	2016 年	2015 年	相差	2016 年排序
南京市	106.3	107.2	−0.9	3
无锡市	103.7	103.3	0.4	6(并列)
徐州市	103.7	104.2	−0.5	6(并列)
常州市	103.4	101.7	1.7	9
苏州市	105.7	103.7	2.0	4
南通市	105.4	106.2	−0.8	5
连云港市	100.8	104.0	−3.2	12
淮安市	102.6	102.5	0.1	11
盐城市	103.5	103.0	0.5	8
扬州市	106.6	104.4	2.2	1
镇江市	103.1	103.1	0.0	10
泰州市	106.5	101.9	4.6	2
宿迁市	100.1	93.6	6.5	13

图 4 - 48 显示，2016 年 13 市中小企业市场景气指数围成的面积比 2015 年的市场景气指数围成的面积略有扩张，且分布更为均匀，但仍然小于 2014 年的市场景气指数围成的面积。

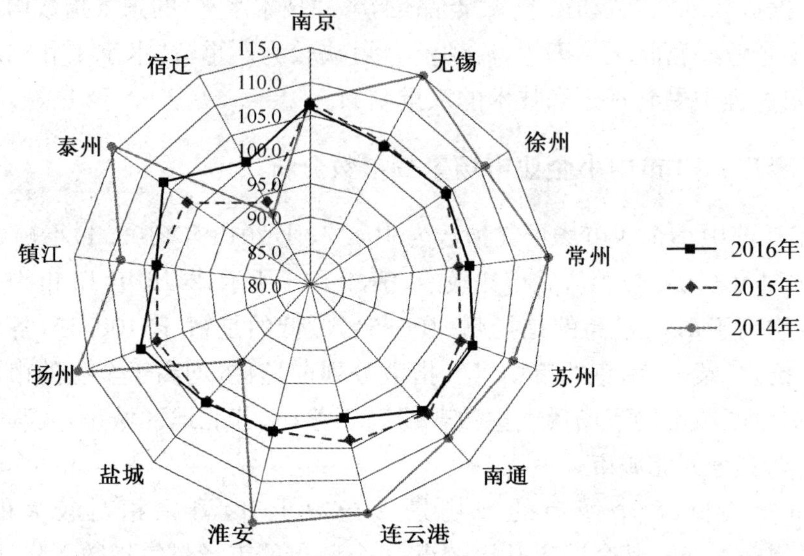

图 4 - 48　2014 年、2015 年和 2016 年江苏 13 市中小企业市场景气指数

2014—2016 年，仅有盐城、宿迁的市场景气指数连续三年保持了上升的态势；南京、徐州、南通、连云港等 4 个城市则呈现出连续三年下降的态势。苏州、无锡、常州、淮安、扬州、泰州这 6 个城市 2016 年的市场景气指数尽管与 2015 年相比略有上升，但仍然大幅低于 2014 年。

表 4 - 20 是 2014—2016 年江苏 13 市中小企业市场景气指数统计描述。2016 年江苏 13 市中小企业市场景气指数的平均值为 104.0，略高于 2015 年，但与 2014 年相比仍有一定差距。标准差和标准差离散系数与 2015 年、2014 年相比持续缩小，市场景气指数最高的扬州(106.6)和最低的是宿迁(100.1)之间的差值为 6.5，大大低于 2015 年、2014 年，总体极差小于 10%，表明江苏各城市之间的市场景气指数的离散性进一步缩小。

表 4 - 20　2014 年至 2016 年江苏 13 市中小企业市场景气指数统计描述

年份	N	最小值	最大值	均值	极差	标准差	标准差离散系数
2016 年	13	100.1	106.6	104.0	6.5	2.093 2	0.020 1
2015 年	13	93.6	107.2	103.0	13.6	3.219 4	0.031 3
2014 年	13	91.8	116.9	110.0	25.1	7.936 9	0.072 1
有效的 N（列表状态）	13						

扬州的市场景气指数的城市排名从 2015 年的第 3 升至 2016 年的第 1，增幅为 2.2，高于全省的增幅。其中，"新签销售合同"、"产品销售价格"的景气指数均位列 13 市第 2，"应收款"和"融资需求"的景气指数位列 13 市第 3，"主要原材料及能源购进价格"、"人工成本"、"营销费用"的景气指数位列 13 市第 5，可见扬州中小企业的整体成本有所下降，销售规模得到提升，销售价格对企业较为有利，流动资金压力较小。

宿迁 2016 年市场景气指数比 2015 年提高了 6.5，增幅在 13 市中是最大的，但仍然处于 2014—2016 年连续三年排名最低的位置。从三级指标看，2016 年宿迁"新签销售合同"、"主要原材料及能源购进价格"、"应收款"、"技术水平评价"的景气指数均为 13 市最低，产品的销售情况不容乐观，市场盈利能力较弱，流动性不足的问题较为突出。

连云港是 2016 年市场景气指数降幅最大的城市，在 13 市的排名中仅高于宿迁。其中，"主要原材料及能源购进价格"、"应收款"、"劳动力需求"等景气指数均位列 13 市的第 12，"生产能力过剩"、"融资成本"的景气指数均位列 13 市的第 11，"技术水平评价"、"技术人员需求"、"营销费用"的景气指数均位列 13 市的第 10。较高的成本、较大的流动性资金压力以及相对较低的技术水平给连云港中小企业的市场景气带来了较大的下行压力。

4.6.3　江苏 13 市中小企业金融景气指数分析

2016 年江苏中小企业金融景气指数为 106.0，比 2015 年(106.3)略微下降 0.3，但仍高于 2014 年(100.3)。从城市比较看，表 4－21 所示，2016 年 13 市中小企业金融景气指数均高于 100，最高的是苏州(110.6)，最低的是宿迁(102.5)，各城市间的差距不是很大。苏州、南京、南通的金融景气指数分列前三位，并且均高于全省的金融景气指数；而其余 10 个城市的金融景气指数则均低于全省的景气指数。与 2015 年相比，仅有 4 个城市的金融景气指数上升，升幅相对较大的是宿迁(＋12.0)，其余 3 个城市升幅均不大；9 个城市的金融景气指数下降，降幅较大的是扬州(－6.9)和南通(－5.6)。

表 4－21　2015 年和 2016 年江苏 13 市中小企业金融景气指数

城市	2016 年	2015 年	相差	2016 年排序
南京市	107.9	111.2	－3.3	2
无锡市	103.6	105.5	－1.9	10
徐州市	104.9	106.0	－1.1	8
常州市	105.3	102.7	2.6	6(并列)
苏州市	110.6	109.4	1.2	1

（续表）

城市	2016 年	2015 年	相差	2016 年排序
南通市	106.4	112.0	—5.6	3
连云港市	105.7	104.5	1.2	5
淮安市	105.3	106.2	—0.9	6(并列)
盐城市	104.6	104.7	—0.1	9
扬州市	103.2	110.1	—6.9	11
镇江市	103.0	103.9	—0.9	12
泰州市	105.9	106.4	—0.5	4
宿迁市	102.5	90.5	12.0	13

由图 4-49 可见，2016 年 13 市中小企业金融景气指数围成的面积比 2015 年的金融景气指数围成的面积略微缩小，但更为均匀，并且大于 2014 年的金融景气指数围成的面积。2014—2016 年，仅有苏州这一个城市的金融景气指数连续三年保持了上升的态势；常州、连云港、宿迁这 3 个城市的金融景气指数开始从下降转为上升；其余 9 个城市的金融景气指数则均从上升转为下降，但 2016 年的景气指数仍然高于 2014 年(无锡除外)。

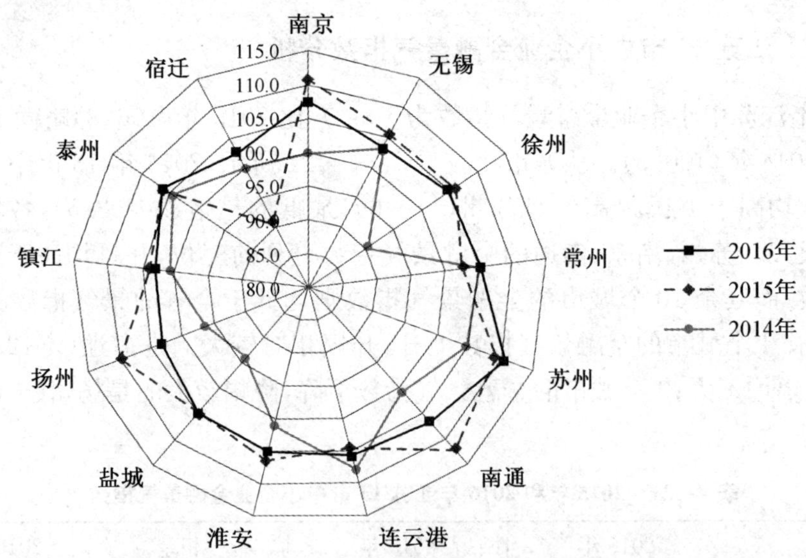

图 4-49　2014 年、2015 年和 2016 年江苏 13 市中小企业金融景气指数

表 4-22 是 2014—2016 年江苏 13 市中小企业金融景气指数统计描述。2016 年江苏 13 市中小企业金融景气指数的平均值为 105.3，略微低于 2015 年，但仍高于 2014 年。标准差和标准差离散系数与 2015 年、2014 年相比有所减小，金融景气指数最高的苏州(110.6)和最低的是宿迁(102.5)之间的差值为 8.1，大大低于 2015 年、

2014 年，总体极差小于 10%，表明江苏各城市之间的金融景气指数存在一定的离散性，但是不大。

表 4 - 22　2014 年至 2016 年江苏 13 市中小企业金融景气指数统计描述

年份	N	最小值	最大值	均值	极差	标准差	标准差离散系数
2016 年	13	102.5	110.6	105.3	8.1	2.204 4	0.020 9
2015 年	13	90.5	112.0	105.6	21.5	5.396 8	0.051 1
2014 年	13	90.4	107.5	100.7	17.1	4.820 2	0.047 9
有效的 N（列表状态）	13						

2006 年苏州中小企业金融景气指数位列第 1，且连续三年上升，中小企业的金融环境得到持续改善。其中，"流动资金"、"应收账款"的景气指数均位列 13 市第 1，说明苏州中小企业的流动性趋于宽松，融资风险降低。"专项补贴"、"融资成本"、"获得融资"、"投资计划"的景气指数均位列 13 市第 3，"生产能力过剩"的景气指数位列 13 市第 4，表明苏州的中小企业的产能过剩压力得到有效缓解，在政府的政策支持下，获得融资的能力得到提升，融资困难的压力得到进一步的缓解。

宿迁是 2016 年金融景气指数升幅最大的城市，其中，"获得融资"、"生产能力过剩"的景气指数均位列 13 市的第 2，说明中小企业的产能过剩压力在减小，融资需求提升，资金的可获得性也在提高。

扬州和南通 2016 年金融景气指数降幅相对较大。扬州中小企业 2016 年"总体经济运行状况"的景气指数位列 13 市的第 12，产能过剩未能得到有效缓解，应收账款较多，流动资金压力大，获得融资的能力降低。南通中小企业的流动性压力也比较大，且"获得融资"的景气指数位列 13 市第 12，企业投资计划较少，"融资优惠"和"专项补贴"的景气指数在 13 市中分别位列第 10 和第 12，融资难的压力增大。

4.6.4　江苏 13 市中小企业政策景气指数分析

2016 年江苏中小企业政策景气指数为 102.6，比 2015 年(100.2)上升 2.4，远高于 2014 年(88.9)，连续三年呈持续上行态势，说明中小企业的政策环境在不断改善。从城市比较看，如表 4 - 23 所示，2016 年 13 市中小企业政策景气指数除南京、镇江外均高于 100，最高的是盐城(107.4)，最低的是南京(99.3)。盐城、无锡、连云港、常州、宿迁、徐州、南通等 7 个城市的政策景气指数分列前七位，且高于全省的政策景气指数，而南京、镇江、泰州等城市排名较为靠后。可见，苏南地区、苏北地区城市的政策景气指数普遍高于苏中地区城市，尤其是苏北地区城市，排名更加靠前。

与 2015 年相比，9 个城市的政策景气指数上升，升幅相对较大的是连云港

(+8.6)、宿迁(+6.8)、无锡(+5.8)、常州(+5.8)和徐州(+4.9);4个城市的政策景气指数下降,但降幅都不大。整体而言,2016年13市中小企业的整体政策环境改善较为明显。

表4-23 2015年和2016年江苏13市中小企业政策景气指数

城市	2016年	2015年	相差	2016年排序
南京市	99.3	100.7	−1.4	13
无锡市	106.8	101.0	5.8	2
徐州市	103.3	98.4	4.9	6
常州市	104.3	98.5	5.8	4
苏州市	100.5	101.2	−0.7	10
南通市	102.8	99.1	3.7	7
连云港市	106.1	97.5	8.6	3
淮安市	100.0	102.7	−2.7	11
盐城市	107.4	104.2	3.2	1
扬州市	102.0	100.9	1.1	8
镇江市	99.9	102.4	−2.5	12
泰州市	101.7	101.5	0.2	9
宿迁市	103.5	96.7	6.8	5

由图4-50可见,2016年13市中小企业政策景气指数围成的面积比2015年的政策景气指数围成的面积有所扩张,比较均匀,且远远大于2014年的政策景气指数围成的面积。2014—2016年,共有无锡、徐州、常州、南通等8个城市的政策景气指数连续三年保持了上行的态势,表明这些城市的政策环境在持续改善;而南京、苏州、淮安、镇江这4个城市的政策景气指数则均从上升转为略微下降,但2016年的景气指数仍然高于2014年。宿迁尽管2016年的政策景气指数相对于2015年有较大幅度的提升,但仍然低于2014年。

表4-24是2014—2016年江苏13市中小企业政策景气指数统计描述。2016年江苏13市中小企业金融景气指数的平均值为102.9,略高于2015年,且远远高于2014年。标准差和标准差离散系数与2015年相比有所增大,政策景气指数最高的盐城(107.4)和最低的是南京(99,3)之间的差值为8.1,与2015年相比略有增加,但仍然远远小于2014年,总体极差小于10%,表明江苏各城市之间的政策景气指数存在一定的离散性,但是不大,政策环境得到了普遍的改善。

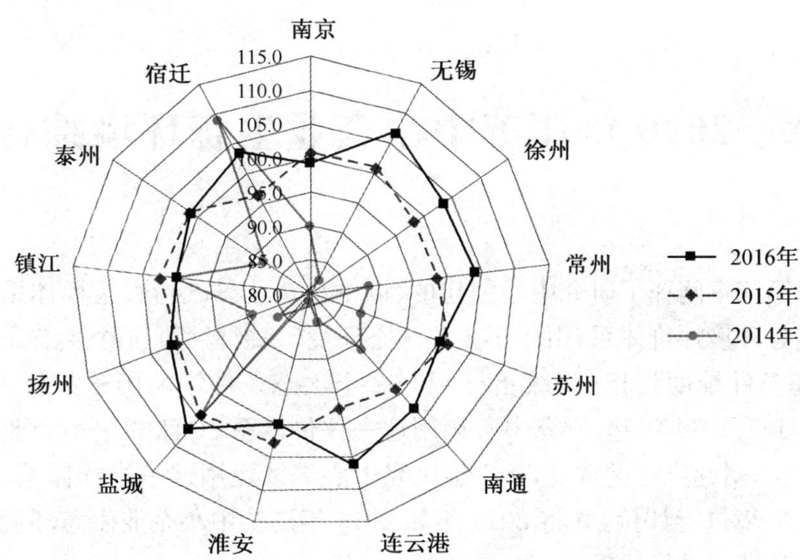

图 4－50　2014 年、2015 年和 2016 年江苏 13 市中小企业政策景气指数

表 4－24　2014 年至 2016 年江苏 13 市中小企业政策景气指数统计描述

年份	N	最小值	最大值	均值	极差	标准差	标准差离散系数
2016 年	13	99.3	107.4	102.9	8.1	2.693 3	0.026 2
2015 年	13	96.7	104.2	100.4	7.5	2.192 2	0.021 8
2014 年	13	73.9	109.0	89.7	35.1	9.503 8	0.105 9
有效的 N（列表状态）	13						

盐城 2016 年的政策景气指数位列第 1，与 2015 年的位次持平。其中，“行政收费”、“税收负担”、“融资优惠”的指数均位列 13 市第 1，“融资优惠”的指数位列第 3。盐城政府针对中小企业减负的相关政策得到了企业的肯定。

无锡 2016 年的政策景气指数位列第 2，其中，“融资成本”、“专项补贴”位列 13 市第 2，“人工成本”、“融资优惠”、“综合生产经营状况”的指数均位列 13 市第 3，“政府效率或服务水平”的指数位列第 4。可见，无锡的政策更侧重为中小企业提供各类服务，降低中小企业的各类成本，从而提升企业获得资源的能力，并改善整体经营能力。

南京 2016 年的政策景气指数排名最低，主要是由于中小企业的各类成本较高，负担较重。南京中小企业的融资成本和行政收费都是 13 市中最高的，税收负担较重，位列 13 市第 10 位，人工成本位列 13 市第 2；享受的专项补贴少，仅位列 13 市中的第 12，融资优惠较少，位列 13 市中的第 11。

第五章　2016年江苏中小企业生态环境综合评价

本报告第三章阐释了研究中心创建的、以中小企业景气指数指标体系为基础的中小企业生态环境评价体系，由中小企业生态环境（一级指标）、4个生态条件二级指标、8个生态条件维度指标（三级指标）和62个生态条件影响因子指标所构成（图1－1、表5－1）。2014年起，研究中心运用这一评价体系，对江苏中小企业生态环境进行首次评价，引起广泛关注。2016年研究中心继续运用这一指标体系，对江苏中小企业生态环境进行评价，并将2015年和2016年江苏中小企业生态环境变化的区域特征和城市特征进行比较。

5.1　总体评价

表5－1所示，2016年江苏中小企业生态环境可细化为4个生态条件指标、8个生态条件维度指标和62个生态条件影响因子指标综合体现。

表5－1　中小企业生态环境综合评价指标构成

序号	二级指标	三级指标	评价指标（问卷指标和统计指标）
1	生产生态条件	经营状况维度	3. 营业收入
2			4. 经营成本
3			5. 生产（服务）能力过剩
4			6. 盈利（亏损）变化
5			16. 应收款
6			31. 企业综合生产经营状况
7			规模以上中小企业工业总产值
8			规模以上中小企业工业总产值占比
9			批发、零售和住宿、餐饮业总额
10		企业发展维度	7. 技术水平评价
11			8. 技术人员需求
12			9. 劳动力需求
13			10. 人工成本

（续表）

序号	二级指标	三级指标	评价指标（问卷指标和统计指标）
14			17. 投资计划
15			18. 产品（服务）创新
16			20. 流动资金
17			专利授权数量
18			私营个体经济固定资产投资
19			私营个体占新增固定资产投资比重
20	市场生态条件	产品供给维度	11. 新签销售合同
21			12. 产品线上销售比例
22			13. 产品（服务）销售价格
23			14. 营销费用
24			18. 产品（服务）创新
25			全社会用电量
26			亿元以上商品交易市场商品成交额
27			规模以上工业企业产品销售率
28		资源需求维度	8. 技术人员需求
29			9. 劳动力需求
30			10. 人工成本
31			15. 主要原材料及能源购进价格
32			22. 融资需求
33			24. 融资成本
34			私营个体工商户户数
35			规模以上工业企业总资产贡献率
36			规模以上工业企业资产负债率
37	金融生态条件	运营资金维度	16. 应收款
38			17. 投资计划
39			20. 流动资金
40			21. 获得融资
41			规模以上工业企业流动资产
42			规模以上工业企业应收账款
43			年末单位存款余额

(续表)

序号	二级指标	三级指标	评价指标(问卷指标和统计指标)
44		企业融资维度	1. 总体运行状况
45			17. 投资计划
46			21. 获得融资
47			22. 融资需求
48			24. 融资成本
49			25. 融资优惠
50			年末金融机构贷款余额
51			票据融资
52			单位经营贷款
53	政策生态条件	政策支持维度	21. 获得融资
54			25. 融资优惠
55			29. 专项补贴
56			30. 政府效率
57			31. 企业综合生产经营状况
58			一般公共服务财政预算支出占 GDP
59			社会保障和就业财政预算支出占 GDP
60			从业人数
61		企业负担维度	10. 人工成本
62			24. 融资成本
63			26. 税收负担
64			28. 行政收费
65			企业所得税占 GDP 比重
66			行政事业性收费收入占 GDP 比重
67			城镇居民可支配收入

注 1:指标前有序号的是问卷指标,没有序号的是统计指标。

注 2:2016 年各指标的权重继续采用专家法设定。

注 3:序号排列到 67 是因为有些三级指标会影响两个不同的二级指标,这就会重复使用。

2016 年江苏中小企业生态环境综合评价总分为 4.844 8,较 2015 年(5.500 1)有 0.655 3 的降幅,较 2014 年(4.860 7)有 0.015 9 的降幅。从表 5-2 可以看出,2016 年江苏中小企业生态环境的 8 个生态条件维度指标,最高维度分与最低维度分的差值为 1.638 6,这说明八个维度指标分值之间存在差异,但是差异不大,整体较为平均。

2016年江苏中小企业生态环境8个维度中，仅有“企业发展维度”和“企业负担维度”两个维度的得分高于5.0，其余六个维度的得分在4～5分之间，“企业负担维度”、“企业发展维度”和“资源需求维度”的得分较高，分别列前3位。其中“企业负担维度”是逆指标，分值越高，企业负担越轻。尽管2016年这一指标分值较高，但与2015年相比有－0.549 0的跌幅，表明2016年企业负担有一定的增加。见表5－2。

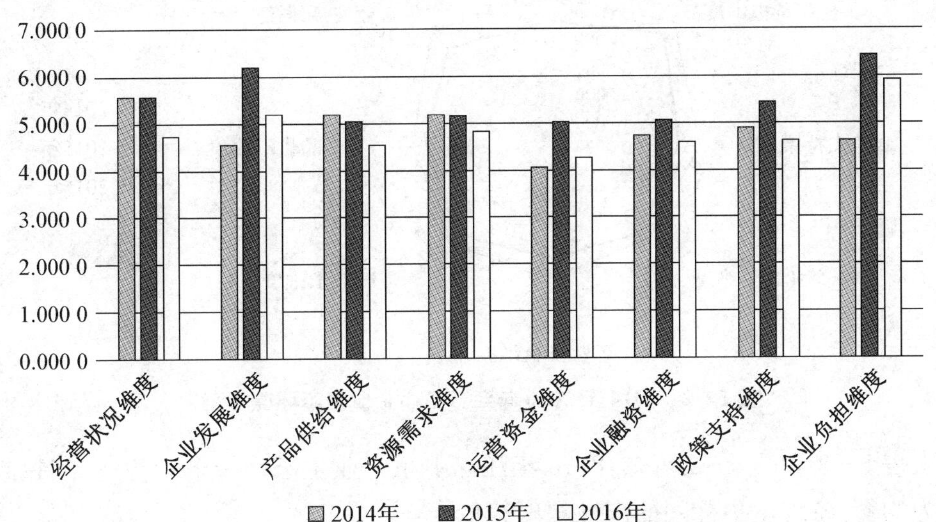

图5－1　2014—2016年江苏中小企业八个维度得分

表5－2　2014—2016年江苏中小企业生态环境各维度得分

生态条件	生态条件维度	2014年		2015年		2016年		较2015年分差
		评分	排序	评分	排序	评分	排序	
生产	经营状况维度	5.590 3	3	5.553 7	3	4.750 6	4	－0.803 0
	企业发展维度	4.567 6	2	6.196 4	2	5.207 4	2	－0.989 0
市场	产品供给维度	5.190 9	8	5.042 3	8	4.542 4	7	－0.499 9
	资源需求维度	5.206 6	4	5.177 8	4	4.845 2	3	－0.332 6
金融	运营资金维度	4.058 1	7	5.047 6	7	4.266 7	8	－0.781 0
	企业融资维度	4.747 0	6	5.076 8	6	4.600 5	6	－0.476 2
政策	政策支持维度	4.894 4	5	5.459 1	5	4.640 1	5	－0.819 0
	企业负担维度	4.625 3	1	6.454 2	1	5.905 3	1	－0.549 0

注：企业负担维度是一个逆指标，其经济含义是分值越高，企业负担越轻，反之越重。

将表5-2转换成图5-2,可以直观的比较2014年到2016年江苏中小企业生态环境的变化。2016年,生态环境八个维度的得分均低于2015年,使2016年8个维度分值以粗实线连接的区域面积(生态环境)明显小于2015年8个维度分值以细实线连接的区域面积(生态环境)。

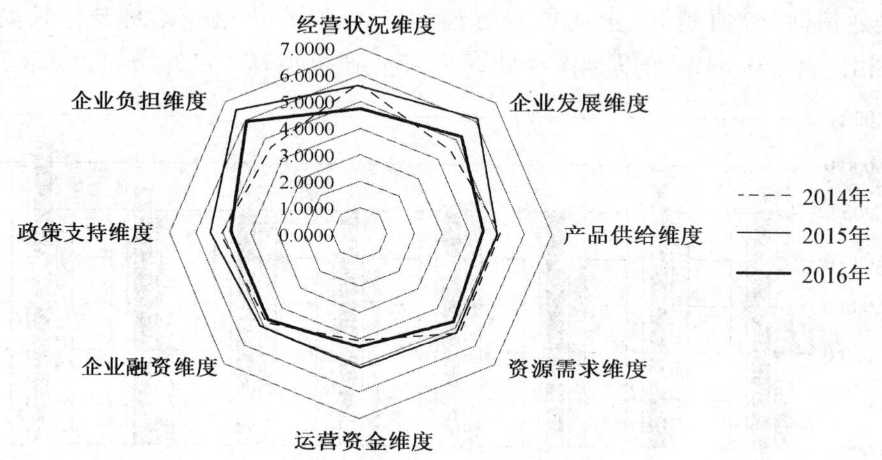

图5-2 2014至2016年江苏中小企业生态环境的变化

由表5-3和图5-2可知,2016年江苏中小企业生态环境8个生态条件维度分值较为均衡,各维度指标间的离散幅度较低。

表5-3 江苏中小企业生态环境维度指标统计描述

描述统计量						
	N	极小值	极大值	均值	标准差	方差
维度指标	8	4.266 7	5.905 3	4.844 8	.506 0	.256
有效的 N(列表状态)	8					

表5-2显示,从数值上看,2016年生态环境条件的八个维度分值较2015年都有不同程度的下降:下降幅度最大的是生产生态条件的两个维度,其中企业发展维度降幅0.989 0,经营状况维度的降幅0.803 0;表明与2015年相比较,2016年江苏中小企业生态环境中的生产生态条件有明显恶化;其次是政策生态条件的政策支持维度,与2015年相比较有0.819 0的降幅;排在第三的是金融生态条件的运营资金维度,与2015年相比有0.781 0的降幅;降幅最小的是市场生态条件的资源需求维度,也有0.332 6的降幅;其余生态条件的维度分值的降幅在0.47～0.55之间。显然,总体上看,与2015年相比较,2016年江苏中小企业生态环境的八个生态条件维度都出现不同程度的滑坡态势,导致总体生态环境恶化,又回到2014年的水平。

2014年到2016年,江苏中小企业生态环境经历了一个起伏波动的变化,这与我国宏观经济的大背景密切相关,江苏的中小企业深植其中,必然受到全方位的不同程度的影响。本报告将根据 2016 年收集到的中小企业样本和官方统计的数据信息，以中小企业生态环境评价体系和评价方法为基础，对江苏中小企业生态环境进行深入、全面和客观的评价。

5.2　江苏中小企业生态条件评价

中小企业生态环境由生产生态条件、市场生态条件、金融生态条件和政策生态条件构成，下面分别对 2016 年影响江苏中小企业生态环境的这四个生态条件逐一评价。

5.2.1　四大生态条件整体评价

表 5-4　2016 年江苏省 13 地市四大生态条件整体评价

	生产生态条件		市场生态条件		金融生态条件		政策生态条件	
	数值	排序	数值	排序	数值	排序	数值	排序
南京市	6.325 5	2	5.410 8	5	6.051 6	2	5.275 3	12
无锡市	4.308 9	11	4.905 0	6	4.237 0	6	4.937 9	8
徐州市	5.546 8	5	4.567 0	8	3.458 9	10	6.735 2	4
常州市	5.524 4	6	4.744 4	7	4.221 6	7	5.423 5	7
苏州市	6.334 0	1	6.323 8	1	8.342 8	1	5.762 4	13
南通市	5.717 9	4	5.875 0	2	5.198 6	3	5.227 4	11
连云港市	4.614 0	8	3.623 6	11	4.119 4	8	5.709 9	6
淮安市	4.439 6	10	3.884 6	10	4.341 7	4	6.002 4	10
盐城市	4.468 5	9	4.134 6	9	3.702 4	9	4.511 9	5
扬州市	4.752 2	7	5.637 2	4	3.281 7	12	4.146 2	2
镇江市	3.235 2	12	3.517 6	12	3.423 2	11	3.203 9	3
泰州市	6.134 6	3	5.652 6	3	4.328 0	5	5.432 6	9
宿迁市	3.021 2	13	2.743 3	13	2.930 0	13	6.176 1	1

表 5-4 反映的是 2016 年江苏 13 市中小企业的生产、市场、金融、政策四个生态条件的得分及排序情况。从表中可以看出，2016 年苏州、南京、泰州的生产生态条件表现抢眼，分列第 1、2、3 位，而无锡、镇江、宿迁则位居后三位；市场生态条件方面，苏州、南通、泰州表现较好，排在前三位，而连云港、镇江、宿迁落在后三位；金融生态条件方面，苏州、南京、南通的得分位居前三位，镇江、扬州、宿迁列居后三位；政策生态

条件方面,宿迁、扬州、镇江最为突出,分列前三位,而南通、南京、苏州相对滞后,列在后三位。

5.2.2 生产生态条件评价

生产生态条件由“经营状况维度”和“企业发展维度”构成,若按照时间序列进行比较,可总体上反映一个地区中小企业生产生态条件的这两个维度的变化情况。

表 5-5 2014—2016 年江苏 13 市中小企业经营状况维度指标得分

指标 / 年度 / 得分排序 / 城市	经营状况维度						
	2014 年		2015 年		2016 年		
	得分	排序	得分	排序	得分	排序	较 2015 年
南京市	5.368 0	11	6.226 6	4	5.343 7	3	−0.882 9
无锡市	6.706 0	2	5.540 3	9	4.779 5	6	−0.760 7
徐州市	5.776 0	10	5.733 6	7	4.762 2	7	−0.971 4
常州市	6.899 0	1	5.176 7	10	4.736 3	8	−0.440 4
苏州市	6.101 0	6	6.534 8	2	5.524 0	2	−1.010 8
南通市	6.308 0	4	6.758 6	1	4.713 2	9	−2.045 4
连云港市	6.079 0	7	4.773 3	12	4.913 6	5	0.140 3
淮安市	5.963 0	8	4.900 2	11	4.084 3	11	−0.815 9
盐城市	2.720 0	12	5.772 9	6	5.262 1	4	−0.510 8
扬州市	6.109 0	5	5.834 3	5	4.565 0	10	−1.269 3
镇江市	5.914 0	9	5.597 4	8	3.706 9	12	−1.890 5
泰州市	6.526 0	3	6.369 6	3	5.604 3	1	−0.765 3
宿迁市	2.205 0	13	2.979 4	13	3.153 5	13	0.174 1

表 5-5 显示,2014 年到 2016 年江苏 13 市的中小企业生态环境在“经营状况维度”分值的变化情况。在 13 个城市中,仅有连云港和宿迁的得分稍高于 2015 年。其余 11 个城市中,下降幅度最大的是南通(较 2015 年下降了 2.045 4),此外,苏州、扬州、镇江的得分较 2015 年也下降了一个维度分以上。

表 5－6　2014—2016 年江苏 13 市中小企业的企业发展维度指标得分

指标/年度/得分排序/城市	企业发展维度						
	2014 年		2015 年		2016 年		
	得分	排序	得分	排序	得分	排序	较 2015 年
南京市	4.615 0	7	7.182 0	4	7.307 3	1	0.125 3
无锡市	5.811 0	2	6.041 4	9	3.838 2	10	－2.203 2
徐州市	3.021 0	12	6.321 7	7	6.331 4	5	0.009 7
常州市	5.457 0	4	6.811 7	5	6.312 5	6	－0.499 3
苏州市	6.597 0	1	8.065 4	2	7.144 0	2	－0.921 4
南通市	4.412 0	8	8.252 2	1	6.722 5	3	－1.529 7
连云港市	5.520 0	3	6.564 8	6	4.314 5	9	－2.250 3
淮安市	5.342 0	5	5.978 3	10	4.794 8	8	－1.183 5
盐城市	3.324 0	10	4.618 6	12	3.674 9	11	－0.943 7
扬州市	5.064 0	6	7.333 9	3	4.939 3	7	－2.394 5
镇江市	3.149 0	11	5.303 3	11	2.763 4	13	－2.539 9
泰州市	4.406 0	9	6.172 8	8	6.664 9	4	0.492 1
宿迁市	2.661 0	13	1.907 5	13	2.888 9	12	0.981 4

表 5－6 反映了 2014 年到 2016 年江苏 13 市中小企业在“企业发展维度”分值的变化情况。从表中可以看出，南京、徐州、泰州、宿迁 4 个城市的分值高于 2015 年，其中宿迁的分值上升幅度最大，达到 0.981 4，但排名依然靠后。其余 9 个城市中，南通、连云港、淮安、扬州、镇江的得分较 2015 年均下降了 1 个维度分以上。从“经营状况维度”和“企业发展维度”的分值变化中可以看出 2016 年江苏中小企业生产生态条件比 2015 年有一定程度的弱化。

表 5－7 是江苏 13 市中小企业生产生态条件的“经营状况维度”和“企业发展维度”得分的描述性统计。可以看出，13 市在“经营状况维度”得分的较为均衡，标准差最小，离散程度较小。而“企业发展维度”得分的离散程度稍高，标准差为 1.624 7。

表 5－7　江苏中小企业生产生态条件的描述性统计

	N	最小值	最大值	均值	标准差	方差
经营状况维度	13	3.153 5	5.604 3	4.703 7	0.710 6	.505
企业发展维度	13	2.763 4	7.307 3	5.207 4	1.624 7	2.640
有效的 *N*(列表状态)	13					

图 5－3 显示了江苏 13 市“经营状况维度”得分排序情况。从经营状况维度得分看,泰州、苏州、南京居第 1、第 2 和第 3 位。其中值得关注的是位于苏中地区的泰州,泰州在“经营状况维度”得分位居全省第 1 位,这主要得益于泰州的中小企业在“营业收入”、“盈亏变化”上的得分较高(后述)。苏州在“应收款”和“规模以上中小企业工业总产值”两个三级指标上得分最高(后述),均列第 1 位。南京在“批发、零售和住宿、餐营业总额”得分全省最高,此外在“盈亏变化”和“应收款”指标上的表现也较佳(后述)。

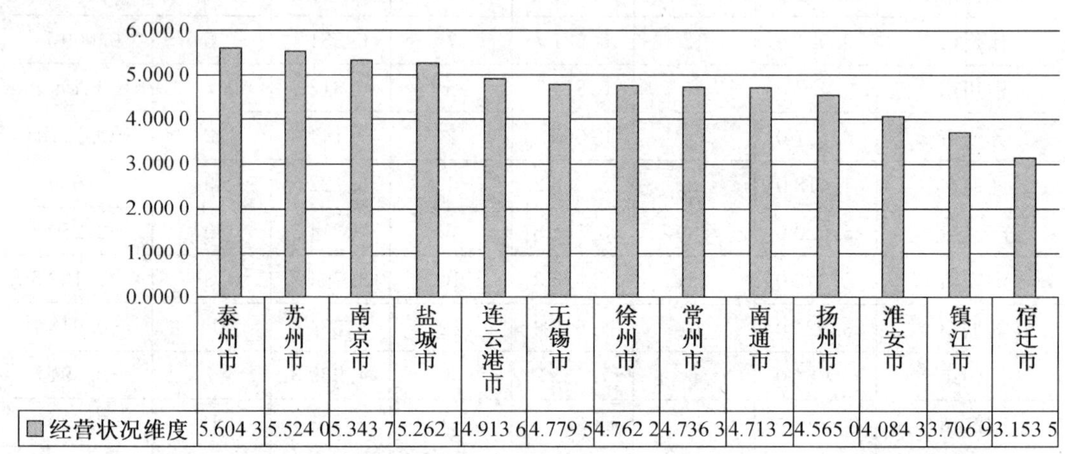

图 5－3　2016 年江苏 13 市中小企业生产生态条件的经营状况维度得分排序

图 5－4 可以看到,2016 年只有连云港、宿迁两市中小企业“经营状况维度”得分较 2015 年有所提升;而南通、扬州、镇江下降较为明显;其余城市较 2015 年也有小幅下降。

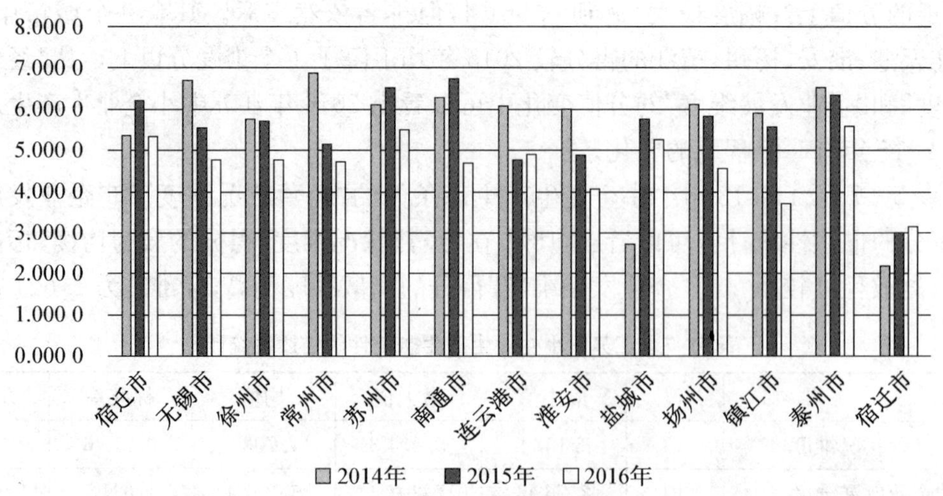

图 5－4　2014—2016 年江苏 13 市生产生态条件的经营状况维度得分比较

图 5 - 5 显示 2016 年江苏 13 市中小企业生产生态条件的“企业发展维度”得分及排序情况，从“企业发展维度”看，最大值、均值、标准差、方差均大于“经营状况维度”。“企业发展维度”的标准差为 1.624 7，方差为 2.640，在 8 个维度中列居第二，这显示出江苏 13 市在“企业发展维度”方面具有较大的地区差异性。

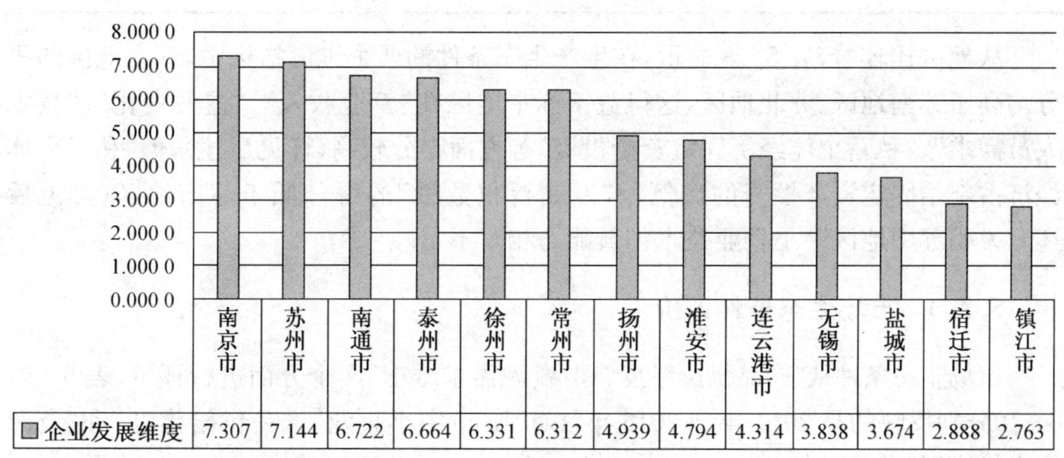

图 5 - 5　2016 年江苏 13 市中小企业生产生态条件“企业发展维度”得分排序

南京、徐州和南通三市位居企业发展维度得分的前三名，盐城、宿迁和镇江落在后 3 位。

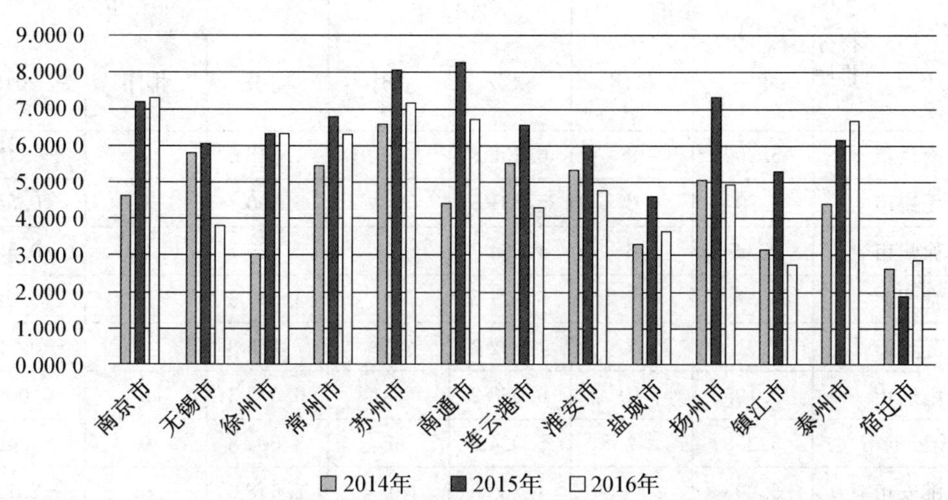

图 5 - 6　2014 年至 2016 年江苏 13 市生产生态条件企业发展维度得分比较

从图 5 - 6 可以看出，2016 年 13 市中，大部分城市中小企业“企业发展维度”分值都低于 2015 年，其中，其中镇江的得分降幅最大，达 2.539 9；此外，无锡、连云港和扬州的分值降幅也在 2 个维度分以上；南通和淮安的分值降幅在 1～2 之间；徐州得分与 2015 年基本持平，只有泰州和宿迁的分值明显高于 2015 年。

表 5-8　2016 年江苏三地区中小企业生产生态条件 2 维度得分

	苏南地区	苏中地区	苏北地区
经营状况维度得分	**4.818 1**	**4.960 8**	**4.435 1**
企业发展维度得分	**5.473 1**	**6.108 9**	**4.400 9**

从地区比较看，表 5-8 显示，在生产生态条件的两个维度指标中，苏中地区的得分均高于苏南地区、苏北地区，这得益于苏中地区在"营业收入"、"盈亏变化"、"技术人员需求"、"私营个体经济固定资产投资"等方面得分较高(详见后述)，但"私营个体经济占新增固定资产投资的比例"、"专利授权数量"的得分低于苏南地区(详见后述)，说明苏中地区中小企业技术创新能力相对不足。

5.2.3　市场生态条件评价

市场生态条件从"产品供给维度"和"资源需求维度"两个方面进行评价，表 5-9，5-10分别反映的是 2014 年到 2016 年江苏 13 市中小企业"产品供给维度"和"资源需求维度"的分值比较。

表 5-9　2014—2016 年江苏 13 市中小企业"产品供给维度"指标得分

城市 \ 指标 / 年度 / 得分排序	产品供给维度						
	2014 年		2015 年		2016 年		
	得分	排序	得分	排序	得分	排序	较 2015 年
南京市	5.269	9	6.432 8	2	4.948 2	7	−1.484 6
无锡市	6.207	2	5.731 3	4	5.190 3	6	−0.541 0
徐州市	5.55	6	4.594 7	10	4.025 7	8	−0.569 0
常州市	5.7	4	5.277 7	5	5.249 6	5	−0.028 1
苏州市	7.018	1	7.892 0	1	7.156 3	1	−0.735 7
南通市	5.195	10	6.068 2	3	6.077 3	3	0.009 1
连云港市	5.358	7	5.024 8	6	3.604 8	9	−1.420 0
淮安市	5.293	8	4.769 3	9	2.648 6	12	−2.120 7
盐城市	2.5	13	3.930 4	12	2.783 6	11	−1.146 8
扬州市	6.189	3	4.969 2	7	6.237 4	2	1.268 2
镇江市	4.496	11	4.773 0	8	2.268 7	13	−2.504 3
泰州市	5.618	5	4.074 9	11	5.961 9	4	1.887 0
宿迁市	3.088	12	2.011 8	13	2.899 1	10	0.887 3

从表 5－9 可以看到 2014 年到 2016 年江苏 13 市中小企业的市场生态条件中产品供给维度分值变动情况。2016 年“产品供给维度”平均值较 2015 年下降了 0.499 9。其中，降幅最大的是镇江（－2.505 3），第 2 是淮安，下降了 2.1207。此外南京、连云港、盐城、扬州在此维度的分值降幅也超过了 1 个维度分，下降较为明显；而泰州“产品供给维度”的得分升幅最大（＋1.887 0）；此外，扬州（1.268 2）、宿迁（0.887 3）和南通（0.009 1）的分值有不同程度的上升。

表 5－10　2014—2016 年江苏 13 市中小企业“资源需求维度”指标得分

指标 / 年度 / 得分排序 / 城市	资源需求维度						
	2014 年		2015 年		2016 年		
	得分	排序	得分	排序	得分	排序	较 2015 年
南京市	5.517 0	5	6.426 9	2	5.873 3	1	－0.553 6
无锡市	5.199 0	7	4.853 1	9	4.619 6	10	－0.233 5
徐州市	4.815 0	11	5.388 5	5	5.108 3	7	－0.280 2
常州市	5.924 0	1	4.816 9	11	4.239 3	11	－0.577 6
苏州市	5.346 0	6	5.734 2	3	5.491 3	3	－0.242 9
南通市	5.612 0	3	6.648 2	1	5.672 7	2	－0.975 5
连云港市	5.673 0	2	4.897 7	7	3.642 4	12	－1.255 3
淮安市	4.986 0	9	4.862 6	8	5.120 6	6	0.258 0
盐城市	5.076 0	8	5.507 2	4	5.485 5	4	－0.021 7
扬州市	4.237 0	13	5.167 6	6	5.037 0	8	－0.130 6
镇江市	4.957 0	10	4.700 6	12	4.766 4	9	0.065 9
泰州市	5.570 0	4	4.836 9	10	5.343 4	5	0.506 5
宿迁市	4.774 0	12	3.471 0	13	2.587 5	13	－0.883 5

2016 年，仅有淮安、镇江、泰州三个城市在“资源需求维度”的得分较 2015 年略有提升（表 5－10），其余 10 个城市均有不同程度的下降，其中连云港下降幅度最大（－1.255 3），其余 9 个城市下降幅度较小，总体与 2015 年大致持平。

表 5－11　2016 年江苏 13 市中小企业市场生态条件维度指标得分的统计描述

	N	最小值	最大值	均值	标准差	方差
产品供给维度	13	2.268 7	7.156 3	4.542 4	1.603 6	2.571
资源需求维度	13	2.587 5	5.873 3	4.845 2	0.911 4	.831
有效的 N（列表状态）	13					

表 5－11 显示，“产品供给维度”得分的方差为 1.603 6，离散程度相对稍高，说明江苏 13 个城市在“产品供给维度”指标得分上具有明显的地区差异性。从评分上看，13 个城市的产品供给维度得分普遍较低，仅有无锡、常州、苏州、南通、扬州、泰州 6 个城市的得分高于 5.0 分；“资源需求维度”的评分相对高一些，13 市中有 8 个城市的得分高于 5.0 分。“资源需求维度”的标准差为 0.911 4，方差为 0.831，说明江苏各市在此维度的离散程度较低，地区差异性较小。从市场生态条件看，大部分城市在两个维度的分值都低于 2015 年。

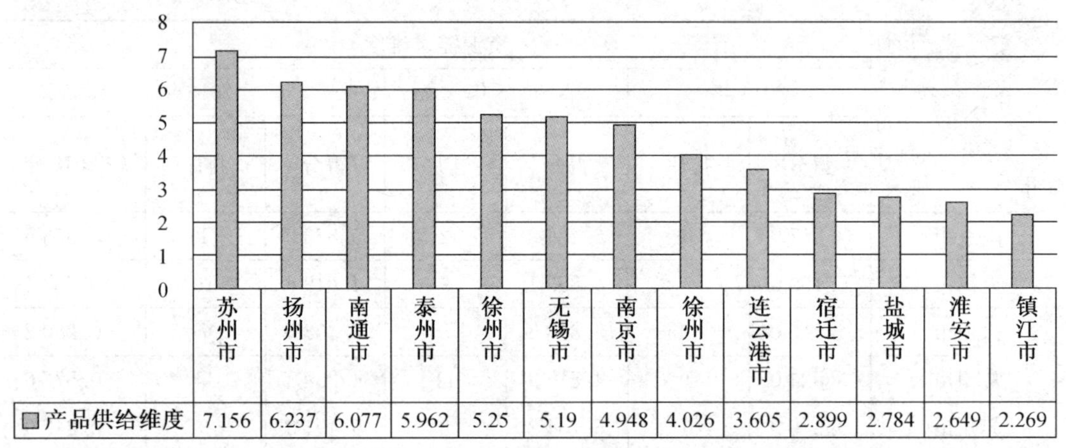

	苏州市	扬州市	南通市	泰州市	徐州市	无锡市	南京市	徐州市	连云港市	宿迁市	盐城市	淮安市	镇江市
■产品供给维度	7.156	6.237	6.077	5.962	5.25	5.19	4.948	4.026	3.605	2.899	2.784	2.649	2.269

图 5－7　江苏 13 市中小企业产品供给维度得分排序

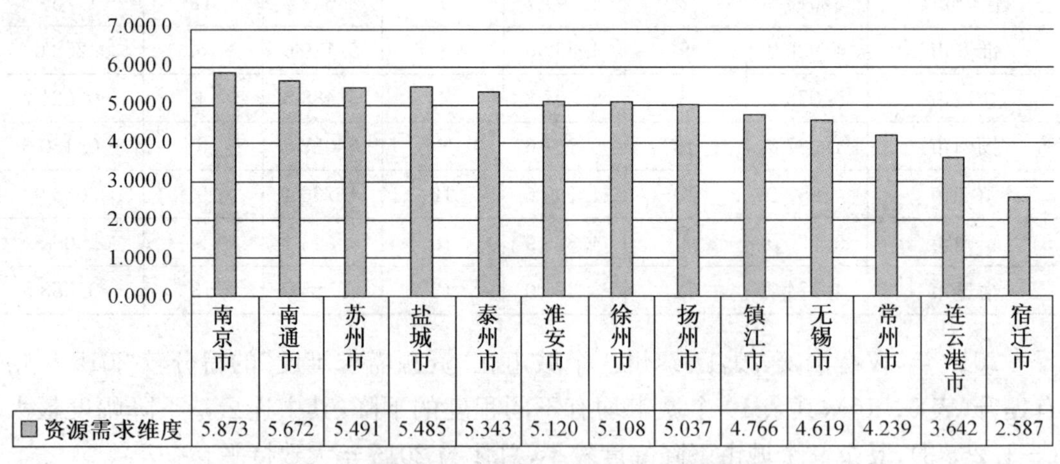

	南京市	南通市	苏州市	盐城市	泰州市	淮安市	徐州市	扬州市	镇江市	无锡市	常州市	连云港市	宿迁市
■资源需求维度	5.873	5.672	5.491	5.485	5.343	5.120	5.108	5.037	4.766	4.619	4.239	3.642	2.587

图 5－8　江苏 13 市中小企业资源需求维度得分排序

图 5－7 显示，在“产品供给维度”的得分上苏州、扬州和南通分列第 1、2、3 名，这主要得益于这 3 个城市在“产品线上销售比例”、“新签销售合同”、“全社会用电量”、3 个指标的得分较高(详见后述)；苏州“产品供给维度”得分位居第 1，但在“规模以上中小企业总产值占比”的得分最低(详见后述)，这说明苏州总体经济的发达更多源于大中型企业的贡献，中小微企业在经济发展中的作用相对较小。图 5－8 显示，2016

年资源需求维度分值排序前3位的分别是南京、南通和苏州，落在后3位的分别是常州、连云港和宿迁。其中，与2015年相比较，升幅最大的是泰州，不过仅有升幅0.506 5，而有10个城市都有不同程度的降幅，其中，有最大降幅（－1.255 3）的是连云港。

表5－12　江苏三地区中小企业市场生态条件维度指标得分比较

	苏南地区	苏中地区	苏北地区
产品供给维度	**4.962 6**	**6.092 2**	**3.192 4**
资源需求维度	**4.998 0**	**5.351 0**	**4.388 9**

表5－12显示江苏三地区中小企业市场生态条件的两个维度指标得分，可以看到，苏南地区、苏中地区、苏北地区在“产品供给维度”的得分差距较大，而在“资源需求维度”得分差距较小；苏中地区在“产品供给维度”和“资源需求维度”的得分均高于苏南和苏北地区，这说明整体看，苏中地区的市场生态条件较好，其原因得益于苏中地区在“新签销售合同”、“产品线上销售比例”、“产品（服务）销售价格”、“规模以上工业企业产品销售率”等方面得分较高（后述），说明苏中地区中小微企业在营销方面表现较好；苏北地区各市在“亿元以上商品交易市场商品交易额”指标上得分较低，表明出苏北地区市场规模较小，市场潜力有待进一步开发。

5.2.4　金融生态条件评价

金融生态条件从“运营资金维度”和“企业融资维度”两方面进行评价。表5－13，5－14分别显示江苏13市中小企业金融生态条件两个维度的得分情况。

表5－13　2014年—2016年江苏13市中小企业“运营资金维度”指标得分比较

城市＼指标／年度／得分排序	运营资金维度						
	2014年		2015年		2016年		
	得分	排序	得分	排序	得分	排序	较2015年
南京市	4.851 0	4	7.373 3	2	6.435 4	2	－0.937 9
无锡市	5.765 0	2	6.319 8	4	3.524 7	8	－2.795 2
徐州市	1.296 0	12	4.953 7	7	3.316 4	10	－1.637 4
常州市	5.552 0	3	4.323 7	10	4.277 9	6	－0.045 8
苏州市	7.143 0	1	9.096 4	1	9.515 0	1	0.418 6
南通市	3.927 0	8	7.017 7	3	4.873 1	3	－2.144 6
连云港市	4.406 0	5	4.347 8	9	3.547 0	7	－0.800 9

（续表）

城市 \ 指标 / 年度 / 得分排序	运营资金维度						
	2014 年		2015 年		2016 年		
	得分	排序	得分	排序	得分	排序	较 2015 年
淮安市	3.532 0	10	5.035 4	6	4.305 3	5	−0.730 2
盐城市	1.197 0	13	1.870 2	12	2.454 1	13	0.583 9
扬州市	3.033 0	11	5.949 8	5	2.987 6	11	−2.962 2
镇江市	4.024 0	7	4.152 7	11	3.426 7	9	−0.726 0
泰州市	4.198 0	6	4.908 0	8	4.313 4	4	−0.594 7
宿迁市	3.832 0	9	0.270 7	13	2.490 5	12	2.219 8

表 5 - 13 显示，苏州在 2015 年江苏 13 地市中小企业金融生态条件的“运营资金维度”指标上得分最高，且高达 9.515 0，较 2015 年提升了 0.418 6；盐城在“运营资金维度”的得分最低，为 2.454 1；得分最高的苏州与得分最低的盐城相差 7.060 9，差异巨大。不过，2016 年仅有位居两端的苏州、盐城和宿迁 3 个城市的得分较 2015 年有所提高，其中宿迁的提高幅度最大（+2.219 8）；而大部分城市运营资金维度得分都有不同程度的下降，其中无锡、徐州、南通、扬州 4 个城市得分下降较为明显，均有超过了 1.5 分的降幅。

表 5 - 14　2014 年—2016 年江苏 13 市中小企业“企业融资维度”指标得分比较

城市 \ 指标 / 年度 / 得分排序	企业融资维度						
	2014 年		2015 年		2016 年		
	得分	排序	得分	排序	得分	排序	较 2015 年
南京市	6.785 0	2	7.537 6	1	5.667 7	2	−1.869 8
无锡市	6.608 0	3	6.106 1	4	4.949 3	5	−1.156 8
徐州市	3.032 0	12	5.330 0	6	3.601 4	10	−1.728 5
常州市	5.315 0	4	3.599 7	12	4.165 4	9	0.565 8
苏州市	7.546 0	1	7.444 3	2	7.170 6	1	−0.273 7
南通市	4.771 0	7	6.390 9	3	5.524 0	3	−0.866 8
连云港市	4.917 0	6	4.456 2	10	4.691 9	6	0.235 7
淮安市	3.309 0	11	4.796 5	7	4.378 1	7	−0.418 4
盐城市	2.973 0	13	3.927 7	11	4.950 7	4	1.023 0

（续表）

指标 / 年度 / 得分排序 / 城市	企业融资维度						
	2014 年		2015 年		2016 年		
	得分	排序	得分	排序	得分	排序	较 2015 年
扬州市	3.362 0	10	5.502 4	5	3.575 9	11	−1.926 5
镇江市	4.364 0	8	4.780 7	8	3.419 8	12	−1.360 9
泰州市	5.229 0	5	4.461 0	9	4.342 7	8	−0.118 3
宿迁市	3.500 0	9	1.664 9	13	3.369 6	13	1.704 7

表 5－14 显示 2014 年到 2016 年江苏 13 市金融生态条件的“企业融资维度”得分情况。苏州和南京的这一维度指标分列第 1 名和第 2 名；此维度分值较 2015 年有较大升幅的是宿迁（＋1.704 7），其次是盐城（＋1.023 0），还有常州（0.565 8）和连云港（0.235 7）。除此之外，其余 9 个城市均较 2015 年有了不同程度的下降，其中降幅最大的是扬州（－1.926 5），其次是南京（－1.869 8），还有无锡（－1.156 8）、徐州（－1.728 5）和镇江（－1.360 9）。

表 5－15　2016 年江苏 13 市中小企业金融生态条件维度指标统计描述

	N	最小值	最大值	均值	标准差	方差
运营资金维度	13	2.454 1	9.515 0	4.266 7	1.901 2	3.614
企业融资维度	13	3.369 6	7.170 6	4.600 5	1.084 5	1.176
有效的 N（列表状态）	13					

表 5－15 是江苏 13 市中小企业金融生态条件两个维度指标的描述性统计。从运营资金维度看，其方差为 3.614，标准差为 1.901 2，在 8 个维度指标中排名第 1，且最大值与最小值之间差距高达 7.1 个维度评分。这表明江苏 13 市中小企业在运营资金方面存在非常大的地区差异性，其中在“年末单位存款余额”以及“规模以上工业企业流动资产”指标上，地区间差距最大。

图 5－9 看到，2016 年苏州、南京和南通三市中小企业运营资金维度分值分别列第 1、2、3 名。南京是江苏省的金融中心，苏州和南通近邻中国的国际金融中心—上海，来自上海国际金融中心的辐射效应比较明显，所以金融生态条件较好。得分最低的是盐城，位列第 13 名，地处苏中的扬州在“运营资金维度”的得分较低，位居第 11 位，这主要是因为扬州在“获得融资”、“年末单位存款”等影响因子上得分较低（详见后述）。

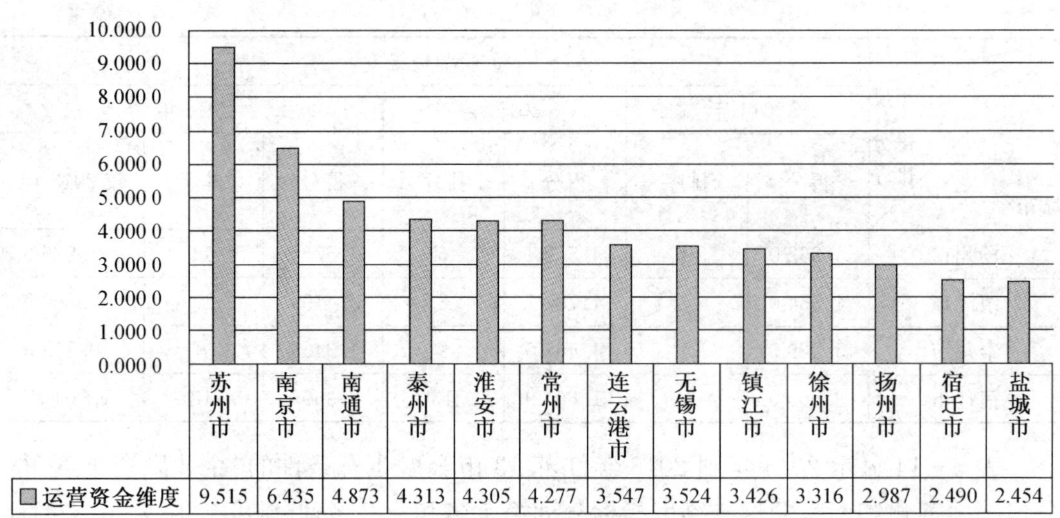

图 5－9　2016 年江苏 13 市中小企业“运营资金维度”指标得分排序

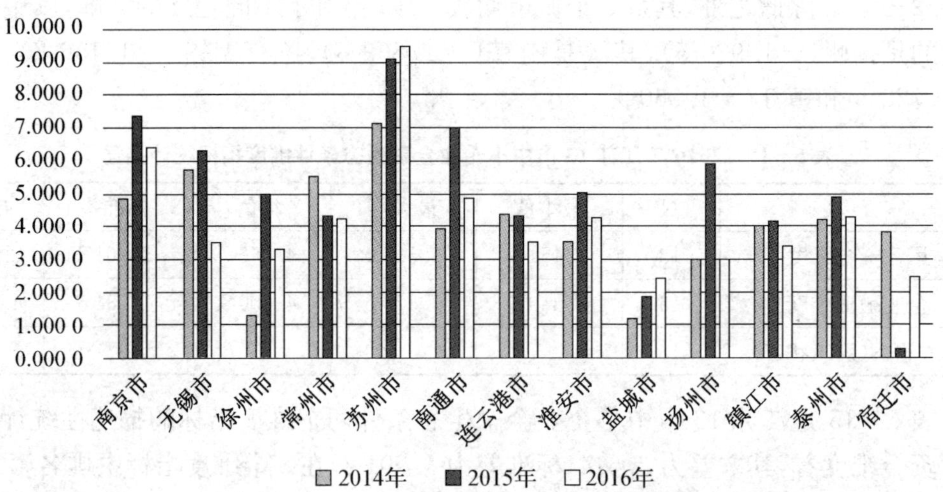

图 5－10　2014—2016 年江苏 13 市中小企业“运营资金维度”得分比较

表 5－13 和图 5－10 显示，2016 年苏州、盐城、宿迁三市中小企业“运营资金维度”得分有不同程度的提高；而无锡、南通、扬州三市的分值下降显著，降幅均超过 2 个维度分，尤其是扬州，降幅达 2. 962 2。宿迁升幅最大，2016 年的得分为 5. 949 8，而 2015 年得分仅为 2. 987 6。

图 5－11 显示江苏 13 市中小企业“企业融资维度”得分排序情况。“企业融资维度”由“总体运行状况”、“获得融资”、“融资需求”、“融资成本”、“融资优惠”、“投资计划”、“年末金融机构贷款余额”、“票据融资”以及“单位经营贷款”9 个生态条件影响因子指标构成。

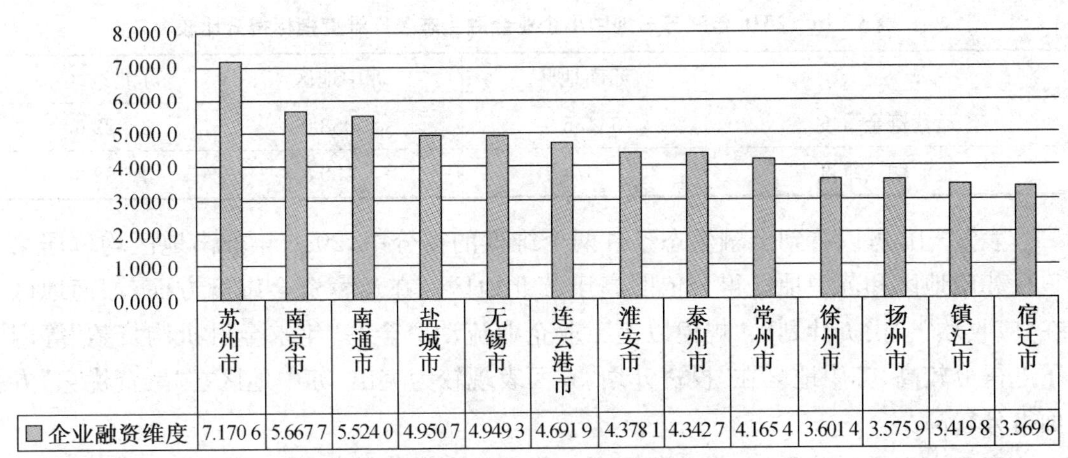

	苏州市	南京市	南通市	盐城市	无锡市	连云港市	淮安市	泰州市	常州市	徐州市	扬州市	镇江市	宿迁市
企业融资维度	7.170 6	5.667 7	5.524 0	4.950 7	4.949 3	4.691 9	4.378 1	4.342 7	4.165 4	3.601 4	3.575 9	3.419 8	3.369 6

图 5-11　江苏 13 市“企业融资维度”得分

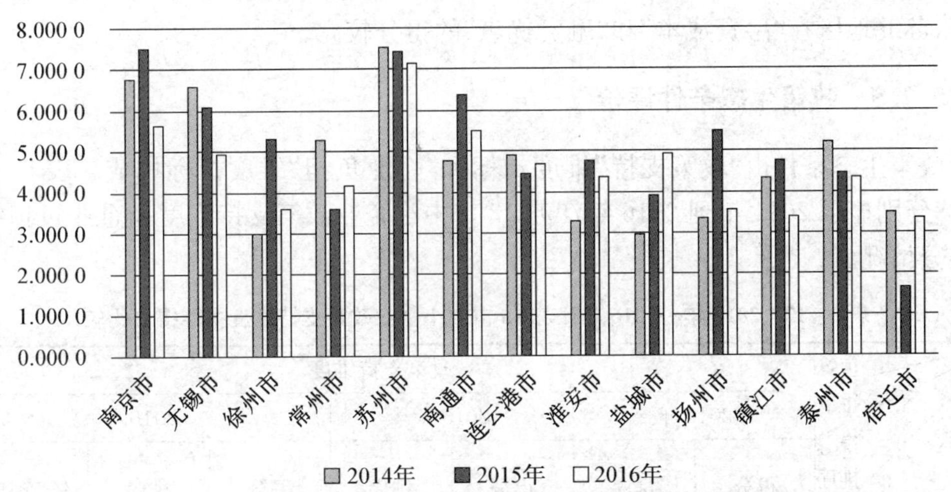

图 5-12　2014—2016 江苏 13 市“企业融资维度”得分

表 5-15 显示，2016 年江苏 13 市“企业融资维度”指标的方差为 1.176，标准差为 1.084 5，离散程度较高，表明江苏 13 市中小企业融资状况在城市间具有明显的差异性。苏州和南京在企业融资维度得分位居前两名，主要得益于这两个城市在“投资计划”、“年末金融机构贷款余额”、“票据融资”、“单位经营贷款”方面得分较高（详见后述）；而过去通常排序为“苏锡常”的常州则因为在“获得融资”、“票据融资”、“年末金融机构贷款”等指标上得分较低（详见后述），在此维度上仅排到第 9 位，但比 2015 年的第 12 位上升了三个位次。

表 5-16　2016 年江苏三地中小企业金融生态条件维度指标得分比较

	苏南地区	苏中地区	苏北地区
运营资金维度	5.435 9	4.058 0	3.222 6
企业融资维度	5.074 6	4.480 8	4.198 3

表 5-16 可以看到金融生态条件两个维度的得分中,2016 年苏南地区均位居第1,且苏南地区和苏中地区得分依旧高于苏北地区。在运营资金维度方面,苏南地区在"应收款"、"投资计划"、"规模以上工业企业流动资金"、"年末金融机构贷款"等因子上得分较高,苏中地区在"投资计划"方面表现较为突出,苏中地区在"融资优惠"方面得分较高。

表 5-16 还可看到,企业融资维度上苏南地区得分最高,苏南地区和苏中地区的得分也明显高于苏北地区,苏中地区在"总体运行状况"、"投资计划"等指标的得分也较高,苏北地区在"融资成本"和"融资优惠"的得分较高。

5.2.5　政策生态条件评价

政策生态条件由"政策支持"维度指标和"企业负担"维度指标构成。表 5-17、5-18分别显示 2014 年到 2016 年江苏 13 市中小企业政策支持维度和企业负担维度的得分情况。

表 5-17　2014 年—2016 年江苏 13 市中小企业政策支持维度指标得分比较

指标/年度/得分排序/城市	政策支持维度						
	2014 年		2015 年		2016 年		
	得分	排序	得分	排序	得分	排序	较 2015 年
南京市	3.911 0	10	6.107 2	6	3.400 7	11	−2.706 4
无锡市	3.227 0	12	4.872 0	10	5.155 4	4	0.283 4
徐州市	2.844 0	13	6.687 6	2	5.063 5	6	−1.624 1
常州市	5.683 0	4	3.874 7	12	4.143 0	9	0.268 3
苏州市	5.175 0	7	6.575 4	3	5.124 7	5	−1.450 7
南通市	5.652 0	5	6.112 6	5	5.029 0	7	−1.083 7
连云港市	6.299 0	2	5.392 8	7	6.607 0	2	1.214 2
淮安市	5.382 0	6	8.231 8	1	4.939 8	8	−3.292 1
盐城市	4.791 0	8	5.145 4	8	5.577 7	3	0.432 3
扬州市	3.373 0	11	6.131 5	4	2.693 8	12	−3.437 7

（续表）

城市 \ 指标/年度/得分排序	政策支持维度						
	2014 年		2015 年		2016 年		
	得分	排序	得分	排序	得分	排序	较 2015 年
镇江市	4.693 0	9	4.563 2	11	2.115 6	13	−2.447 6
泰州市	5.977 0	3	5.082 1	9	3.615 2	10	−1.467 0
宿迁市	6.685 0	1	2.192 3	13	6.855 9	1	4.663 5

表 5－18　2014—2016 年江苏 13 市中小企业负担维度指标得分比较

城市 \ 指标/年度/得分排序	企业负担维度						
	2014 年		2015 年		2016 年		
	得分	排序	得分	排序	得分	排序	较 2015 年
南京市	4.017 0	7	6.600 4	7	7.149 8	3	0.549 4
无锡市	3.645 0	10	5.868 5	10	4.720 5	11	−1.148 0
徐州市	2.754 0	13	7.877 6	3	8.406 8	1	0.529 2
常州市	4.009 0	8	7.189 7	6	6.704 1	5	−0.485 7
苏州市	3.589 0	11	6.195 7	9	6.400 1	6	0.204 4
南通市	4.835 0	5	8.039 6	2	5.425 7	9	−2.613 8
连云港市	3.012 0	12	6.468 9	8	4.812 8	10	−1.656 1
淮安市	3.740 0	9	7.417 0	4	7.065 1	4	−0.351 9
盐城市	7.184 0	1	4.185 4	12	3.446 1	13	−0.739 2
扬州市	6.128 0	3	8.170 2	1	5.598 6	7	−2.571 5
镇江市	6.859 0	2	5.802 0	11	4.292 3	12	−1.509 8
泰州市	4.734 0	6	7.399 2	5	7.250 0	2	−0.149 3
宿迁市	5.622 0	4	2.690 8	13	5.496 4	8	2.805 6

2016 年江苏中小企业政策生态条件的政策支持维度得分为 4.640 1，较 2015 年下降了 0.089；企业负担维度得分为 5.905 3，较 2015 年下降 0.548 9（见表 5－2）。

从江苏 13 市情况看，2016 年政策支持维度得分最高的是宿迁（6.855 9），最低的是镇江（2.115 6），这一维度指标得分较 2015 年上升的有 5 个城市，分别是：无锡、常州、连云港、盐城、宿迁，其中升幅最大的是宿迁（＋4.663 5），随后依次是连云港（＋1.214 2）、盐城（＋0.422 3）、无锡（＋0.284 3）、常州（＋0.268 3）等；降幅最大的是扬州，从 2015 年的第 4 名（6.131 5）降到 2015 年的第 12 名，降幅达－3.437 7。其余

7 个城市降幅均超过了 1 个维度分。

2016 年江苏 13 市中小企业政策生态条件的“企业负担维度”得分最高的是徐州(8.406 8),最低的是盐城(3.446 1)。企业负担维度是逆指标,分值越高企业负担越小,反之,越大。这一维度指标得分较 2015 年上升的城市仅有 4 个,分别是南京、徐州、苏州和宿迁,其中升幅最大的是宿迁(+2.805 6),其余三个城市均有小幅上升。有 8 个城市此维度较 2015 年有不同程度的下降,其中下降幅度最大的是南通(−2.613 8),降幅超过 1 个维度分的有 5 个城市,无锡(−1.148 0),南通(−2.613 8),连云港(−1.656 1),扬州(−2.571 5),镇江(−1.509 8)。

表 5-19　2016 年江苏 13 市中小企业政策生态条件维度指标统计描述

	N	最小值	最大值	均值	标准差	方差
政策支持维度	13	2.115 6	6.855 9	4.640 1	1.401 6	1.964
企业负担维度	13	3.446 1	8.406 8	5.905 3	1.401 8	1.965
有效的 N(列表状态)	13					

从表 5-19 看到,“政策支持维度”指标的方差为 1.965,标准差为 1.401 8,在 8 个维度中列居前 5 名,表明江苏 13 市在政府支持方面存在较大的地区差异性。

“政策支持维度”包括:“融资优惠”、“获得融资”、“专项补贴”、“政府效率”、“企业综合生产经营状况”、“一般公共服务财政预算支出占 GDP 的比重”、“社会保障和就业财政预算支出占 GDP 的比重”以及“从业人数”8 个政策生态条件维度影响因子。这一维度得分排名第 1 和第 2 的分别是苏北地区的宿迁和连云港,宿迁在“融资优惠”、“专项补贴”、“社会保障和就业支出占 GDP 的比重”指标上得分上最高,连云港的“一般公共服务财政预算支出占 GDP 的比重”和“企业综合生产应经状况”得分最高;苏中地区城市的政策支持维度得分相对偏低,且排名也相对靠后。

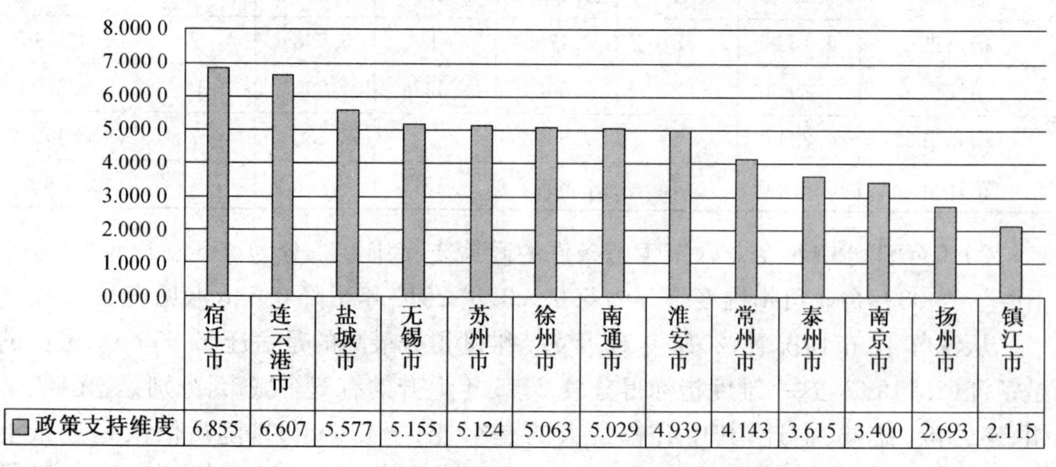

图 5-13　2016 年江苏 13 市中小企业政策支持维度得分排序

扬州和镇江的政策支持维度得分列第12和第13名。值得关注的是镇江，镇江在政策支持维度得分最低的主要原因是在“从业人数”、“政府效率”、“社会保障和就业财政预算支出占GDP的比重”指标上得分最低。

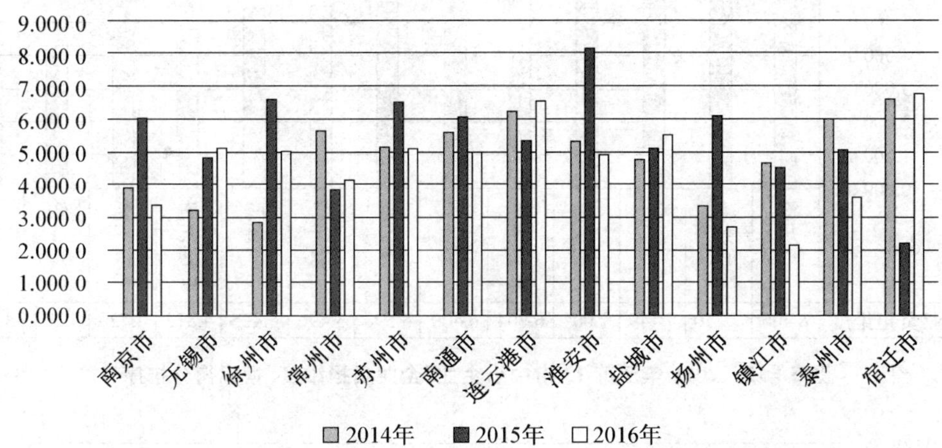

图5-14　2014年—2016年江苏13市中小企业“政策支持维度”得分比较

与2015年相比，2016年宿迁市和连云港市两个城市“政策支持维度”的得分明显提高，说明这两个城市的地方政府扶持中小企业发展的政策措施已经初显成效。但南京、徐州、苏州、南通、淮安、扬州、镇江、泰州在“政策支持维度”的得分却明显下降（见图5-14）。

“企业负担维度”主要从“融资成本”、“税收负担”、“行政收费”、“人工成本”、“企业所得税占GDP比重”、“行政事业性收费收入占GDP的比重”、“城镇居民可支配收入”等7个企业负担影响因子进行综合评价。

“企业负担维度”得分越高代表企业的负担越小[①]。从表5-18可以看出“企业负担维度”指标的标准差为1.401 8，方差为1.965，排在8个维度中前五名的位置，离散程度较大，表明各城市中小企业在企业负担方面存在较大差距。

图5-15显示徐州、泰州、南京企业负担维度的得分位居第1、2、3名。徐州“企业负担维度”得分最高，这主要得益于徐州在“融资成本”、“人工成本”、“企业所得税占GDP的比重”、“行政收费”等影响因子上得分较高；泰州在“税收负担”、“行政事业性收费收入占GDP的比重”等影响因子上得分较高；镇江和盐城分列第12和13位，其中盐城市“行政收费”、“融资成本”、“税收负担”指标的得分最低，表明盐城中小企业在税费方面以及融资方面的负担较重。

① 企业负担维度三级指标中的问卷指标，如融资成本、税收负担和行政收费都是负向指标。

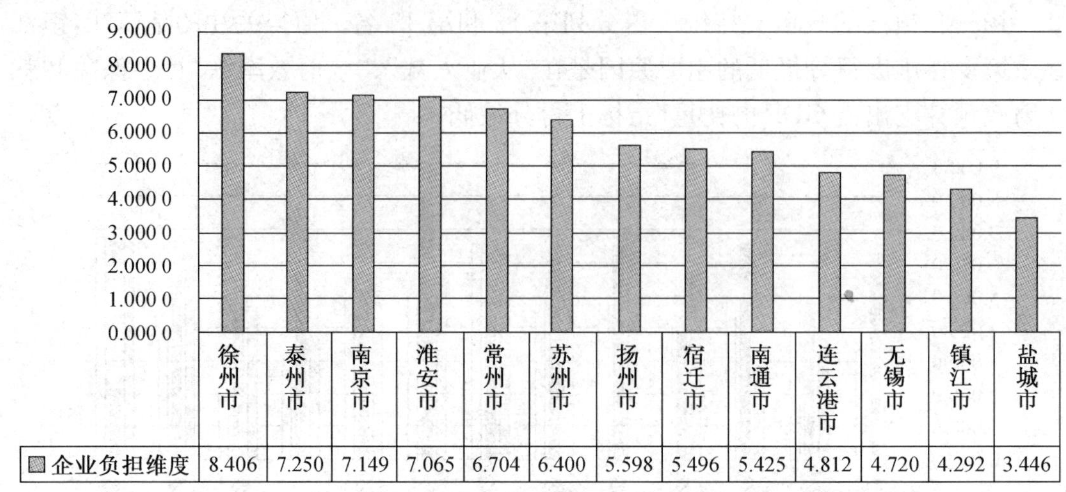

	徐州市	泰州市	南京市	淮安市	常州市	苏州市	扬州市	宿迁市	南通市	连云港市	无锡市	镇江市	盐城市
企业负担维度	8.406	7.250	7.149	7.065	6.704	6.400	5.598	5.496	5.425	4.812	4.720	4.292	3.446

图 5-15　2016 年江苏 13 市中小企业"企业负担维度"指标得分排序

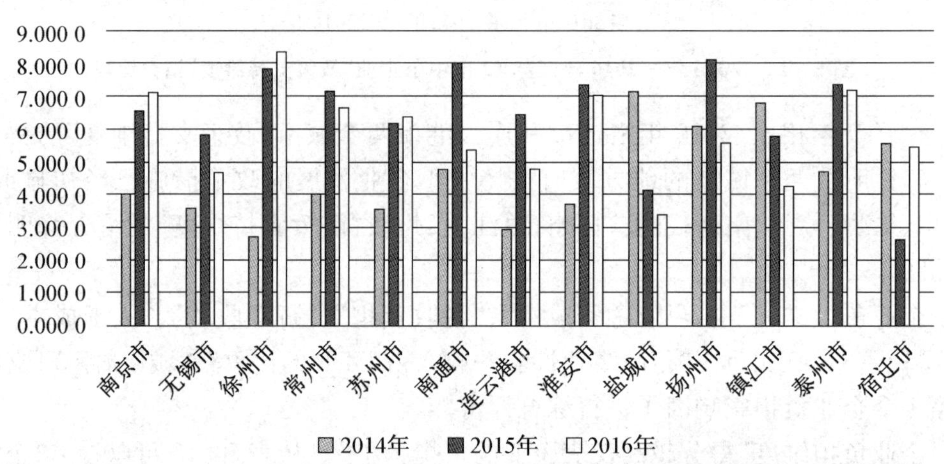

图 5-16　2014—2016 年江苏 13 市中小"企业负担维度"得分比较

盐城中小企业的企业负担维度得分位居最后一名,但其"人工成本"的景气指数位居 13 市第 11 名,统计指标显示,盐城 2015 年"城镇居民可支配收入"为 28 200 元,排在江苏省 13 市的后 3 名,这表明盐城工资水平较低,拥有企业"人工成本"的相对优势。

从图 5-16 可以看出,2016 年南京、徐州、苏州、宿迁的中小企业"企业负担维度"分值均显著高于 2015 年,企业负担维度为逆指标,评分越高说明企业的负担越小,表明 2016 年南京、徐州、苏州、宿迁的政策减负措施已经取得了一定的成效。而无锡、南通、连云港、扬州、镇江的企业负担维度分值却比 2015 年有明显下降,表明这几个城市中小企业的企业负担压力呈上升趋势。

表5-20　2016年江苏三地区政策生态条件维度指标得分比较

	苏南地区	苏中地区	苏北地区
政策支持维度	3.987 9	3.779 3	5.808 8
企业负担维度	5.853 3	6.091 5	5.845 5

表5-20显示，在中小企业政策生态条件的两个维度指标中，苏北地区唯一超过苏南地区分值的就是政策生态条件的政策支持维度得分，表明苏北地区的地方政府在政策扶持中小企业发展方面更为积极，但苏北地区的淮安在政策支持维度的得分处在中偏下的位置，不然苏北地区的分值会更高。

苏中地区的"企业负担维度"得分最高，说明苏中地区中小企业的成本负担相对较低。

5.3　江苏中小企业生态环境的区域特征评价

改革开放以来，地处东部沿海地区的江苏经济发展迅速，GDP多年来持续位居全国前三名。但是由于资源禀赋、区位条件、经济基础、经济结构以及地域文化等方面的原因，江苏区域经济发展不平衡的特征也非常突出。苏南地区（苏州市、无锡市、南京市、镇江市、常州市）、苏中地区（扬州市、泰州市、南通市）、苏北地区（徐州市、淮安市、盐城市、连云港市、宿迁市）三个地区分别呈现较发达、次发达和欠发达三个不同的层次，苏南地区发展水平较高，苏中地区次之，苏北地区较低。

5.3.1　2015江苏三大区域中小企业生态环境条件比较

从江苏省企业分布看，企业多密集在苏南地区的沿海和沿江一带。据统计，苏南地区的中小企业数量占全省的比重超过了60%。经过改革开放近40年的发展，苏南地区的中小企业已经相对成熟，并形成了一大批产业集群。近年来，苏南地区许多中小企业正在不断进行创新升级，有的已经变身成中大型企业。

近年来苏中地区经济发展势头强劲，正在努力赶超苏南地区。苏中地区企业充分把握江苏省政府发展沿江工业带的契机，积极与苏南地区企业合作，组建跨江经济联合体，加快与苏南地区经济的一体化进程，与苏南地区的经济差距日益缩小，在某些行业甚至已经超过了苏南地区。

苏北地区整体经济发展较为落后，但近年来苏北地区积极利用苏南地区、苏中地区的经济辐射，利用其资源、劳动力等方面的优势吸引外部资金，支持新兴产业发展，加快城镇化进程，带动苏北地区经济发展。在中小企业发展方面，一些苏北地区城市表现出强劲的发展活力，后发优势逐步显现。表5-21是2014年到2016年江苏三地区企业生态环境8大维度指标的得分情况。

表 5-21 2014—2016 年江苏三大区域中小企业生态环境维度指标得分比较

维度指标	苏南			苏中			苏北		
	2014 年	2015 年	2016 年	2014 年	2015 年	2016 年	2014 年	2015 年	2016 年
经营状况维度	6.197 4	5.815 1	4.857 6	6.314 6	6.320 9	5.015 2	4.548 6	4.831 9	4.484 9
企业发展维度	5.125 9	6.680 8	5.473 1	4.627 2	7.253 0	6.108 9	3.973 6	5.078 2	4.400 9
产品供给维度	5.737 9	6.021 3	4.962 6	5.667 6	5.037 4	6.092 2	4.357 9	4.066 2	3.192 3
资源需求维度	5.388 6	5.306 3	4.998 0	5.139 8	5.550 9	5.351 0	5.064 8	4.825 4	4.388 9
运营资金维度	5.467 1	6.253 2	5.435 9	3.719 2	5.958 5	4.058 0	2.852 6	3.295 6	3.222 6
企业融资维度	6.123 6	5.893 7	5.074 6	4.454 2	5.451 4	4.480 8	3.546 0	4.035 1	4.198 3
政策支持维度	4.537 8	5.198 5	3.987 9	5.000 6	5.775 4	3.779 3	5.200 2	5.530 0	5.808 8
企业负担维度	4.423 9	6.331 3	5.853 3	5.232 3	7.869 7	6.091 5	4.462 6	5.727 9	5.845 5

将表 5-21 中 2016 年的数据转换成图 5-19,可以直观比较江苏三地区 2016 年中小企业的生态环境。

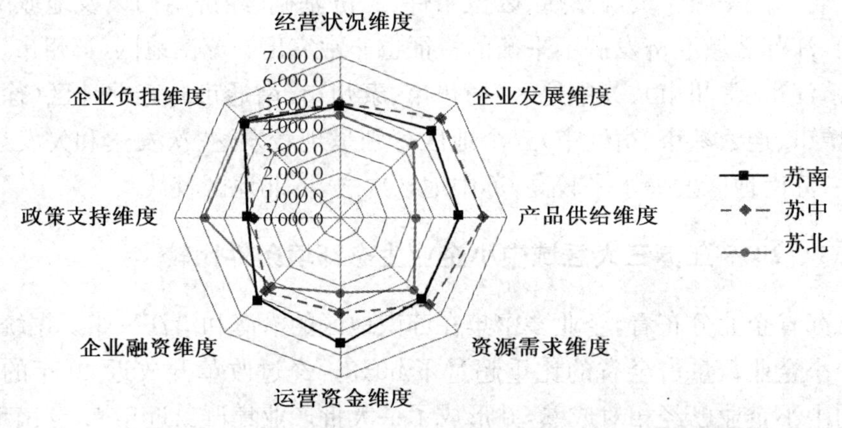

图 5-17 2016 年江苏三大区域中小企业生态环境的比较

从图 5-17 看到,中小企业生态环境可通过其 8 个维度指标分值连接的封闭型区域面积来考量。粗实线连接围成的区域面积是 2016 年苏南地区中小企业生态环境,短虚线连接围成的区域面积是 2016 年苏中地区中小企业生态环境,而细实线连接的区域面积是 2016 年苏北地区中小企业生态环境。虚线围成的区域面积略大于粗实线围成的区域面积,而细实线围成的区域面积最小。即:2016 年苏中地区中小企业生态环境略优于苏南地区和苏北地区的中小企业生态环境,苏南地区中小企业的生态环境稍弱于苏中地区和优于苏北地区。

5.3.2　苏南地区中小企业生态环境变化分析

从表5-21和图5-18看到,相比2015年,2016年苏南地区八个维度的得分均呈不同程度的下降,显现苏南地区中小企业整体生态环境出现一定程度的弱化;2016年苏南地区8个维度中仅有四个维度:"企业发展维度"、"运营资金维度"、"企业融资维度"、"企业负担维度"的分值在5.0以上,而在2015年苏南地区的八个维度得分均在5.0以上,进一步说明苏南地区整体生态环境条件的弱化的原因大多出自"经营状况维度"、"产品供给维度"、"资源需求维度"、"政策支持维度"这4个维度的相关指标。

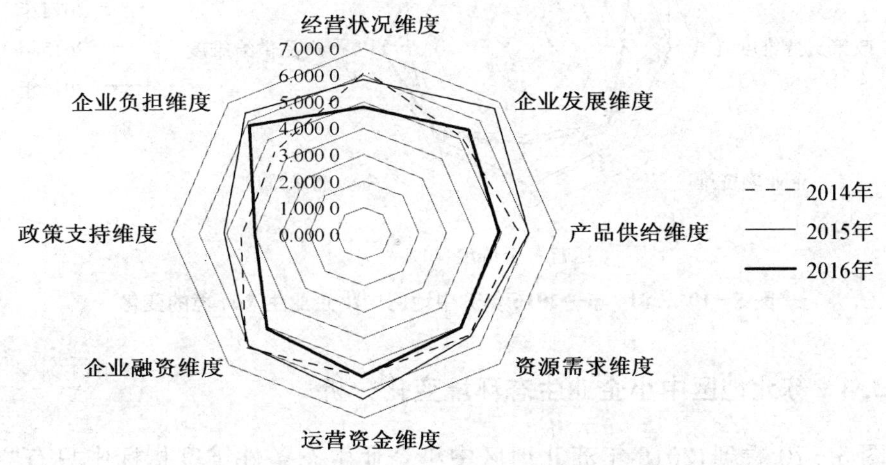

图5-18　2014—2016年苏南地区中小企业生态环境的变化

2016年苏南地区"运营资金维度"和"企业融资维度"的得分三地区排名第1,而其余六个个维度得分排名居中,显示出苏南地区良好的金融生态条件。

图5-18中由粗实线围成的区域面积代表2016年苏南地区中小企业生态环境,虚线围成的区域面积代表2014年苏南地区中小企业生态环境,细实线围城的区域面积代表2015年苏南中小企业生态环境。粗实线面积小于细实线面积,可直观表明2016年苏南地区中小企业生态环境较2015年出现一定程度的弱化。

5.3.3　苏中地区中小企业生态环境变化分析

从表5-21和图5-19看到,2016年苏中地区仅有"产品供给维度"的得分较2015年有所上升,但从排名上看,有五个维度的得分位列三大区域之首,分别是"经营状况维度"、"企业发展维度"、"产品供给维度"、"资源需求维度"和"企业负担维度","运营资金维度"和"企业融资维度"排在第二位,而"政策支持维度"则排在三地区的最后一位。

图 5－19 可直观地看到 2016 年苏中地区中小企业生态环境的变化。粗实线围成的区域面积代表 2016 年苏中地区中小企业生态环境，细实线围成的区域面积代表 2015 年苏中地区中小企业生态环境，虚线围成的面积代表 2014 年苏中地区中小企业生态环境。粗实线的面积明显小于细实线围成的区域，表明 2016 年苏中地区中小企业生态环境也出现明显弱化。

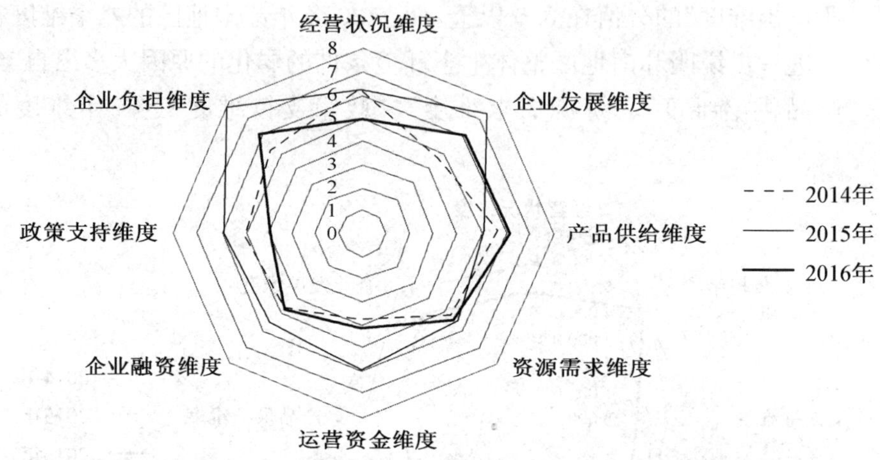

图 5－19　2014 年—2016 年苏中地区中小企业生态环境的变化

5.3.4　苏北地区中小企业生态环境变化分析

从图 5－20 看到，2016 年苏北地区中小企业生态条件维度指标中只有“企业融资维度”、“政策支持维度”、“企业负担维度”三个维度得分较 2015 年有所上升。其余五个维度得分均较 2015 年有不同程度的下降。但值得关注是苏北地区的“政策支持维度”在 2016 年排在三大区域第一位。

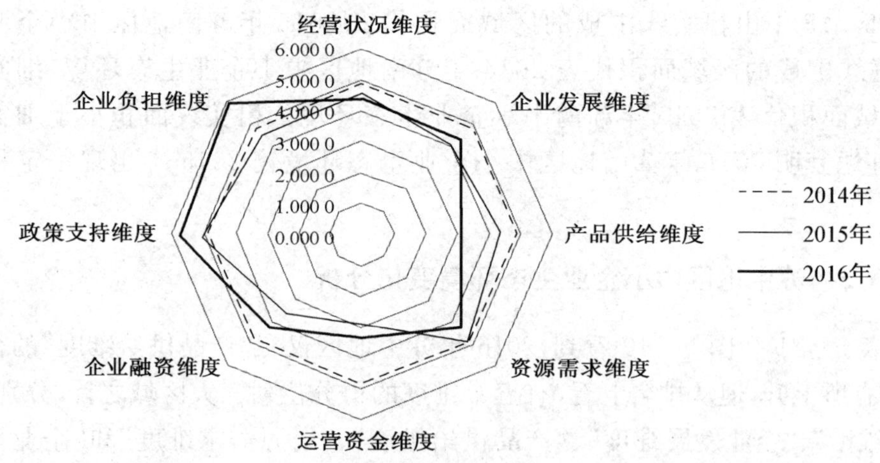

图 5－20　2014 年—2016 年苏北地区中小企业生态环境的变化

从图 5－20 看到，粗实线围成的区域面积代表 2016 年苏北地区中小企业生态环境，细实线围成的面积代表 2015 年苏北地区中小企业生态环境，虚线围成的区域面积代表 2014 年苏北地区中小企业生态环境。粗实线围成的区域面积小于细实线围成的区域面积，即 2016 年苏北地区中小企业生态环境较 2015 年有所弱化。

结合表 5－21 及图 5－18，5－19，比较苏北地区与苏南地区和苏中地区的差距。苏北地区除“政策支持维度”位列第 1 名之外，其余 7 个维度得分都低于苏南地区、苏中地区，凸显苏北地区经济发展相对落后。除“政策支持维度”、“企业负担维度”得分高过 5.0 外，其余维度得分都在 5.0 以下，意味着苏北地区中小企业发展基础、发展水平、市场环境等方面，与苏南地区和苏中地区的差距较大。不过“政策支持维度”和“企业负担维度”的两个维度得分都高于 5.0，这说明苏北地区政府重视对中小企业的扶持，且取得了一定的成效，中小企业整体负担相对较低。

5.3.5　江苏三地区中小企业生态条件维度影响因子比较分析

1. 苏南地区

尽管 2016 年苏南地区中小企业生态环境稍弱于苏中地区，但苏南地区在“运营资金维度”和“企业融资维度”得分最高。其中“运营资金维度”涉及“应收款”、“流动资金”、“获得融资”、“投资计划”、“规模以上工业企业流动资产”、“规模以上工业企业应收账款”、“年末单位存款余额”等 7 个影响因子。“企业融资维度”涉及“总体运行状况”、“获得融资”、“融资需求”、“融资成本”、“融资优惠”、“投资计划”、“年末金融机构贷款”、“票据融资”、“单位经营贷款”等 9 个影响因子。苏南地区在“运营资金维度”和“企业融资维度”得分最高，说明苏南地区具有良好的金融生态条件，金融体系相对比较完善，金融市场成熟度较高，金融市场与实体经济能够相互促进，协调发展，金融市场为实体经济发展提供了有效的支持，而实体经济的发展又为金融市场的发展注入了活力。

2. 苏中地区

2016 年苏中地区中小企业生态环境在三地区中得分最高，但和 2015 年相比较却有所弱化，表现在苏中地区 8 个维度中仅有 1 个维度得分较 2015 年所有上升，其余 7 个维度均有不同程度的下降。同时从数值上看，2015 年苏中地区八个维度得分均在 5.0 分以上，但是 2016 年仅有 5 个维度得分超过了 5.0 分。

从三地区排名上看，苏中地区八个维度指标中，其中有 5 个维度分值排在三地区第 1 名，这五个维度分别是“经营状况维度”、“企业发展维度”、“产品供给维度”、“资源需求维度”和“企业负担维度”，凸显苏中地区的生产生态条件、市场生态条件和政策生态条件相对较好。这五个维度的影响因子中，苏中地区在“盈亏变化”、“私营个体经济固定资产投资”、“技术人员需求”、“规模以上工业企业产品销售率”、“企业所得税占 GDP 比重”等影响因子上得分较高，表明苏中地区中小企业在政府政策的扶持下,加快了投融资步伐,加大了引进技术人员力度,不断进行技术创新,提高产品服务技术水平。

但苏中地区"政策支持维度"排在三地区最后一名,在"融资优惠"、"一般公共服务财政预算支出占 GDP 的比重"、"社会保障和就业财政预算支出占 GDP 的比重"等影响因子上得分较低,存在比较劣势。

3. 苏北地区

苏北地区经济发展相对滞后,整体看维度评分较低。2016 年苏北地区 8 个维度中只有两个维度得分高于 5.0,且整体生态环境较 2015 年有所弱化。

苏北地区"政策支持维度"得分位居三地区第 1 名,这主要得益于其在"融资优惠"、"专项补贴"、"一般公共服务财政预算支出占 GDP 的比重"、"社会保障和就业财政预算支出占 GDP 的比重"等影响因子上面的得分较高。

虽然与苏南地区和苏中地区相比较,苏北地区经济发展水平较低,以致各个维度的评分相对较低,但苏北地区在人工成本、政策支持方面的优势最为突出,若能进一步发挥现有优势,高度重视和积极应对现存的差距,积极把握住新一轮的发展机遇,努力改善适于中小企业发展的生态环境,苏北地区一定能走上快速健康发展的康庄大道。

5.4 江苏中小企业生态环境的城市特征评价

5.4.1 综合评价

研究中心创建的中小企业生态环境的 8 个维度指标分别由景气指数问卷指标和官方统计指标构成,形成定性和定量相结合的评价体系,既可以有效地平抑单纯的定性调查而出现的数据波动与评价偏差,也可以补充和修正统计指标存在的一些不足,以确保对中小企业生态环境评价更加客观、更系统和更全面。

表 5-22 2014—2016 年江苏 13 市中小企业生态环境得分比较

城市	2014 年		2015 年		2016 年	
	得分	排序	得分	排序	得分	排序
南京市	5.041 6	7	6.735 8	3	5.765 8	2
无锡市	5.395 9	3	5.666 6	7	4.597 2	8
徐州市	3.636 1	13	5.860 9	5	5.077 0	5
常州市	5.567 4	2	5.133 8	10	4.978 5	6
苏州市	6.064 3	1	7.192 3	1	6.690 7	1

（续表）

城市	2014 年		2015 年		2016 年	
	得分	排序	得分	排序	得分	排序
南通市	5.089 2	6	6.911 0	2	5.504 7	3
连云港市	5.158 1	5	5.240 8	9	4.516 7	9
淮安市	4.693 3	9	5.748 9	6	4.667 1	7
盐城市	3.720 4	12	4.369 7	12	4.204 4	11
扬州市	4.686 9	10	6.132 4	4	4.454 3	10
镇江市	4.807 1	8	4.959 1	11	3.345 0	13
泰州市	5.282 1	4	5.413 1	8	5.387 0	4
宿迁市	4.045 9	11	2.148 5	13	3.717 7	12

表 5－22 显示 2014 年到 2016 年江苏 13 市中小企业生态环境得分变化情况，图 5－21 显示 2016 年江苏 13 市中小企业生态环境综合评价排序情况。可以看到，2016 年江苏 13 市中小企业生态环境评价得分最高的苏州（6.690）与最低分的镇江（3.345）之间的差距为 3.345 个维度，13 市的生态环境综合评价分值差距较大。

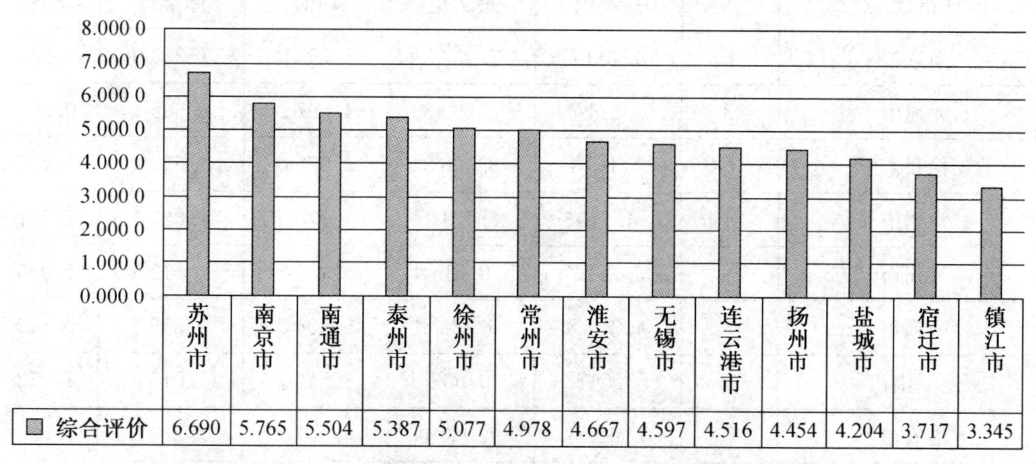

图 5－21　2016 年江苏 13 市中小企业生态环境评价得分排序

2016 年，苏州、南京、南通三个城市的中小企业生态环境评价得分列前三位。2015 年排在前三位的是苏州、南通和南京，可见这 3 个城市 2016 年继续保持领先的态势。从分值变化看，苏州得分从 2015 年的 7.19 下降到了 2016 年的 6.690，整体评分有小幅下降，但是依然保持第一名的领先地位；南京从 2015 年的 6.74 下降到 2016 年的 5.765，但排名上升了一位；南通从 2015 年的 6.91 下降到了 2016 年的 5.504，得分明显下降，且排名也下降了一个位次。

排名下降幅度最大的是扬州，从 2015 年的第 4 名下降至 2016 年的第 10 名。排名上升幅度最大的是常州和泰州,常州从2015年的第10名,上升至2016年的第6名,泰州从2015年的第8名,上升至2016年的第4名。

表5-23 2016年江苏13市中小企业生态环境得分的描述统计量

	N	最小值	最大值	均值	标准差	方差
综合平均	13	3.345 0	6.690 7	4.838 9	0.882 2	0.778
有效的N(列表状态)	13					

由表5-22、表5-23可以看出,2016年江苏13市中小企业生态环境得分较为均衡,标准差为0.882 2,方差为0.778,说明13市中小企业生态环境具有一定的地区差异性,但整体差异不大。

表5-24为2016年江苏13市生态环境维度指标得分的统计性描述,从表中可见,大部分城市的标准差在1.0以上。徐州、宿迁、苏州是标准差最大的3个城市,这3个市的8个维度得分最大值与最小值之差分别为5.090 4、4.365 4、4.390 3,表明这3个城市的维度指标离散程度相对较大。

表5-24 2016年江苏13市中小企业生态环境维度指标得分的统计描述

统计指标地区	N	最小值	最大值	均值	标准差	方差
南京市	8	3.400 7	7.307 3	5.765 8	1.265 0	1.6
无锡市	8	3.524 7	5.190 3	4.597 2	0.605 1	0.366
徐州市	8	3.316 4	8.406 8	5.077 0	1.653 7	2.735
常州市	8	4.143	6.704 1	4.978 5	1.020 2	1.041
苏州市	8	5.124 7	9.515	6.690 7	1.412 5	1.995
南通市	8	4.713 2	6.722 5	5.504 7	0.665 2	0.442
连云港市	8	3.547	6.607	4.516 7	1.015 8	1.032
淮安市	8	2.648 6	7.065 1	4.667 1	1.234 9	1.525
盐城市	8	2.454 1	5.577 7	4.204 4	1.261 5	1.591
扬州市	8	2.693 8	6.237 4	4.454 3	1.259 2	1.585
镇江市	8	2.115 6	4.766 4	3.345 0	0.931 1	0.867
泰州市	8	3.615 2	7.25	5.387 0	1.245 9	1.552
宿迁市	8	2.490 5	6.855 9	3.717 7	1.585 3	2.513
有效的N(列表状态)	8					

5.4.2 南京市中小企业生态环境综合评价

2016 年南京中小企业生态环境得分为 5.765 8，列全省第 2 位，评分较 2015 年的 6.735 8 下降了 0.97 个维度分，但排名上升了一个位次。8 个维度指标得分标准差为 1.265 0，方差为 1.6，最大值与最小值之间相差 3.906 6，表明南京的 8 个维度指标的离散程度较高，在各个维度上发展差异性较大。

表 5－25　2014 年—2016 年南京市中小企业生态环境维度指标得分

生态条件	生态条件维度	2014 年		2015 年		2016 年	
		得分	13 市排序	得分	13 市排序	得分	13 市排序
生产	经营状况维度	5.367 6	11	6.226 6	4	5.343 7	3
	企业发展维度	4.615 3	7	7.182	4	7.307 3	1
市场	产品供给维度	5.268 6	9	6.432 8	2	4.948 2	7
	资源需求维度	5.517 2	5	6.426 9	2	5.873 3	1
金融	运营资金维度	4.851 1	4	7.373 3	2	6.435 4	2
	企业融资维度	6.785 1	2	7.537 6	1	5.667 7	2
政策	政策支持维度	3.911 4	10	6.107 2	6	3.400 7	11
	企业负担维度	4.016 5	7	6.600 4	7	7.149 8	3

表 5－25 反映是 2014—2016 年南京中小企业生态环境 8 个维度得分情况。从各个维度评分的绝对数来看，8 个维度的评分仅有“企业发展维度”和“企业负担维度”比 2015 年有所提高，且提高的幅度不大(＋0.125 3 和＋0.549 5)。其余两个维度均不同程度的下降。但从排名上看，8 个维度中有四个维度排名有所上升，分别是“经营状况维度”、“企业发展维度”、“资源需求维度”、“运营资金维度”和“企业负担维度”，其中升幅最大的是“企业负担维度”，从 2015 年的第 7 名上升至 2016 年的第 3 名。“运营资金维度”排名与 2015 年一致，其余三个维度排名有所下降。这表明 2016 年南京中小企业生态环境整体虽有弱化，但是相对其他城市弱化程度较小一些。

这可从图 5－22 直观地看到，图中粗实线围成的区域面积代表 2016 年南京中小企业生态环境，细实线围成的区域面积代表 2015 年南京中小企业生态环境。粗实线围成的区域面积小于细实线围成的区域面积，显示出 2016 年南京中小企业生态环境出现弱化态势。从图形的形状可以看出 2016 年南京中小企业八个维度中有 6 个维度分值低于 2015 年。当然也可以从南京中小企业生态环境的综合评分看到，2016 年南京的综合评分为 5.765 8，而 2015 年南京的综合评分为 6.735 8。

从生态环境的四个生态条件看，南京在生产生态条件与金融生态条件的得分较

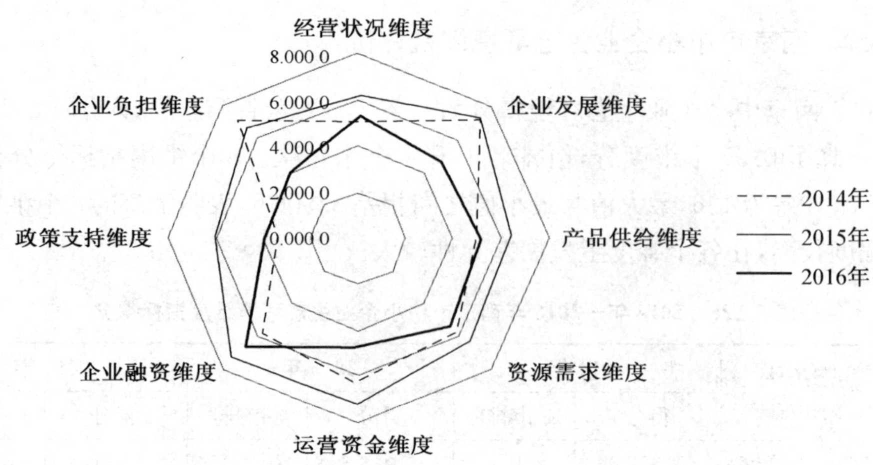

图 5-22　2014 年—2016 年南京市中小企业生态环境的变化

高,市场生态条件得分居中,政策生态条件得分偏低。

从生产生态条件看,南京的"经营状况维度"和"企业发展维度"分值位居前列,分别排在江苏 13 市第 3 位和第 1 位。从生产生态条件的影响因子指标构成上看,统计指标的"批发、零售和住宿、餐饮业总额"以及问卷指标"劳动力需求"、"投资计划"、"产品服务创新"得分最高,列 13 市第 1 位,这与南京第三产业占比较高、南京平均工资水平在 13 市中排名靠前的特征是相互吻合的。还有南京在"资源需求维度"排名第 1,在影响因子"产品服务创新"指标排名第 1,这些都是助南京中小企业生态环境评价得分位居前列的重要原因。但也有一些短板,比如"私营个体固定资产投资占新增固定资产投资的比重"得分在 13 市中排名倒数第 1,且问卷指标"人工成本"和"经营成本"得分较低,排在 13 市倒数后 3 位;从统计指标看市场生态条件,南京在"产品供给维度"排名第 7,在"规模以上工业企业产品销量率"、"营销费用"等指标上得分较低,这说明南京中小企业在营销推广、产品销售方面存在一定的相对劣势,营销推广能力有待提升。

从金融生态条件看,南京在"运营资金维度"和"企业融资维度"上排名均列全省第 2 位。在"投资计划"、"年末单位存款"指标上排名第 1,在"年末金融机构贷款余额"指标上排名第 2,此外"单位经营贷款"、"票据融资"和"融资需求"等指标也排在靠前的位置,说明南京依托其区域金融中心的有利地位,能充分利用金融市场推动实体经济发展,两者良性发展,相互促进。

从政策生态条件看,南京在"政策支持维度"与"企业负担维度"得分排在 13 市第 11、第 3 位,两个维度指标排名差异较大,且得分数值差异也较大,得分最高的是企业发展维度(7.307 3),得分最低的是政策支持维度(3.400 7)。从政策生态条件影响因子指标构成上看,南京在"融资优惠"、"一般公共服务财政预算支出占 GDP 的比重"、"专项补贴"、"企业所得税占 GDP 的比重"等指标得分较低,导致南京的政策支持维度得分偏低。

图 5－22 显示，2016 年南京中小企业生态条件各个维度差异较大，“经营状况维度”、“企业发展维度”、“运营资金维度”、“企业融资维度”、“企业负担维度”的得分较高，均在 5.0 分以上，而短板主要在“产品供给维度”和“政策支持维度”，说明南京市政府更应该充分利用具有优势的市场环境和金融环境，更加积极地为中小企业提供必要的政策支持和政策优惠，努力减轻企业负担，让市场更好地发挥其促进经济发展的作用。

5.4.3　无锡市中小企业生态环境综合评价

表 5－26 显示的是 2014 年至 2016 年无锡市中小企业各生态条件维度得分情况。2016 年无锡中小企业生态环境综合评分为 5.666 6，排在全省第 7 名。8 个维度指标标准差为 0.549 6，方差为 0.302，说明无锡各个维度指标离散程度较小，各个维度得分较为均衡。

与 2015 年相比，2016 年无锡中小企业生态环境的 8 个维度中，维度分值上升的只有“政策支持维度”，其余 7 个维度的分值均有不同程度的下降，表明 2016 年无锡中小企业生态环境出现弱化态势。从分值绝对数上看，2016 年无锡中小企业生态环境八个维度中仅有“产品供给维度”和“政策支持维度”两个维度得分高于5.0 分。

表 5－26　2014—2016 年无锡市中小企业生态环境维度指标得分

生态条件	生态条件维度	2014 年		2015 年		2016 年	
		得分	13 市排序	得分	13 市排序	得分	13 市排序
生产	经营状况维度	6.705 9	2	5.540 3	9	4.779 5	6
	企业发展维度	5.810 5	2	6.041 4	9	3.838 2	10
市场	产品供给维度	6.206 9	2	5.731 3	4	5.190 3	6
	资源需求维度	5.199 4	7	4.853 1	9	4.619 6	10
金融	运营资金维度	5.764 5	2	6.319 8	4	3.524 7	8
	企业融资维度	6.607 9	3	6.106 1	4	4.949 3	5
政策	政策支持维度	3.227	12	4.872	10	5.155 4	4
	企业负担维度	3.645 4	10	5.868 5	10	4.720 5	11

图 5－23 是 2014 年到 2016 年无锡中小企业生态环境变化雷达图，图中粗实线围成的区域面积代表 2016 年无锡中小企业生态环境，而细实线围成的区域面积代表 2015 年无锡中小企业生态环境，虚线围成的区域面积代表 2014 年无锡中小企业生态环境，粗实线围成的区域面积明显小于细实线围成的区域面积，说明 2016 年无锡

中小企业生态环境较 2015 年出现明显弱化。从生态环境的综合评分也看出,2016 年无锡中小企业生态环境综合评分为 4.597 2,而 2015 年无锡中小企业生态环境综合评分为 5.666 6。

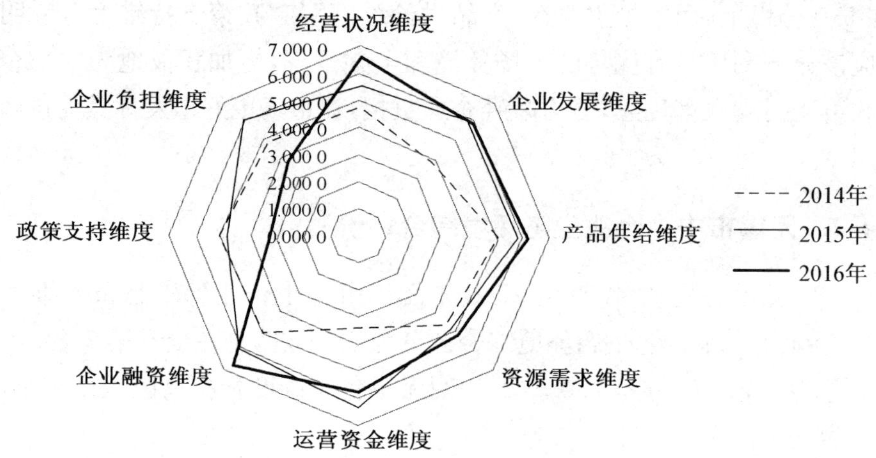

图 5-23　2014 年—2016 年无锡市中小企业生态环境的比较

从生产生态条件看,无锡在"经营状况维度"、"企业发展维度"的分值分别列 13 市第 6 名和第 10 名。"经营状况维度"排名较 2015 年上升了三个名次,但"企业发展维度"排名较 2015 年下降了一个名次。从分值上看,这两个维度的得分均低于 5.0 分,得分明显偏低,表明 2016 年无锡中小企业整体生产环境变差。从生产生态条件 2 个维度的影响因子指标构成看,无锡在"流动资金"、"劳动力需求"、"投资计划"、"私营个体固定资产投资占新增固定资产投资的比重"、"规模以上中小企业总产值占 GDP 的比重"等指标得分非常低,表明无锡中小企业在无锡经济发展中的地位有所下降;流动资金紧缺、劳动力需求下降、投资规模萎缩等问题凸显无锡大多中小企业的扩张动力不足,运营活力下降。据调查,由于无锡人工成本以及整体生存环境的恶化,不断有企业外迁,这也是造成无锡中小企业发展缺乏活力的一个原因。无锡"生产服务能力过剩"指标得分最低,意味着在尽管有国家三去一补一降政策的推进,但无锡中小企业产能过剩问题依然严峻。

从市场生态条件看,无锡的"产品供给"和"资源需求"2 个维度的得分排在 13 市的第 6 位和第 10 位,排名和分值均较 2015 年下降。从这两个维度的因子指标构成上看,虽然无锡在"营销费用"指标上得分最高,但"规模以上工业企业产品销售率"得分最低,列 13 市的倒数第 1 名,同时其他几个指标如"融资需求"、"私营个体工商户户数"、"规模以上工业企业总资产贡献率"得分均很低,表明无锡中小企业在经济不景气的大背景下,市场营销投入不足,推广能力较弱,企业缺乏投资动力。

从金融生态条件看,无锡的中小企业"运营资金"和"企业融资"维度得分列居 13 市的第 8 名和第 5 名,排名和得分均较 2015 年下降,表明无锡整体经济发展排在江苏 13 市前三，但中小企业面临的金融环境相对欠佳，融资难的问题依然较为突出。从维度的影响因子构成看，无锡在、“流动资金”、“融资需求”、“单位经营贷款”、“投资计划”等指标上的得分非常低，这说明无锡的中小企业对经济运行前景的预期信心不足，投资需求相对低迷。

从政策生态条件看，无锡中小企业政策生态条件 2 个维度指标的得分分别列 13 市第 4 名和第 11 名，政策支持维度得分较 2015 年提高了 0.284 3，但是排名从 2015 年的第 10 名上升至 2016 年的第 4 名，上升幅度最大，而企业负担维度在倒数后 3 名，说明虽然无锡市政府增大了对中小企业的政策扶持，但是政策效果还未完全显现，无锡中小企业整体负担依然较重。从维度的因子构成看，无锡在“融资成本”、“企业所得税占 GDP 比重”、“税收负担”、“行政收费”指标上得分均很低。

5.4.4　徐州市中小企业生态环境综合评价

2016 年徐州中小企业生态环境综合评价得分为 5.507 7，列 13 市的第 5 位，排名与 2015 年相同。8 个维度得分的标准差为 1.653 7，方差为 2.735，居 13 市的第 1 位，表明徐州在各个维度上的评分离散程度较大，最大值与最小值之差 5.090 4 个维度评分。8 个维度得分排名差异性也较大。

表 5－27　2014 年—2016 年徐州市中小企业生态环境维度指标

生态条件	生态条件维度	2014 年		2015 年		2016 年	
		得分	13 市排序	得分	13 市排序	得分	13 市排序
生产	经营状况维度	5.776 3	10	5.733 6	7	4.762 2	7
	企业发展维度	3.020 8	12	6.321 7	7	6.331 4	5
市场	产品供给维度	5.550 3	6	4.594 7	10	4.025 7	8
	资源需求维度	4.815 2	11	5.388 5	5	5.108 3	7
金融	运营资金维度	1.296	12	4.953 7	7	3.316 4	10
	企业融资维度	3.032 2	12	4.852 4	6	3.601 4	10
政策	政策支持维度	2.844 3	13	6.687 6	2	5.063 5	6
	企业负担维度	2.754 2	13	7.877 6	3	8.406 8	1

徐州 2015 年中小企业生态环境综合评价分值为 5.860 9，2016 年为 5.507 7，比 2015 年下降了 0.35 个维度分。2016 年，徐州只有“企业发展维度”和“企业负担维度”两个维度分值和相对排名比 2015 年有所上升，“经营状况维度”得分下降，排名没有改变，表明相对 2015 年徐州中小企业的整体生态环境有明显弱化。这也可从图 5－24 的雷达图上直观地看出。

图 5－24 显示的是 2014 年至 2016 年徐州中小企业生态环境维度评分情况。粗

实线围成的区域面积代表2016年徐州中小企业生态环境，小于细实线围成的区域面积所代表的2015年徐州中小企业生态环境。

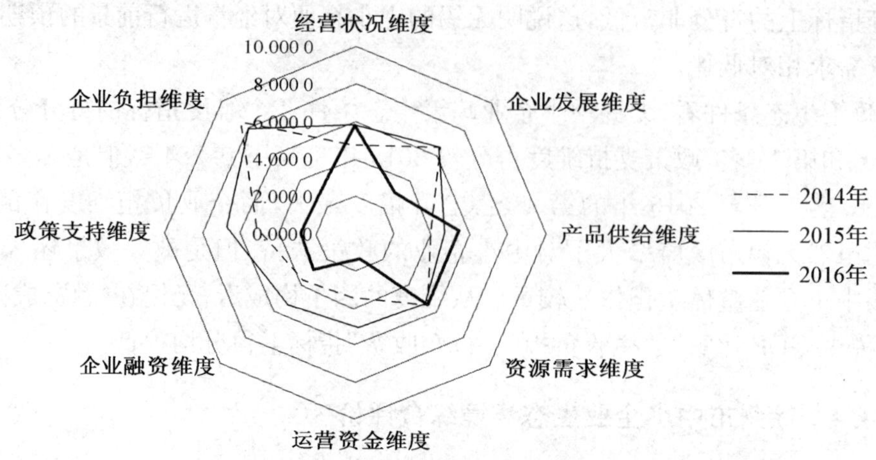

图5-24　2014年—2016年徐州市中小企业生态环境比较

从生产生态条件看，徐州在“经营状况维度”和“企业发展维度”的评分位居第7位和第5位，处在中等偏后的位置，但“企业发展维度”排名比2015年提高了2个位次。从生产生态环境影响因子的分值上看，徐州的“经营成本”、“生产服务能力过剩”、“专利授权数量”等指标的得分较低，说明徐州中小企业依然存在较为明显的产能过剩问题，且整体技术水平偏低。但同时徐州在“技术水平评价”和“技术人员需求”指标上得分最高，表明徐州中小企业技术创新需求较高。

从市场生态条件看，2016年徐州在“产品供给维度”和“资源需求维度”的得分位居13市的第8位和第7位，“产品供给维度”得分排名比去年有所上升，“资源需求维度”得分排名比去年明显下降，从分值绝对数和排名变化上可以看出，相比2015年，徐州中小企业市场生态环境变化不明显。从影响因子指标构成上看，徐州在“营销费用”、“人工成本”、“劳动力需求”、“亿元以上商品交易市场商品成交额”等指标上得分较低，表明徐州中小企业存在整体缺乏活力，市场规模相对较小、企业营销能力弱等相对劣势。但同时徐州的“规模以上工业企业总资产贡献率”得分为13市最高，反映出徐州较多中型企业的盈利能力较强。

从金融生态条件看，2016年徐州在“运营资金维度”和“企业融资维度”的得分均位居13市的第10名，且比2014年有明显下降。从金融生态条件的影响因子指标构成看，徐州在“融资成本”和“获得融资”指标上的得分最低，居13市的最后一名，这凸显出徐州中小企业存在严重的融资难问题。此外徐州在“年末金融机构贷款余额”、“单位经营贷款”指标上得分较低，说明政府虽然给予了各种融资优惠，但是由于中小企业总体“融资成本”太高以及很难获得融资等因素，使徐州中小企业的金融生态条件存在明显弱势。

从政策生态条件看，徐州的“政策支持维度”和“企业负担维度”得分较高，列居 13 市的第 6 和第 1 位。从政策生态条件维度影响因子构成看，徐州在“政府效率”、“人工成本”、“企业所得税占 GDP 的比重”以及“行政收费”指标上得分较高，表明徐州中小企业面临的人工成本负担较轻，企业税收等负担相对较轻，中小企业整体负担相对较小。

5.4.5　常州市中小企业生态环境综合评价

表 5－28 显示的是 2014 年到 2016 年常州中小企业生态环境综合评价得分情况。2016 年常州中小企业生态环境综合评分为 4.978 5，位列江苏省第 6 位。8 个维度指标的标准差为 1.020 2，方差为 1.041，排 13 市第 9 位，最大值与最小值的差距为 2.561 1，说明常州 8 个维度评分的离散度不高。

表 5－28　2014 年—2016 年常州市中小企业生态环境维度指标得分比较

生态条件	生态条件维度	2014 年		2015 年		2016 年	
		得分	13 市排序	得分	13 市排序	得分	13 市排序
生产	经营状况维度	6.898 8	1	5.176 7	10	4.736 3	8
	企业发展维度	5.457 2	4	6.811 7	5	6.312 5	6
市场	产品供给维度	5.700 2	4	5.277 7	5	5.249 6	5
	资源需求维度	5.923 7	1	4.816 9	11	4.239 3	11
金融	运营资金维度	5.551 8	3	4.323 7	10	4.277 9	6
	企业融资维度	5.315 1	4	3.599 7	12	4.165 4	9
政策	政策支持维度	5.683 2	4	3.874 7	12	4.143 0	9
	企业负担维度	4.009	8	7.189 7	6	6.704 1	5

2016 年常州中小企业生态环境 8 个维度得分中仅有“企业融资”、“政策支持”两个维度的得分比 2015 年有所提高，分别上升了 0.565 7 和 0.268 3，其余六个维度分值均有不同程度的下降。从评分的排名来看，2016 年常州 8 个维度中有五个维度分值排名上升，其中升幅最大的是“运营资金维度”，从 2015 年第 10 名升至 2016 年的第 6 名，其次是“企业融资维度”和“政策支持维度”均由 2015 年第 12 名升至 2016 年的第 9 名。“产品供给维度”和“资源需求维度”分值排名不变，只有“企业发展维度”分值较 2015 年下降了一个位次。

从图 5－25 可清楚看到。常州 2016 年只有“企业发展维度”、“产品供给维度”和“企业负担维度”分值超过 5.0，其他维度分值均比较低。粗实线围绕的区域面积代表 2016 年常州中小企业生态环境，细实线围绕的区域面积代表 2015 常州市中小企业生态环境，虚线围成的区域面积代表 2014 年常州中小企业生态环境，可以看出粗实线围绕的区域面积与细实线围绕的区域面积变化不大，表明与 2015 年比较，2016 年常州中小企业生态环境整体变化不大。

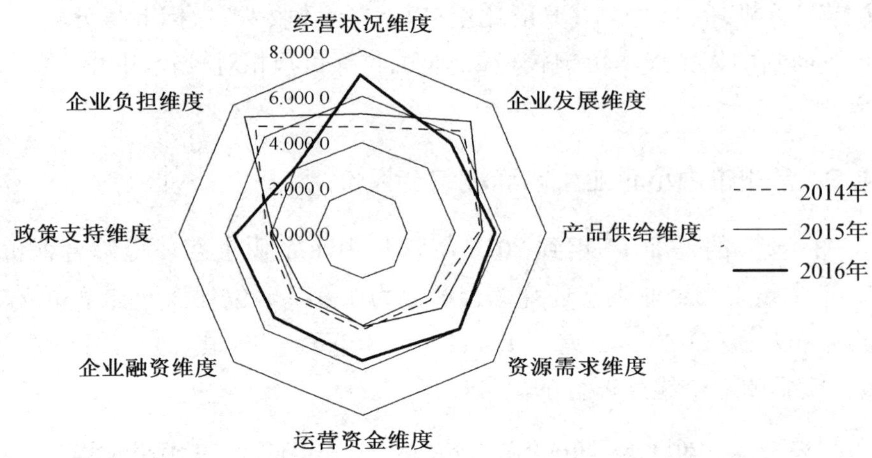

图 5-25　2014 年至 2016 年常州市中小企业生态环境的比较

从生产生态条件看，2016 年常州中小企业的“经营状况维度”分值低于 5 分，在 13 市中排名第 8，“企业发展维度”分值高于 5 分，在常州 8 个维度指标中排名第 2，在 13 市中只能排在第 6。从生产生态条件维度影响因子指标看，常州中小企业在“经营成本”、“人工成本”、“生产服务能力过剩”等指标上得分较低，表明常州大多中小企业存在较为严重的产能过剩问题，经营成本与人工成本的压力成为制约常州中小企业发展的重要因素。

从市场生态条件看，常州在“产品供给维度”和“资源需求维度”上的得分在 13 市中列第 5 名和第 11 名，排名与 2015 年相同。从市场生态条件维度影响因子指标构成上看，常州在“新签销售合同”、“产品线上销售比例”、“私营个体工商户户数”、“人工成本”指标上表现较差评分较低，同样可反映出常州中小企业凸显的产能过剩问题。但常州的“规模以上工业企业资产负债率”和“规模以上工业企业产品销售率”的得分最高，排在 13 市第 1 位，表明常州规模较大的企业负债水平相对较为合理，偿债能力较好，同时具有较好营销推广能力。在“技术人员需求”以及“产品服务创新”指标上常州得分也较高，这在一定程度上反映出常州大多中小企业有较强的提高技术水平的意识，有较强的产品创新和服务创新动力。

从金融生态条件看，2016 年常州在“运营资金维度”和“企业融资维度”得分列 13 市的第 6 位和第 9 位，排在中偏后的位置。从金融生态条件维度指标的影响因子看，常州虽然在“投资计划”指标上排在中靠前的位置，但在“获得融资”、“票据融资”、“年末金融机构贷款”的得分较低，排在靠后的位置，这说明常州中小企业获得融资的能力满足不了融资需求，常州中小企业同样面临融资难的问题。

从政策生态条件看，常州在“政策支持维度”和“企业负担维度”的得分列 13 市的第 9 和第 5 位，排名均比 2015 年有所上升，说明常州的政策生态环境相对好转。从具体影响因子上看，常州在“行政收费”、“政府效率”等指标上得分较高，说明常州中小企业税费负担较轻，“一般公共服务财政预算支出占 GDP 的比重”指标得分最低，排在 13 地市最后一名，说明政府在一般公共服务上的财政支持力度较小。

5.4.6　苏州市中小企业生态环境综合评价

2016 年苏州中小企业生态环境综合评分为 6.690 7，虽然比 2015 年的 7.192 3 下降了 0.502 2，但是依旧保持了 13 地市第 1 名的位置。2014 年到 2016 年，苏州中小企业生态环境综合评价已经连续 3 年蝉联第 1，说明苏州中小企业生态环境在江苏 13 市中具有绝对优势。

2016 年苏州中小企业生态环境 8 个维度分值的标准差为 1.412 5，方差为 1.995，最大值与最小值之间的差距在 4.4 个维度评分，表明苏州中小企业 8 个维度的得分离散程度较高。

表 5－29　2014 年—2016 年苏州市中小企业生态环境维度得分比较

生态条件	生态条件维度	2014 年		2015 年		2016 年	
		得分	13 市排序	得分	13 市排序	得分	13 市排序
生产	经营状况维度	6.100 5	6	6.534 8	2	5.524 0	2
	企业发展维度	6.596 9	1	8.065 4	2	7.144 0	2
市场	产品供给维度	7.017 8	1	7.892	1	7.156 3	1
	资源需求维度	5.345 6	6	5.734 2	3	5.491 3	3
金融	运营资金维度	7.143 4	1	9.096 4	1	9.515 0	1
	企业融资维度	7.546	1	7.444 3	2	7.170 6	1
政策	政策支持维度	5.174 8	7	6.575 4	3	5.124 7	5
	企业负担维度	3.589 5	11	6.195 7	9	6.400 1	6

表 5－29 显示 2014 年至 2016 年苏州市中小企业生态环境维度指标得分变化情况。从评分的绝对数上看，2016 年苏州市中小企业在 8 个维度中除“运营资金维度”和“企业负担维度”外，其余六个维度得分均低于 2015 年。从排名上看，除“政策支持维度”和“企业负担维度”两个得分排名稍有下降外，其余维度的排名均等于或者高于 2015 年。生产生态环境、市场生态环境、金融生态环境均排在且在江苏 13 市前三甲的位置，这显示出苏州市中小企业生态环境持续着保持良好的领先的态势。

从图 5－26 可直观看到，粗实线围成的区域面积代表 2016 年苏州中小企业生态环境，细实线围成的区域面积代表 2015 年苏州中小企业生态环境，虚线围成的区域面积代表 2014 年苏州中小企业生态环境。粗实线面积明显稍稍小于细实线面积，表明2016年苏州中小企业生态环境较2015年有了轻微弱化。

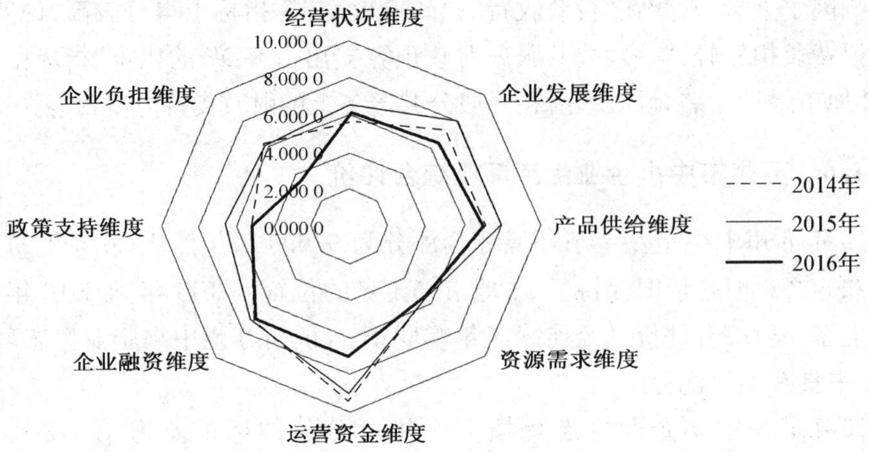

经营状况维度
10.000 0
8.000 0
6.000 0
4.000 0
2.000 0
0.000 0
企业发展维度
产品供给维度
资源需求维度
运营资金维度
企业融资维度
政策支持维度
企业负担维度
2014年
2015年
2016年

图5-26　2014年—2016年苏州市中小企业生态环境的比较

从生产生态条件看,苏州在“经营状况维度”和“企业发展维度”上的分值均位居江苏13市的第2位。从生产生态条件维度的影响因子指标构成上看,苏州在“应收款”、“流动资金”、“专利授权数量”、“规模以上中小企业工业总产值”4项指标排名位居江苏13市的第1,显示出苏州中小企业整体经营状况良好,企业整体技术水平较为先进,且知识产权保护意识较为强。但苏州在“规模以上中小企业工业总产值占GDP的比重”指标上却是江苏省倒数第1名,说明由于苏州规模以上大中型企业占据主导地位,中小微企业在苏州经济发展中的作用相对较弱,同时“经营成本”、“人工成本”等指标上的得分也很低,这说明随着苏州经济的发展,平均工资水平不断攀升,劳动力成本不断提高,促使越来越多的中小企业走上转型升级的道路,由劳动密集型向知识和资本、技术密集型转变。“批发、零售和住宿、餐饮业总额”指标得分排在江苏13市第2,这说明苏州的产业结构以第三产业为主,同时“私营个体经济固定资产投资占GDP的比重”排在全省倒数后三名,这些指标分值的变化进一步凸显了中小微企业在苏州经济发展中的作用在逐渐弱化。

从市场生态条件看,苏州在“产品供给维度”和“资源需求维度”上的得分均列江苏13市的第1和第3名,与2015年排名相同。产品供给维度的良好表现凸显生产导向特征。从市场生态条件维度影响因子构成上看,苏州在“产品服务销售价格”、“全社会用电量”、“亿元以上商品交易市场成交额”、“个体工商户户数”等4个统计指标的得分排在江苏13市的第1,这些数据也显示出苏州雄厚的经济实力和强劲的发展势头。

从金融生态条件看,苏州在“运营资金维度”和“企业融资维度”的得分均列江苏13市的第1位,显示出苏州具有良好的金融生态环境,实体经济和金融市场能够协调发展,相互促进。从具体的金融生态条件维度影响因子指标上看,苏州在“应收款”、“流动资金”、“规模以上工业企业流动资产”、“规模以上工业企业应收账款”、“年末单位存款”、“年末金融机构贷款”、“票据融资”等 7 项指标得分都在 13 市排名第 1，同时在“投资计划”指标上得分也较高，显示出苏州大多中小企业更为重视长期发展，而且金融市场更好地实现了服务实体经济的功能。

从政策生态条件看，苏州的“政策支持维度”和“企业负担维度”得分列江苏 13 市的第 5 和第 6 名，相对 2015 年的排名，一个维度上升，一个维度下降，整体变化不大。可以看出，相对而言，政策生态条件是苏州中小企业发展的一个短板，若能进一步改善政策生态条件，减轻企业负担，将有助于苏州中小企业的更加健康发展。从政策生态条件的维度影响因子构成看，苏州在“从业人数”、“行政事业性收费收入占 GDP 的比重”指标上得分最高，这显示出苏州中小企业在吸纳就业上做出了重要的贡献。但在“一般公共服务财政预算支出占 GDP 的比重”、“企业所得税占 GDP 的比重”等指标上得分较低，意味着苏州市政府对中小企业发展的财政性支持方面投入较少，企业承受的税收负担相对较高。

5.4.7　南通市中小企业生态环境综合评价

表 5 - 30 是 2014 年至 2016 年南通中小企业生态环境维度评分情况。2016 年南通中小企业生态环境综合评价得分为 5.504 7，比 2015 年的 6.9110 下降了 1.406 3。2016 年南通中小企业生态环境综合评价排在 13 地市第 3 名，比 2015 年下降了一个名次。8 个维度分值的标准差为 0.665 2，方差为 0.442，表明南通 8 个维度得分离散程度较低，各维度评分较为均衡。在企业生态环境的八个维度中，南通的“企业发展维度”、“产品供给维度”、“资源需求维度”、“运营资金维度”、“企业融资维度”等五个维度的得分都排在 13 市的前三名，从得分的绝对值上看，南通有 6 个维度的得分在 5.0 以上，这说明南通中小企业生态环境处在相对较高的水平。

2016 年南通中小企业除在“产品供给维度”、“运营资金维度”、“企业融资维度”的评分和排名与 2014 年持平外，其余 5 个维度的排名均有不同程度的下降，表明在整个经济大环境不景气的背景下，南通中小企业生存环境出现了一定程度的弱化。

表 5 - 30　2014 年—2016 年南通市中小企业生态环境维度得分比较

生态条件	生态条件维度	2014 年		2015 年		2016 年	
		得分	13 市排序	得分	13 市排序	得分	13 市排序
生产	经营状况维度	6.308 5	4	6.758 6	1	4.713 2	9
	企业发展维度	4.412 1	8	8.252 2	1	6.722 5	3
市场	产品供给维度	5.195 4	10	6.068 2	3	6.077 3	3
	资源需求维度	5.612 2	3	6.648 2	1	5.672 7	2

(续表)

生态条件	生态条件维度	2014 年		2015 年		2016 年	
		得分	13 市排序	得分	13 市排序	得分	13 市排序
金融	运营资金维度	3.927 3	8	7.017 7	3	4.873 1	3
	企业融资维度	4.771 1	7	6.390 3	3	5.524 0	3
政策	政策支持维度	5.652 1	5	6.112 6	5	5.029 0	7
	企业负担维度	4.835 4	5	8.039 6	2	5.425 7	9

图 5－27 显示 2014 年到 2016 年南通中小企业生态环境分值的变化，从图中可以直观地看到，2016 年南通只有“产品供给维度”得分小幅上升，其余 7 个维度得分均较 2015 年有不同程度的下降。粗实线围成的代表 2016 年南通中小企业生态环境评价的面积明显小于细实线围成的代表 2015 年南通中小企业生态环境评价的面积，说明 2016 年南通企业生态环境较 2015 年有显著弱化。

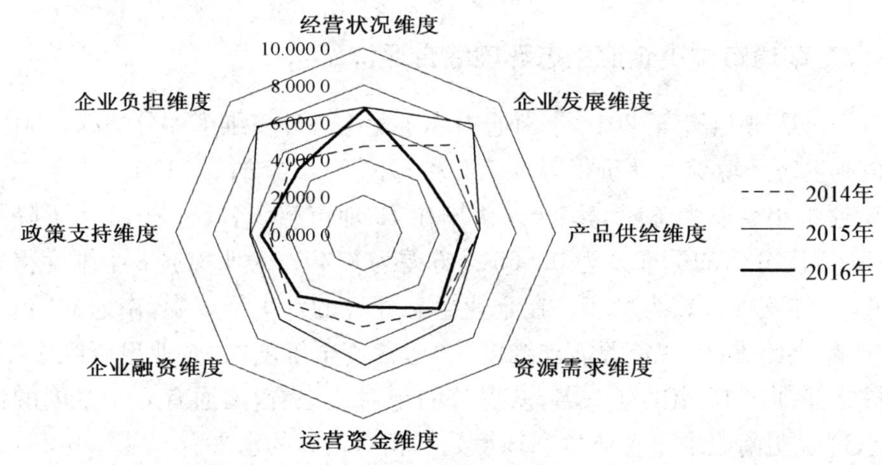

图 5－27　2014 年—2016 年南通市中小企业生态环境的比较

从生产生态条件看，南通在“经营状况维度”和“企业发展维度”得分列江苏 13 市的第 9 名和第 3 名，可见“经营状况维度”是制约南通中小企业发展的一个短板。从生产生态条件的维度影响因子看，南通在“营业收入”指标上得分 13 市最低，另外在“生产服务能力过剩”、“应收款”、“流动资金”等指标上的得分也较低，这拉低了南通在“经营状况维度”的得分及排名。但南通在“劳动力需求”、“私营企业固定资产投资”、“投资计划”指标上得分较高，显示大多南通中小企业比较重视未来长期发展。

从市场生态条件看，南通在“产品供给维度”和“资源需求维度”得分列 13 市的第 3 位和第 2 位。从市场生态条件的维度影响因子得分看，南通在“产品线上销售比例”、“产品服务销售价格”、“规模以上工业企业产品销售率”“劳动力需求”、“私营个体工商户户数”等指标上得分较高，表明南通中小企业数量较多，且经营状况良好，有着旺盛的资源需求，在营销推广能力上具有相对优势。

从金融生态条件看，南通在“运营资金维度”和“企业融资维度”得分均列 13 市的第 3 名，表明南通具有良好的金融生态条件，这是因为南通毗邻中国国际金融中心—上海，受到上海金融中心功能辐射的效应较为明显。从金融生态条件影响因子看，南通在“获得融资”、“投资计划”和“单位经营贷款”的得分较高，表明南通中小企业获得融资相对较易，企业有着旺盛的投资需求，金融市场能较好地发挥服务实体经济的功能。

从政策生态条件看，南通在“政策支持维度”和“企业负担维度”的得分列 13 市的第 7 和第 9 名，是南通排名较为靠后的一个生态条件，也是南通中小企业发展的一个制约因素。从政策生态条件影响因子指标看，南通在“政府效率”、“一般公共服务财政预算支出占 GDP 的比重”、“税收负担”、“企业所得税占 GDP 的比重”以及“专项补贴”的得分较低，表明南通中小企业的显性税收负担相对较重，政府需进一步加大对南通中小企业的扶持力度，促进其健康发展。

5.4.8　连云港市中小企业生态环境综合评价

表 5 - 24 显示 2014 年到 2016 年连云港中小企业生态环境维度指标得分情况。2016 年连云港中小企业生态环境综合评分为 4.516 7，较 2015 的 5.240 8 下降了 0.7241，排在 13 市第 9 名，排名与 2015 年相同。8 个维度分值的标准差为 1.015 8，方差为 1.032，离散程度较 2015 年所有增大，说明连云港 8 个维度的得分不平衡程度在增加。连云港 8 个维度的得分都不太高，仅有“政策支持维度”得分超过 5.0 分，表明连云港中小企业生态环境处在较低的水平。

从表 5 - 31 可以看出，2016 年连云港中小企业生态环境的 8 个维度中，除“经营状况维度”、“企业融资维度”、“政策支持维度”的得分较 2015 年有小幅上升外，其余 5 个维度的得分均低于 2015 年，而在评分的排名上，有“经营状况维度”、“运营资金维度”、“企业融资维度”、“政策支持维度”四个维度的排名较 2015 年有所上升，其中排名升幅最大的是“经营状况维度”（从 2015 年的第 12 名，上升至 2016 年的第 5 名）。

表 5 - 31　2014 年—2016 年连云港市中小企业生态环境维度指标得分比较

生态条件	生态条件维度	2014 年		2015 年		2016 年	
		得分	13 市排序	得分	13 市排序	得分	13 市排序
生产	经营状况维度	6.079 2	7	4.773 3	12	4.913 6	5
	企业发展维度	5.520 2	3	6.564 8	6	4.314 5	9
市场	产品供给维度	5.357 9	7	5.024 8	6	3.604 8	9
	资源需求维度	5.673 1	2	4.897 7	7	3.642 4	12

(续表)

生态条件	生态条件维度	2014 年		2015 年		2016 年	
		得分	13 市排序	得分	13 市排序	得分	13 市排序
金融	运营资金维度	4.406 1	5	4.347 8	9	3.547 0	7
	企业融资维度	4.916 5	6	4.456 2	10	4.691 9	6
政策	政策支持维度	6.299 3	2	5.392 8	7	6.607 0	2
	企业负担维度	3.012 2	12	6.468 9	8	4.812 8	10

从图 5-28 可直观地看出 2014 年到 2016 年连云港中小企业生态环境的变化。图中粗实线围成的区域面积代表 2016 年连云港中小企业生态环境，细实线围成的区域面积代表 2015 年连云港中小企业生态环境，虚线围成的面积代表 2014 年连云港中小企业生态环境。粗实线围成的区域面积明显小于细实线围成的区域面积，说明 2016 年连云港中小企业生态环境显著弱化。

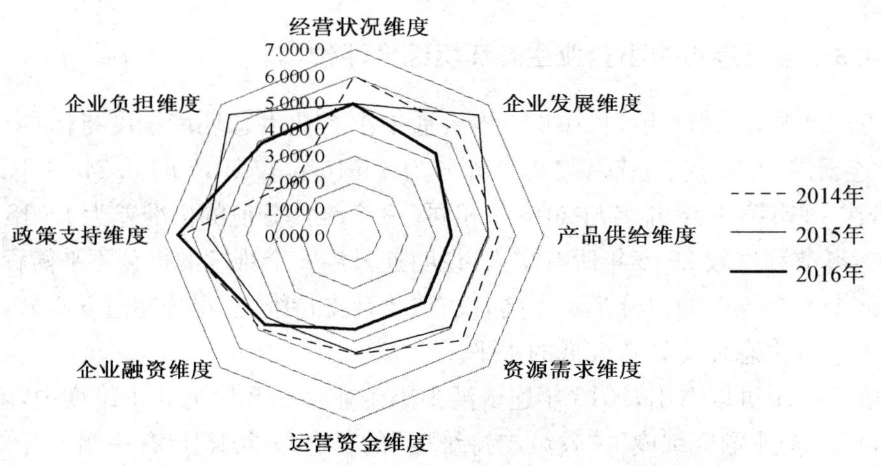

图 5-28　连云港市中小企业生态环境维度指标评价

从生产生态条件看，连云港在“经营状况维度”和“企业发展维度”的得分列江苏 13 市的第 5 和第 9 名，其中“经营状态维度”排名较 2015 年上升了 7 个位次，显示出连云港中小企业总体经营状态明显好转，但企业发展维度评分和排名则在显著下降。从生产生态条件的维度影响因子指标得分看，连云港的“企业综合生产经营状况”指标得分最高，显示出连云港中小企业对未来普遍抱有乐观预期。但连云港中小企业在“生产服务能力过剩”、“规模以上工业企业总产值占 GDP 的比重”、“批发、零售和住宿、餐饮业总额”、“专利授权数量”、“私营个体经济固定资产投资”指标上的得分很低，表明连云港中小企业整体技术水平较低，需进一步提升技术创新水平和能力，此外连云港中小企业依然存在较为严峻的产能过剩问题。中小企业整体发展较弱。“批发、零售和住宿、餐饮业总额”指标得分较低，表明连云港的产业结构依然以第二产业为主，服务业占比较低。

从市场生态条件看，连云港在“产品供给维度”和“资源需求维度”得分列13市的第9和第12位，说明连云港中小企业的市场生态环境整体较差。从具体影响指标上看，连云港在“全社会用电量”、“亿元以上商品交易市场成交额”、“私营个体工商户户数”的得分较低，这进一步凸显了连云港中小企业整体规模较小。此外在“新签销售合同”、“规模以上工业企业产品销售率”、“主要原材料及能源购进价格”指标上连云港的得分也较低，这说明连云港中小企业营销市场规模小，缺乏主要原材料和能源采购的议价能力，整体营销推广能力相对较弱。

从金融生态条件看，连云港的“运营资金维度”和“企业融资维度”得分虽然都在5.0以下，即整体金融生态环境依然处在一般水平，但是得分排名分别列13市的第7名和第6名，排名较2015年有了显著上升，表明连云港金融生态条件相对有所好转。从具体的影响因子看，连云港的“单位经营贷款”、“规模以上工业企业流动资产”、“规模以上工业企业应收账款”、“年末单位存款余额”、“年末金融机构贷款”等指标得分都比较低，拉低了连云港金融生态环境的评分。

从政策生态条件看，连云港的“政策支持维度”和“企业负担维度”得分在13市中排在第2和第10位，2015年这两个维度的排名分别是第12位和第8位，可见连云港的政策支持维度有了显著的进步。连云港中小企业政策支持维度显著上升主要得益于其在“一般公共服务财政预算支出占GDP的比重”指标上得分13市最高，此外在“获得融资”、“政府效率”、“社会保障和就业财政预算支出占GDP的比重”等指标上的得分也较高，说明连云港市政府加大了对中小企业的政策扶持力度，并取得了一定的成效。但连云港中小企业的“企业负担维度”得分和排名都比较低，这主要是因为连云港在“行政收费”、“企业所得税占GDP的比重”等指标上表现较差，得分很低。因此，连云港市政府在对中小企业扶持的过程中需要在减轻企业负担方面多加努力。

5.4.9 淮安市中小企业生态环境综合评价

表5-32显示的是2014年至2016年淮安中小企业生态环境维度指标得分情况。表5-22显示，2016年淮安中小企业生态环境综合评分为4.667 1，比2015的5.860 9下降了1.193 8，排名从2015年的第6名下降至2016年的第7名。2016年淮安中小企业8个维度评分中，只有“资源需求维度”的得分高于2015年，其余7个维度得分均不同程度的下降。淮安中小企业生态环境8个维度的标准差为1.234 9，方差为1.525，说明淮安中小企业在八个维度上离散程度较大。

表 5-32　2014 年—2016 年淮安市中小企业生态环境维度指标得分比较

生态条件	生态条件维度	2014 年		2015 年		2016 年	
		得分	13 市排序	得分	13 市排序	得分	13 市排序
生产	经营状况维度	5.962 6	8	4.900 2	11	4.084 3	11
	企业发展维度	5.342 2	5	5.978 3	10	4.794 8	8
市场	产品供给维度	5.292 8	8	4.769 3	9	2.648 6	12
	资源需求维度	4.985 8	9	4.862 6	8	5.120 6	6
金融	运营资金维度	3.532 4	10	5.035 4	6	4.305 3	5
	企业融资维度	3.308 7	11	4.796 5	7	4.378 1	7
政策	政策支持维度	5.381 6	6	8.231 8	1	4.939 8	8
	企业负担维度	3.740 4	9	7.417	4	7.065 1	4

图 5-29 可直观看到淮安中小企业生态环境从 2014 年到 2016 年的变化。图中粗实线围成的区域面积代表 2016 年淮安中小企业生态环境，细实线围成的区域面积代表 2015 年淮安中小企业生态环境，虚线围成的面积代表 2014 年淮安中小企业生态环境。由于 8 个维度中有 7 个维度的得分低于 2015 年，导致粗实线围成的区域面积明显小于细实线围成的区域面积。即：2016 年淮安中小企业生态环境较 2015 年出现显著弱化。

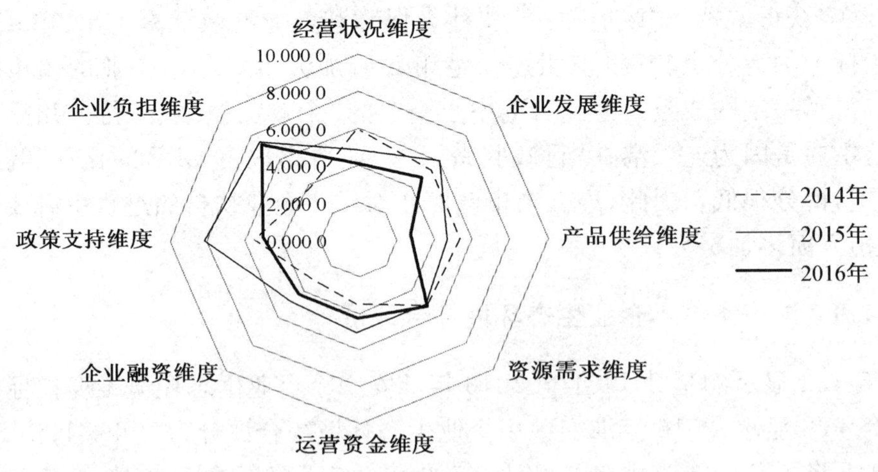

图 5-29　2014 年—2016 年淮安市中小企业生态环境的比较

从生产生态条件看，2016 年淮安在“经营状况维度”和“企业发展维度”的得分排在 13 市的第 11 和第 8 位，“企业发展维度”较 2015 年上升了两个名次。“经营状况维度”得分排在 13 市倒数后三名，表明经营状况维度的大多影响因子指标是制约淮安中小企业发展的短板。从生产生态条件维度影响因子指标看，淮安在“人工成本”、“专利授权数量”、“私营个体经济固定资产投资”三个指标上得分 13 市最高，人工成本指标分值高(人工成本低)得益于淮安平均工资水平较低，2015 年淮安市城镇职工平均工资为 53 612 元，排在全省倒数后三的位置；“专利授权数量”以及“技术水平评价”指标的低评分显示出淮安中小企业整体技术水平较低。此外淮安在“生产服务能力过剩”、“规模以上中小企业工业总产值”、“批发零售和住宿、餐饮业总额”指标上得分较低，但“规模以上中小企业工业总产值占 GDP 比重”评分较高，表明虽然淮安规模以上中小企业数量较少，但中小企业在经济中的比重较高，在淮安经济发展中的作用较大，服务业占比较低，整个经济结构侧重于第一、第二产业。

从市场生态条件看，淮安的“产品供给维度”和“资源需求维度”得分列居 13 市的第 12 和第 6 位，排名一个上升一个下降。从市场生态条件维度影响因子构成指标上看，淮安的“产品服务销售价格”、“营销费用”、“人工成本”上评分 13 市第 1，表明淮安中小企业营销推广能力欠佳。此外，淮安在“全社会用电量”、“亿元以上商品交易市场成交额”、“私营个体工商户户数”的得分较低，表明淮安整体经济规模较小，从而市场规模也相对较小。

从金融生态条件看，淮安的“运营资金维度”和“企业融资维度”得分列居 13 市的第 5 和第 7 位，是 4 个生态条件中相对较好的一个指标。从影响因子指标构成看，淮安在“规模以上工业企业流动资产”、“规模以上工业企业应收账款”指标上得分 13 市最低，说明淮安中小企业资金运营能力较差；淮安在“融资需求”指标上得分 13 市最高，但是“融资成本”、“年末金融机构贷款”、“票据融资”、“单位经营贷款”等指标得分却很低，这说明淮安中小企业存在严峻的融资难问题，大多中小企业的融资需求难易获得满足，金融市场对中小企业的支持能力较弱。

从政策生态条件看，2016 年淮安的“政策支持维度”和“企业负担维度”得分排在 13 市的第 8 位和第 4 位，这说明淮安中小企业负担整体较轻，但“政策支持维度”得分和排名均较 2015 年有显著下降。从具体的影响因子指标上看，淮安的“专项补贴”得分 13 市最低，此外在“融资优惠”方面得分较低，但同时在“政府效率”、“一般公共服务财政预算支出占 GDP 的比重”、“政府效率”、“社会保障和就业支出占 GDP 的比重”等因子上的得分很高，这说明淮安的“政策支持维度”得分低主要是“专项补贴”拖了后腿，政府应在专项补贴方面加大补贴力度，助推中小企业健康发展。淮安的“企业负担维度”得分和排名均与 2015 年基本持平，从具体影响因子指标上看，淮安在“人工成本”和“企业所得税占 GDP 的比重”两个指标上得分均排在 13 市第一位，这说明淮安中小企业面临的用工成本和税收负担均较轻，但“从业人数占总人数的比重”指标得分排在 13 市倒数后三名，说明淮安经济基础较弱，就业率亟待提升。

5.4.10　盐城市中小企业生态环境综合评价

2016 年盐城中小企业生态环境综合评分为 4.204 4，与 2015 年的 4.369 7 基本持平，排在 13 市的第 11 名，较 2015 年上升了一个名次(表 5 - 22)。其中，8 个维度的标准差为 1.261 5，方差 1.591，最大值与最小值之间相差 3.1 个维度分，说明盐城中小企业各个维度评分离散程度较高。

表 5 - 33 显示，2016 年盐城中小企业 8 个维度得分总体上看都比较低，仅有“经营状况维度”、“资源需求维度”和“政策支持维度”这 3 个维度得分在 5.0 以上。表明盐城中小企业生态环境处在较低的水平。与 2015 年相比，盐城的“运营资金维度”、“企业融资维度”和“政策支持维度”得分有所上升，其余 5 个维度得分均有不同程度的下降。

表 5 - 33　2014 年—2016 年盐城市中小企业生态环境维度指标得分

生态条件	生态条件维度	2014 年		2015 年		2016 年	
		得分	13 市排序	得分	13 市排序	得分	13 市排序
生产	经营状况维度	2.720 1	12	5.772 9	6	5.262 1	4
	企业发展维度	3.323 8	10	4.618 6	12	3.674 9	11
市场	产品供给维度	2.500 1	13	3.930 4	12	2.783 6	11
	资源需求维度	5.075 6	8	5.507 2	4	5.485 5	4
金融	运营资金维度	1.196 8	13	1.870 4	12	2.454 1	13
	企业融资维度	2.972 6	13	3.9277 1	11	4.950 7	4
政策	政策支持维度	4.790 6	8	5.145 4	8	5.577 7	3
	企业负担维度	7.184	1	4.185 4	12	3.446 1	13

从图 5 - 30 直观的比较 2014 年至 2016 年盐城中小企业生态环境的变化。从图中可以看到，粗实线围成的区域面积代表 2016 年中小企业生态环境，细实线围成的区域面积代表 2015 年中小企业生态环境，虚线围成的区域面积代表 2014 年中小企业生态环境，粗实线围成的面积与细实线围成的面积基本相同，表明和 2015 年相比

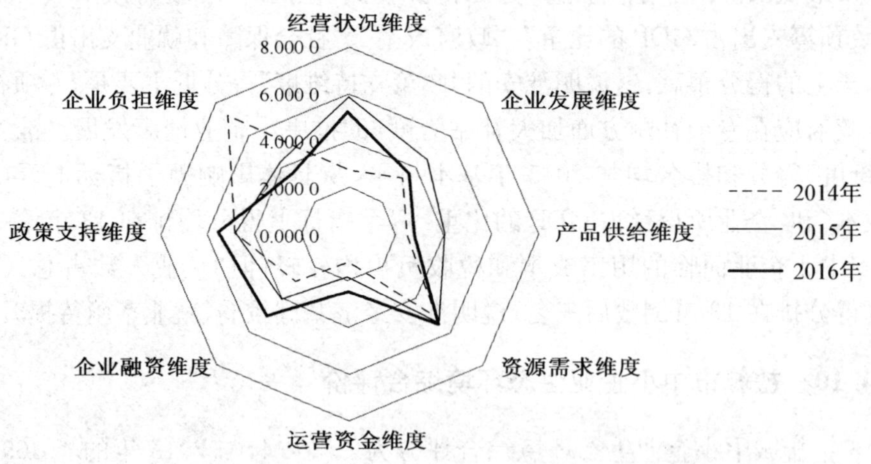

图 5 - 30　2014 年—2016 年盐城市中小企业生态环境的比较

较,2016年盐城中小企业生态环境没有多大变化,较小的面积意味着盐城中小企业生态环境处在较低水平上。

从生产生态条件看,盐城中小企业的“经营状况维度”和“企业发展维度”得分在13市中列第4和第11位,“经营状况维度”排名较2015年提高了2个位次。从具体影响因子上看,盐城中小企业在盈亏变化指标上得分较低,说明盐城中小企业发展不稳定,盈亏变化受外界环境影响比较大。在“生产服务能力过剩”、“企业综合经营状况”、“流动资金”、“规模以上中小企业工业总产值占GDP的比重”、“批发、零售和住宿、餐饮业总额”等指标上的得分较低,表明盐城中小企业整体规模较小,对盐城经济增长的推动作用较小,且服务业发展较为滞后。

从市场生态条件看,盐城的“产品供给维度”和“资源需求维度”得分在13市中列第11和第4位,从具体市场生态条件维度影响因子上看,盐城的“亿元以上商品市场商品成交额”的得分排在13市倒数第1,表明盐城中小企业市场规模相对较小。另外,在“新签销售合同”、“产品线上销售比例”、“产品服务销售价格”、“主要原材料和能源购进价格”等指标上得分较低,表明盐城中小企业营销推广能力较弱,加上整体规模较小,以致大多盐城中小企业在产品销售和原材料购进方面的议价能力相对较弱。

从金融生态条件看,盐城在“运营资金维度”和“企业融资维度”上得分列13市的第13和第4位,其中“企业融资维度”得分与排名均较2015年有了显著提升,排名从2015年的第11名上升到2016年的第4名,上升幅度最大。表明大多盐城中小企业在获得融资的能力上有了显著提升。

在政策生态条件方面,盐城“政策支持维度”和“企业负担维度”的得分排在13市的第3位和第13位,可见盐城中小企业的负担较重,制约了中小企业的发展。盐城中小企业的“融资成本”、“税收负担”、“行政收费”等指标13市最低,企业负担维度是逆指标,分值越低代表负担越大,可见盐城中小企业在融资、税费等方面的负担较重。盐城市政府应进一步调整行政收费政策,在进一步减轻企业负担上所有作为。

综上,盐城中小企业8个维度得分和排名差异较大,有排在前三名的,也有排在倒数后三位的,这从一个侧面表明盐城中小企业后来居上的空间较大,而完善企业发展规划、提高经营管理效率、切实减轻企业负担、提高市场活力是盐城市政府及中小企业需要重点关注的问题。

5.4.11　扬州市中小企业生态环境综合评价

2016年扬州中小企业生态环境综合评分为4.454 3,排在13地市第10位,较2015年的6.132 4下降了1.678 1,排名较2015年下降了6个位次(表5－22)。2016年扬州中小企业生态环境的8个维度分值的标准差为1.259 2,方差1.585,最高得分与最低得分相差3.5分,说明扬州中小企业生态环境的8个维度得分离散程度相对较大。表 5－34 是 2014 年至 2016 年扬州中小企业生态环境维度得分的比较。

表 5－34　2014—2016 年扬州市中小企业生态环境维度得分的比较

生态条件	生态条件维度	2014 年		2015 年		2016 年	
		得分	13 市排序	得分	13 市排序	得分	13 市排序
生产	经营状况维度	6.109 5	5	5.834 3	5	4.565 0	10
	企业发展维度	5.063 8	6	7.333 9	3	4.939 3	7
市场	产品供给维度	6.189 5	3	4.969 2	7	6.237 4	2
	资源需求维度	4.236 8	13	5.167 6	6	5.037 0	8
金融	运营资金维度	3.032 5	11	5.949 8	5	2.987 6	11
	企业融资维度	3.362 3	10	5.502 4	5	3.575 9	11
政策	政策支持维度	3.372 9	11	6.131 5	4	2.693 8	12
	企业负担维度	6.127 8	3	8.170 2	1	5.598 6	7

表 5－34 所示，2016 年扬州中小企业只有“产品供给维度”得分较 2015 年显著增加，其余 7 个维度得分均下降，且排名变化也很明显。

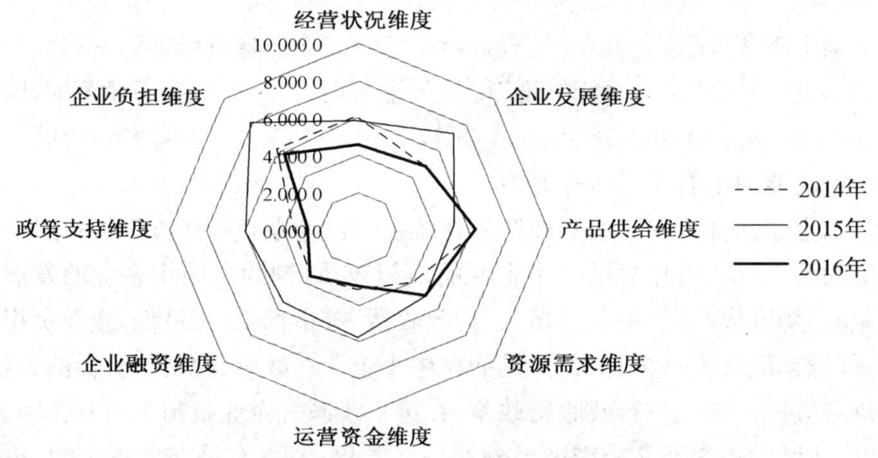

图 5－31　2014 年—2016 年扬州市中小企业生态环境比较

图 5－31 直观的观察 2014 年至 2016 年扬州中小企业生态环境的变化。粗实线围成的区域面积代表 2016 年扬州中小企业生态环境，细实线围成的区域面积代表 2015 年扬州中小企业生态环境。2016 年，除了产品供给维度得分较 2015 年有明显上升外，其余七个维度都有不同程度的下降，使粗实线围成的区域面积远小于细实线围成的区域面积，即：2016 年扬州中小企业生态环境较 2015 年出现显著弱化。

从生产生态条件看，扬州中小企业在“经营状况维度”和“企业发展维度”上的得分排在 13 市的第 10 和第 7 位，且得分均低于 5.0 分，得分和排名都显著低于 2015

年，说明 2016 年扬州中小企业的生产生态条件明显弱化。在具体的生产生态条件维度影响因子指标上，扬州的“生产服务能力过剩”、“投资计划”指标上得分较低，说明扬州中小企业“去产能去库存”仍是一项艰巨的任务。扬州在“专利授权数量”、“技术人员需求”指标上得分较低，表明扬州一些中小企业技术水平较低，缺乏技术创新的动力。扬州的“规模以上中小企业工业总产值”得分很低，但是“规模以上中小企业总产值占 GDP 的比重”却较高，说明扬州中小企业虽然经济总量小，但是在扬州经济发展中的作用较大。

从市场生态条件看，扬州的“产品供给维度”与“资源需求维度”得分排在 13 市的第 2 位和第 8 位，“产品供给维度”是 8 个维度得分排名最靠前的 1 个维度，说明扬州中小企业的产品具有相对优势，竞争力不断提升。在具体的市场生态条件维度影响因子指标方面，扬州的营销类指标如“新签销售合同”、“产品服务销售价格”等指标的得分较高，显示出较强的营销推广能力。另外，在“全社会用电量”、“亿元以上商品交易市场成交额”、“个体工商户户数”的得分较低，表明扬州中小企业的市场交易规模较小。

从金融生态条件看，扬州的“运营资金维度”和“企业融资维度”得分排名均列 13 市的第 11 位，得分和排名均较 2015 年显著下降。扬州的“融资需求”指标分值排在 13 市中上位置，但在“获得融资”、“年末金融机构贷款余额”、“票据融资”、“单位经营贷款”等几个指标的得分却很低，“获得融资”指标得分远远低于“融资需求”指标的得分，表明扬州中小企业同样存在融资难的问题。

从政策生态条件看，扬州的“政策支持维度”和“企业负担维度”得分列 13 市的第 12 位和第 7 位，分值和排名同样较 2015 年大幅度下降，说明 2016 年扬州中小企业面临的政策生态条件出现弱化。从具体的影响因子上看，扬州中小企业在“融资优惠”、“专项补贴”、“一般公共服务财政预算支出占 GDP 比重”和“社会保障与就业财政预算支出占 GDP 的比重”的得分均较低，表明扬州市政府对中小企业政策扶持的力度变小，若政府能更加重视中小企业发展，加大政策扶持力度，进一步改善扬州中小企业的政策生态条件，将有助于扬州中小企业的健康发展。在企业负担方面，扬州中小企业整体表现处在中间水平，但值得注意的是“行政收费事业性收费收入占 GDP 的比重”得分较低，显示出扬州中小企业隐形负担较轻。

5.4.12　泰州市中小企业生态环境综合评价

2016 年泰州中小企业生态环境综合评分为 5.387，与 2015 年的 5.413 1 相差甚微，排在江苏 13 市的第 4 位，较 2015 年提升了 4 个位次(表 5－22)。8 个维度指标的标准差为 1.245 9，方差 1.552，最大值与最小值之间差距 3.6 分，离散程度较大，同时 8 个维度的排名差异也比较大，排名最好的维度得分排在 13 市的第 1 位，而最差的排在第 10 位(表 5－35)。

表 5－35　2014 年至 2016 年泰州市中小企业生态环境维度指标得分

生态条件	生态条件维度	2014 年		2015 年		2016 年	
		得分	13 市排序	得分	13 市排序	得分	13 市排序
生产	经营状况维度	6.525 7	3	6.369 6	3	5.604 3	1
	企业发展维度	4.405 8	9	6.172 8	8	6.664 9	4
市场	产品供给维度	5.617 9	5	4.074 9	11	5.961 9	4
	资源需求维度	5.570 5	4	4.836 9	10	5.343 4	5
金融	运营资金维度	4.197 6	6	4.908	8	4.313 4	4
	企业融资维度	5.229 2	5	4.461	9	4.342 7	8
政策	政策支持维度	5.976 7	3	5.082 1	9	3.615 2	10
	企业负担维度	4.733 7	6	7.399 2	5	7.250 0	2

从图 5－32 也可直观看到，代表 2016 年泰州中小企业生态环境的粗实线围成的区域面积与代表 2015 年泰州中小企业生态环境的细实线围成的区域面积大致相同。表明 2016 年泰州中小企业生态环境变化不大。

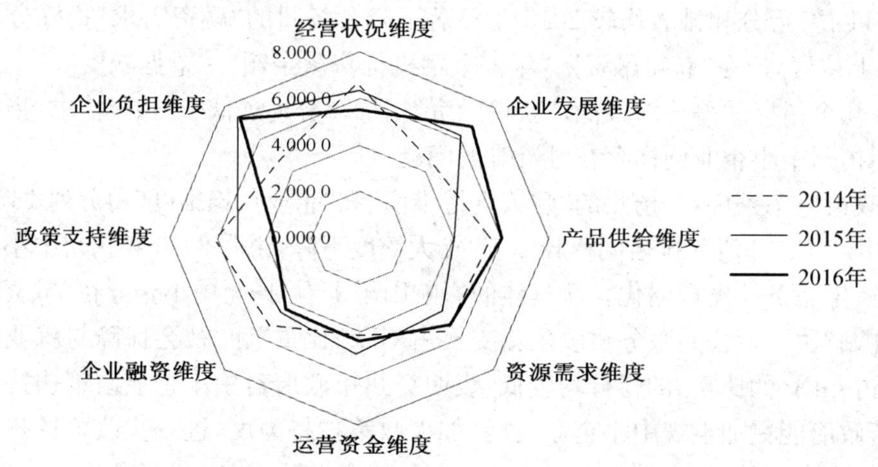

图 5－32　2014 年至 2016 年泰州市中小企业生态环境的比较

与 2015 年相比，2016 年泰州中小企业只有“企业负担维度”的排名下降，其余七个维度的排名均有不同程度的上升，这说明虽然泰州市的生态环境综合评价的变化纵向(年度)比较不明显，但横向比较(13 市)排名相对上升了。

从生产生态条件看，泰州中小企业的“经营状况维度”和“企业发展维度”得分列 13 市的第 1 位和第 4 位。“经营状况维度”是泰州中小企业表现最好的一个维度，从具体的生态条件维度影响因子指标的得分看，泰州“营业收入”、“盈亏变化”的得分最高，说明泰州中小企业发展相对稳定健康。虽然泰州中小企业在“专利授权数量”指标上得分较低，即中小企业技术水平普遍偏低，但是在“技术人员需求”、“产品服务创新”、“投资计划”等几个指标上得分较高，说明泰州的中小企业开始放眼未来，愈发重视长远发展与创新问题。

从市场生态条件看，泰州中小企业的“产品供给维度”和“资源需求维度”得分位居 13 市的第 4 位和第 5 位。从具体影响因子指标看，泰州中小企业在营销类指标的“新签销售合同”、“产品线上销售比例”得分 13 市最高，表明泰州中小企业营销推广能力相对较好。但“个体工商户户数”、“全社会用电量”以及“亿元以上商品交易市场商品交易额”几个指标得分较低，表明泰州市场规模相对较小。

从金融生态条件看，泰州中小企业的“运营资金维度”和“企业融资维度”得分排在 13 市的第 4 位和第 8 位，处于中等偏下的位置，影响了苏中地区金融生态条件分值。在具体影响因子上，泰州中小企业的“融资优惠”指标得分 13 市最低，另外在“票据融资”、“单位经营贷款”指标上得分较低，泰州市政府及其中小企业应将改善金融生态条件作为促进经济发展、增强企业竞争力的重要环节，以降低融资成本和提升融资效率的切实可行的政策措施，积极促进泰州中小企业的发展。

从政策生态条件看，泰州中小企业的“政策支持维度”和“企业负担维度”得分列 13 市的第 10 位和第 2 位。“企业负担维度”的排名较 2015 年上升了 3 个位次，说明泰州市政府扶持中小企业发展的减负举措已经取得了一定的成效，企业负担明显降低。而政策支持维度得分较低，表明泰州市政府应采取切实有效的扶持政策，提高行政效率，进一步改善有助于泰州中小企业发展的政策生态条件。

5.4.13　镇江市中小企业生态环境综合评价

表 5-36 是 2014 年至 2016 年镇江中小企业生态环维度指标得分情况。2016 年镇江中小企业生态环境综合评分 3.345 0，是苏南地区表现最差的一个城市，相比 2015 年的 4.959 1 下降了 1.614 1，排在 13 地市倒数第一位(表 5-22)。2016 年镇江中小企业 8 个维度指标的标准差为 0.931 1，方差 0.867，说明各维度之间离散程度较低，同时 8 个维度的得分普遍较低。

2015 年镇江中小企业生态环境综合评分列 13 市的倒数第 3 名，2016 年下滑至第 13 名。表明镇江市中小企业生态环境处在较低水平，且在持续恶化，这与镇江市同期整体经济发展水平有一定关系。

虽然镇江市位于苏南地区，但统计显示，镇江市常住人口数在 13 市中倒数第 1，且 2015 年的 GDP 总量位 3 502.48 亿元，仅排在 13 市的第 10 位，经济总量相对较小。2016 年 GDP 总量 3 833.84 亿元，仍然位居 13 市第 10 位。

表 5-36　2014 年至 2016 年镇江市中小企业生态环境维度指标得分比较

生态条件	生态条件维度	2014 年		2015 年		2016 年	
		得分	13 市排序	得分	13 市排序	得分	13 市排序
生产	经营状况维度	5.914 1	9	5.597 4	8	3.706 9	12
	企业发展维度	3.149 4	11	5.303 8	11	2.763 4	13
市场	产品供给维度	4.495 8	11	4.773	8	2.268 7	13
	资源需求维度	4.956 9	10	4.700 6	12	4.766 4	9
金融	运营资金维度	4.024 4	7	4.152 7	11	3.426 7	9
	企业融资维度	4.363 8	8	4.780 7	8	3.419 8	12
政策	政策支持维度	4.692 7	9	4.563 2	11	2.115 6	13
	企业负担维度	6.859 3	2	5.802	11	4.292 3	12

从表 5-36 可以看到,2016 年,镇江市中小企业生态环境的 8 个维度中仅有“资源需求维度”的得分较 2015 年有小幅(+0.065 8)上升,其余 7 个维度均是下降,且排名整体靠后。仅有“资源需求维度”和“运营资金维度”两个维度分值较 2015 年有所上升。

由于 2016 年镇江中小企业有 7 个维度的得分较 2015 年有所下降,导致 2016 年生态环境综合评分显著低于 2015 年。这也可以从图 5-33 中看出,粗实线围成的区域面积代表镇江 2016 年中小企业生态环境,细实线围成的区域面积代表 2015 年中小企业生态环境,虚线围成的区域面积代表 2014 年中小企业生态环境。粗实线围成的区域面积明显小于细实线围成的区域面积,即相对 2015 年,镇江中小企业 2016 年的生态环境显著弱化。

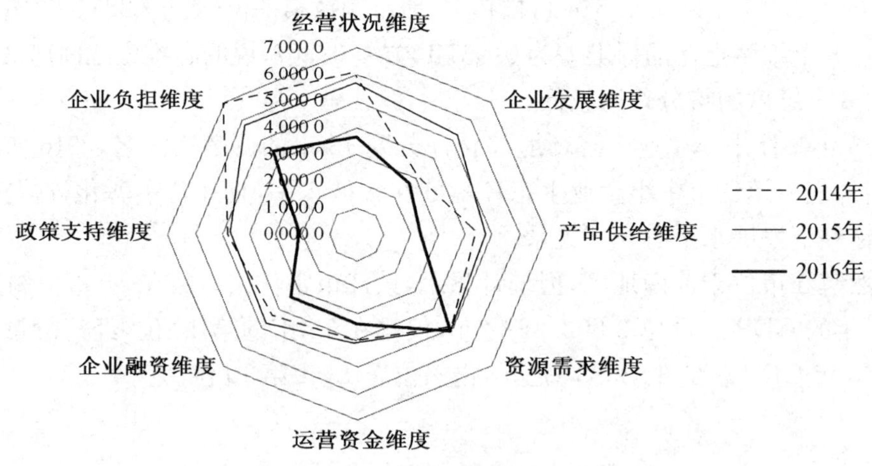

图 5-33　2014 年—2016 年镇江市中小企业生态环境的比较

从生产生态条件看，2016 年镇江中小企业的“经营状况维度”、“企业发展维度”得分和排名分别列居 13 市的第 12 和第 13 位，得分与排名均较 2015 年低，且都排在了 13 市倒数后三名的位置。在具体评价因子上，镇江中小企业在“盈亏变化”、“技术人员需求”、“产品服务创新”指标上得分最低，此外在“营业收入”、“规模以上工业企业总产值”、“私营个体经济固定资产投资”等指标的得分也较低，表明镇江大多中小企业生产经营水平偏低，对技术创新重视不足，发展动力相对不足。

从市场生态条件看，2016 年镇江中小企业的“产品供给维度”和“资源需求维度”得分列居 13 市的第 13 位和第 9 位，其中“资源需求维度”是唯一一个得分较 2015 年上升的维度，排名也上升了 3 个位次。在具体影响因子指标上，镇江中小企业的“产品线上销售比例”、“产品服务创新”、“技术人员需求”指标得分最低，均排在 13 市的最后一名，另外“新签销售合同”得分也较低，说明镇江一些中小企业营销推广能力较弱。而“亿元以上商品交易市场成交额”、“个体工商户户数”指标的得分也较低，排在 13 市的倒数后几位，表明镇江中小企业的市场规模较小。

从金融生态条件看，2016 年镇江中小企业的“运营资金维度”和“企业融资维度”得分居 13 市的第 9 位和第 12 位，且得分与排名均较 2015 年有所下降。在影响因子指标方面，镇江中小企业虽然在“获得融资”指标上评价最高，但在“年末单位存款余额”、“票据融资”、“融资需求”等指标的得分很低，显示出镇江一些中小企业对未来前景缺乏信心，投融资意愿较低，以及融资成本高等原因，即便具备融资能力，也不愿意去融资。

从政策生态条件看，2016 年镇江中小企业的“政策支持维度”和“企业负担维度”得分排在了 13 市的第 13 位和第 12，且比 2015 年下降，显示出 2016 年镇江中小企业政策生态条件在恶化。在具体影响因子指标方面，镇江中小企业的“社会保障和就业支出占 GDP 的比重”、“从业人员占总人口的比重”、“政府效率”指标评价排在 13 市倒数第一名，此外在“专项补贴”、“税收负担”、“行政收费”的得分也比较低，说明镇江中小企业显性和隐性负担均较重。

5.4.14　宿迁市中小企业生态环境综合评价

表 5－37 是 2014 年至 2016 年宿迁中小企业生态环境维度评分情况。宿迁在江苏 13 市中属于经济发展相对滞后的城市，其地区生产总值连续 11 年位居 13 市的最低。2016 年宿迁中小企业生态环境综合评价为 3.717 7，比 2015 年的 2.148 5 上升了 1.569 2，排在江苏 13 市的倒数第二名，但是比 2015 年上升了一个位次，8 个维度分值的标准差为 1.585 3，方差为 2.513，离散程度较高，最高分与最低分相差 4.4 分。8 个维度得分均很低，只有“政策支持维度”和“企业负担维度”的评分超过了 5.0 分。与 2015 年相比较，8 个维度指标中只有“资源需求维度”分值有所下降，其余 7 个维度的得分均不同程度的上升，其中升幅最大的是“政策支持维度”，较 2015 年提高了

4.663 6 分,维度评分的普遍上升意味着宿迁中小企业 2016 年的生态环境有显著改善。

表 5-37 2014 年—2016 年宿迁市中小企业生态环境维度得分比较

生态条件	生态条件维度	2014 年		2015 年		2016 年	
		得分	13 市排序	得分	13 市排序	得分	13 市排序
生产	经营状况维度	2.204 6	13	2.979 4	13	3.153 5	13
	企业发展维度	2.661 3	13	1.907 5	13	2.888 9	12
市场	产品供给维度	3.088 2	12	2.011 8	13	2.899 1	10
	资源需求维度	4.774 4	12	3.470 1	13	2.587 5	13
金融	运营资金维度	3.831 5	9	0.270 7	13	2.490 5	12
	企业融资维度	3.5	9	1.664 9	13	3.369 6	13
政策	政策支持维度	6.685 3	1	2.192 3	13	6.855 9	1
	企业负担维度	5.622 1	4	2.690 8	13	5.496 4	8

图 5-34 可直观考察 2014 年至 2016 年宿迁中小企业生态环境的变化。图中的粗实线围成的区域面积代表 2016 年宿迁中小企业生态环境,细实线围成的区域面积代表 2015 年宿迁中小企业生态环境,虚线围成的区域面积代表 2014 年宿迁中小企业生态环境。由于 8 个维度中有 7 个维度的评分均高于 2015 年,导致粗实线围成的区域面积大幅度扩大,远大于细实线围成的区域面积。表明 2016 年宿迁中小企业生态环境较 2015 年明显改善。

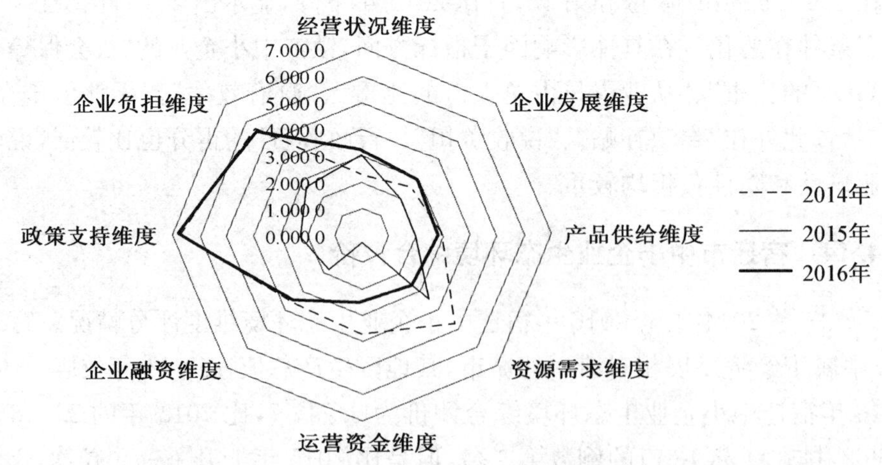

图 5-34 2014 年—2016 年宿迁市中小企业生态环境的变化

从生产生态条件看,宿迁中小企业在生产生态环境的两个维度上均排在倒数三名(13 名和 12 名)。从具体的影响因子指标看,宿迁中小企业的"企业综合生产经营状况"、"盈亏变化"、"应收款"、"批发、零售和住宿、餐饮业总额"、"技术水平评价"、

“劳动力需求”、“投资计划”指标得分最低，均排在最后一名，说明宿迁中小企业整体运营较差，技术水平较为落后，且普遍缺乏长期的规划。在“批发、零售和住宿、餐饮业总额”的得分最低，但同时“规模以上工业企业总产值占 GDP 的比重”却是 13 市中最高，这充分说明宿迁中小企业对宿迁经济发展的贡献较大，但服务业发展非常滞后。

从市场生态条件看，宿迁中小企业的“产品供给维度”和“资源需求维度”分值列第 10 名和第 13 名。从具体影响因子指标看，宿迁中小企业的“新签销售合同”、“劳动力需求”、“融资需求”、“规模以上工业企业资产负债率”等指标得分最低，排在 13 市的最后一位。可见，很低的人工成本并没有给企业带来劳动力需求的增长，宿迁中小企业对各项资源需求都比较低，这进一步凸显宿迁中小企业整体发展的滞后性。

从金融生态条件看，两个维度的绝大多数影响因子指标得分都位居 13 市的第 12 名或第 13 名，且分值均低于 4.0 分，可见宿迁中小企业融资难的问题十分突出，也表明宿迁的金融业和金融市场对实体经济的推动作用十分微弱。

从政策生态条件看，与 2015 年相比较，2016 年其两个维度得分都呈现大幅度上升，尤其是“政策支持维度”不光得分达到了 6.855 9 分，且排在 13 市的第 1 名，“企业负担维度”得分也达到了 5.496 4，排名从 2015 年的第 13 名上升到了 2016 年的第 8 名，说明宿迁中小企业政策生态条件加速好转。在“融资优惠”、“专项补贴”、“社会保障和就业预算支出占 GDP 的比重”等指标上得分均排在 13 市第 1 位，说明宿迁市政府加大了对中小企业的政策扶持力度。企业负担维度方面，由于“城镇居民可支配收入”13 市最低，以及平均工资水平 13 市最低，导致宿迁中小企业的“人工成本”负担最轻。

第六章　2016年江苏中小企业生态环境评价的总体结论

南京大学金陵学院企业生态研究中心发布的2016年江苏中小企业生态环境评价报告显示,2016年江苏中小企业景气指数为106.9,整体经济运行处于绿灯区。若将2014年作为基期,即100(基准数据为107.2),则2016年的景气指数为99.8,较2014年有0.3的降幅。

6.1　总体经济运行评价及二级景气指数比较

2016年有78.1%的样本企业对总体经济运行状况给予了“一般”以上的评价,较2014年(75.8)上升了2.3个百分点,较2015年(78.9)下降了0.8个百分点。而“不乐观”、“较不乐观”的负面评价占比为21.8%,较2014年(24.2)下降了2.4,较2015年(21.1)上升了0.7。

表6-1显示,2016年江苏中小企业生产景气指数为108.5,较2014年上升4.6,较2015年上升1.1;市场景气指数为104.7,较2014年下降4.7,较2015年上升1.3;金融景气指数为106.0,较2014年上升5.7,较2015年下降0.3;政策景气指数为102.6,较2014年上升13.7,较2015年上升2.4。2016年的4个二级景气指数均高于100,处在绿灯区。其中,市场景气指数较2014年降幅最大(－4.7),但与2015年比较有一定幅度的回升(1.3);而政策景气指数较2014年升幅最大(11.3),表明江苏中小企业对江苏各级政府扶持中小企业的政策举措给予了充分的肯定。

表6-1　2014年至2016年江苏中小企业二级景气指数

指标＼年份	2014年	2015年	2016年	2016年比2014年上升
总指数	107.2	105.5	106.9	－0.3
生产景气指数	103.9	107.4	108.5	4.6
市场景气指数	109.4	103.4	104.7	－4.7
金融景气指数	100.3	106.3	106.0	5.7
政策景气指数	88.9	100.2	102.6	13.7

与 2015 年相比较，2016 年 4 个二级指数中，只有金融景气指数有小幅回落（−0.3）外，其他 3 个二级指数都有不同程度的上升。生产景气和市场景气的回暖，以及总指数 1.4 的升幅，表明 2016 年末江苏中小企业的整体景气态势已经开始趋暖回升，特别是政策景气指数继 2015 年又有进一步的上升，将为 2017 年江苏中小企业营造更加适宜的发展条件。

6.2　景气指数按企业规模、区域和城市的排名

2016 年评价报告从规模视角、区域视角和城市视角，分别比较江苏 2014 年至 2016 年中小微企业景气指数的规模特征、区域特征和城市特征；并简述所发生的一些变化。

表 6－2　2014 年—2016 年江苏不同规模企业景气指数比较

	2014 年	2015 年	2016 年	2016 年比 2014 年上升
综合指数	**107.2**	**105.5**	**106.9**	**−0.3**
中型企业	108.5	106.0	110.1	1.6
小型企业	107.4	105.9	107.9	0.5
微型企业	105.5	104.8	105.0	−0.5

比较 2014 年—2016 年不同规模中小企业景气指数（表 6－2），可以看到，2014 年以来连续 3 年都是中型企业景气指数最高，小型企业居中，微型企业最低。3 年来同规模企业比较，中型企业 2015 年的景气指数比 2014 年低 2.5，而 2016 年比 2014 年上升 1.6，比 2015 年上升 4.1；小型企业和微型企业的景气指数走势与中型企业相似，即 2015 年下降和 2016 年回升；尽管微型企业 2016 年的景气指数比 2015 年高 0.2，但仍比 2014 年低 0.5，且波幅最小。

表 6－3　2014 年—2016 年江苏三地区不同规模企业景气指数比较

	苏南地区			苏中地区			苏北地区		
	2014 年	2015 年	2016 年	2014 年	2015 年	2016 年	2014 年	2015 年	2016 年
地区总指数	108.8	106.7	107.3	110.3	108.4	107.4	103.8	100.8	105.7
中型企业	109.4	107.7	109.6	106.5	109.9	109.4	106.1	97.9	111.0
小型企业	108.6	106.4	109.6	111.2	108.0	107.0	105.1	106.1	106.1
微型企业	107.1	106.7	104.4	112.1	108.2	107.4	92.6	94.2	102.5

表 6－3 显示 2014 年至 2016 年江苏三地区中、小、微企业的景气指数。可以看到，2016 年，苏中地区中小微企业景气指数最高，但仅比苏南地区略高 0.1 个指数点，比苏北地区高 1.7 个指数点；2016 年苏北地区中型企业景气指数（111.0）最高，

苏南地区(109.6)其次,苏中地区(109.4)居后,但仅比苏南地区低0.2;小型企业景气指数苏南地区(109.6)最高,苏中地区(107.0)其次,苏北地区(106.1)居后;微型企业景气指数苏中地区(107.4)最高,苏南地区(104.4)其次,苏北地区(102.5)居后。

评价报告还对2016年江苏13个地级市中小企业景气指数进行排序。表6-4显示,2016年,江苏13个地级市中,有5个城市的中小企业景气指数较2015年有不同程度的下降,8个城市较2015年有不同程度的上升。其中,降幅最大的城市是南通(−3.2),其次是镇江(−2.4);而升幅最大的是宿迁(12.3),其次是常州(3.5),徐州升幅排第三(2.4)。尽管宿迁2016年中小企业景气指数升幅最大,但指数值(102.3)仍居13市最后。

表6-4 2015年2016年江苏省13个市中小企业景气指数排名

城市	2016年	2015年	相差	2016年排序	2015年排序
南京市	108.2	109.4	−1.2	2	2
无锡市	106.7	104.9	1.8	8(并列)	7
徐州市	106.7	104.3	2.4	8(并列)	11
常州市	106.9	103.4	3.5	6(并列)	12
苏州市	107.9	108.7	−0.8	3	3
南通市	106.7	109.9	−3.2	8(并列)	1
连云港市	107.0	105.0	2.0	5	6
淮安市	104.8	104.4	0.4	11	10
盐城市	106.9	104.5	2.4	6(并列)	9
扬州市	107.1	108.0	−0.9	4	4
镇江市	102.4	104.8	−2.4	12	8
泰州市	108.9	106.5	2.4	1	5
宿迁市	102.3	90.0	12.3	13	13

从2015年到2016年13市中小企业景气指数排位变化情况看,南京、苏州、扬州、无锡、连云港排位变化不大;变化较大的有南通,从2015年的第1,落到2016年的第8;泰州从2015年的第5跃居2016年的第1;徐州、常州和盐城的排位在2016年分别有不同位数的上升;镇江从2015年的第8位下降到2016年的12位;虽然宿迁2016年仍居末位,但进步显著。

6.3　江苏中小企业生态环境综合评分及各维度得分

2016 年江苏中小企业生态环境综合评价分为 4.844 8，较 2015 年(5.500 1)有 0.655 3的降幅，较 2014 年(4.860 7)有 0.015 9 的降幅。表明 2016 年江苏中小企业生态环境呈现弱化态势。

表 6 - 5　2014 年和 2016 年江苏中小企业生态环境各维度分值及比较

生态条件	生态条件维度	2014 年		2015 年		2016 年		2016 年较 2015 年的分差
		评分	排序	评分	排序	评分	排序	
生产	经营状况维度	5.590 3	3	5.553 7	3	**4.750 6**	4	−0.803 0
	企业发展维度	4.567 6	2	6.196 4	2	**5.207 4**	2	−0.989 0
市场	产品供给维度	5.190 9	8	5.042 3	8	**4.542 4**	7	−0.499 9
	资源需求维度	5.206 6	4	5.177 8	4	**4.845 2**	3	−0.332 6
金融	运营资金维度	4.058 1	7	5.047 6	7	**4.266 7**	8	−0.781 0
	企业融资维度	4.747 0	6	5.076 8	6	**4.600 5**	6	−0.476 2
政策	政策支持维度	4.894 4	5	5.459 1	5	**4.640 1**	5	−0.819 0
	企业负担维度	4.625 3	1	6.454 2	1	**5.905 3**	1	−0.549 0

基于研究中心创建的中小企业生态环境评价体系，表 6 - 5 显示的 8 个生态条件维度分值对应生成表 6 - 6 的 4 个生态条件分值。可以看到，2016 年江苏中小企业生态环境的 4 个生态条件分值都有不同程度的降幅，相对而言，生态条件中的生产(服务)生态条件分值降幅最大(−0.896 1)，金融生态条件和政策生态条件分值都在 0.6 以上；等等。这些变化是 2016 年江苏中小企业生态环境出现弱化的直接原因。

表 6 - 6　2014 年—2016 年江苏中小企业生态环境的 4 个生态条件的评价分

生态条件	2014 年		2015 年		2016 年		2016 年较 2015 年的分差
	得分	排序	得分	排序	得分	排序	
生产(服务)	5.079 0	2	5.875 1	2	4.979 0	2	−0.896 1
市场	5.198 8	1	5.110 1	3	4.693 8	3	−0.411 8
金融	4.402 6	4	5.062 2	4	4.433 6	4	−0.628 6
政策	4.759 9	3	5.956 7	1	5.272 7	1	−0.684 0

若将 2016 年江苏中小企业景气指数与 2016 年江苏中小企业生态环境评价相比较，明显发现，景气评价与生态环境评价不一致。表 6 - 2 显示，2016 年江苏中小企业景气指数比 2015 年回升 1.4，且生产、市场、金融和政策 4 个二级景气指数除金融

景气指数略有下降(—1.3)外,其他 3 个二级指数都有一定程度的回升。而表 6-5 显示 2016 年江苏中小企业生态环境的各生态条件分值都在下降。

鉴于研究中心创建的江苏中小企业生态环境评价体系(表 3-4、表 5-1),问卷指标生成中小企业景气指数,问卷指标+统计指标生成中小企业生态环境评价分值。因此,2016 年江苏中小企业生态环境弱化的主要原因,在于江苏中小企业面临的外部环境(统计指标构成),包括规模以上企业的经济表现(官方统计数据)以及规模以上企业面临的政策环境(官方统计的财政、税收、政策支持数据等)不如中小微企业的主观评价(问卷指标),故 2016 年的综合评价与 2016 年的景气指数(主观评价)不一致。综合看,2014 年以来宏观经济下行压力持续加大,进一步强化了对江苏中小企业生态环境的负面影响,

6.4 江苏中小企业生态环境的区域比较及城市排名

表 6-7 和表 6-8 显示 2014 年到 2016 年江苏三地区中小企业生态条件维度分值和生态条件分值。

可以看到,2016 年苏中地区中小企业生态环境(5.115 4)好于苏南地区(5.075 5)和苏北地区(4.436 6),其中经营状况维度、企业发展维度、产品供给维度、资源需求维度、企业负担维度的分值均较大幅度的高于苏南地区和苏北地区,是苏中地区中小企业生态环境处在比较优势的主要原因。

苏南地区排名第 2,源于运营资金维度和企业融资维度分值高于苏中地区和苏北地区,即金融生态条件好于苏中地区和苏北地区。

表 6-7 2014 年—2016 年江苏三地区中小企业生态条件维度分值比较

维度指标	苏南			苏中			苏北		
	2014 年	2015 年	2016 年	2014 年	2015 年	2016 年	2014 年	2015 年	2016 年
经营状况维度	6.197 4	5.815 1	4.857 6	6.314 6	6.320 9	5.015 2	4.548 6	4.831 9	4.484 9
企业发展维度	5.125 9	6.680 8	5.473 1	4.627 2	7.253 0	6.108 9	3.973 6	5.078 2	4.400 9
产品供给维度	5.737 9	6.021 3	4.962 6	5.667 6	5.037 4	6.092 2	4.357 9	4.066 2	3.192 3
资源需求维度	5.388 6	5.306 3	4.998 0	5.139 8	5.550 9	5.351 0	5.064 8	4.825 4	4.388 9
运营资金维度	5.467 1	6.253 2	5.435 9	3.719 2	5.958 5	4.058 0	2.852 6	3.295 6	3.222 6
企业融资维度	6.123 6	5.893 7	5.074 6	4.454 2	5.451 4	4.480 8	3.546 0	4.035 1	4.198 3
政策支持维度	4.537 8	5.198 5	3.987 9	5.000 6	5.775 4	3.779 3	5.200 2	5.530 0	5.808 8
企业负担维度	4.423 9	6.331 3	5.853 3	5.232 3	7.869 7	6.091 5	4.462 6	5.727 9	5.845 5

苏北地区与苏中地区和苏南地区有明显差距，不过2016年的企业融资维度、政策支持维度和企业负担维度的分值较2015年都有不同程度的提升。使金融生态条件和政策生态条件的分值高于2014年和2015年(表6-8)，进步显著。

表6-8　2014年—2016年江苏三地中小企业生态环境及生态条件分值比较

	苏南			苏中			苏北		
	2014	2015	2016	2014	2015	2016	2014	2015	2016
生态环境综合评分	5.375 2	5.937 5	5.075 5	5.019 4	6.156 0	5.115 4	4.250 8	4.672 5	4.436 6
生产(服务)生态条件分值	5.661 7	6.248 0	5.145 6	5.470 9	6.787 0	5.534 9	4.261 1	4.955 1	4.418 0
市场生态条件分值	5.563 3	5.663 8	4.980 3	5.403 7	5.294 2	5.721 6	4.711 4	4.445 8	3.790 7
金融生态条件分值	5.795 4	6.073 5	5.255 3	4.086 7	5.250 5	4.269 4	3.199 3	3.660 4	3.710 5
政策生态条件分值	4.480 9	5.764 9	4.920 6	5.116 5	6.822 6	4.935 4	4.831 4	5.629 0	5.827 2

表6-9是2014年到2016年江苏13市中小企业生态环境得分排名。2016年苏州、南京和南通位居中小企业生态环境得分前3名，继续保持苏南和苏中城市中小企业生态环境的优势。苏州三连冠，南京升1位，南通降1位。盐城、宿迁和镇江排在后3位。升幅较大的泰州和常州，泰州从2015年的第8位上升到2016年的第4位；常州从2015年的第10位上升到2016年的第6位。降幅较大的扬州，从2015年第4位下滑到2016年的第10位。

表6-9　2014年—2016年江苏省13市中小企业生态环境得分排名

城市	2014年		2015年		2016年	
	得分	排序	得分	排序	得分	排序
南京市	5.041 6	7	6.735 8	3	5.765 8	2
无锡市	5.395 9	3	5.666 6	7	4.597 2	8
徐州市	3.636 1	13	5.860 9	5	5.077 0	5
常州市	5.567 4	2	5.133 8	10	4.978 5	6
苏州市	6.064 3	1	7.192 3	1	6.690 7	1
南通市	5.089 2	6	6.911 0	2	5.504 7	3
连云港市	5.158 1	5	5.240 8	9	4.516 7	9
淮安市	4.693 3	9	5.748 9	6	4.667 1	7
盐城市	3.720 4	12	4.369 7	12	4.204 4	11
扬州市	4.686 9	10	6.132 4	4	4.454 3	10
镇江市	4.807 1	8	4.959 1	11	3.345 0	13
泰州市	5.282 1	4	5.413 1	8	5.387 0	4
宿迁市	4.045 9	11	2.148 5	13	3.717 7	12

第七章　专题调研报告

7.1　中小微企业转型升级进程中的创新之困[①]
——基于南通家纺产业集群的调研报告

危文琪、陈悦梓含、陈凯文、陈士阳、陈雪蕾

报告简介

习近平总书记指出,创新是引领发展的第一动力。然而,数量占企业总数比重超过 99%、贡献 60%以上国内生产总值、提供全国超过 80%城镇就业的中小企业,却深为创新不足所困。习近平总书记在十九大报告中指出:“要加强对中小企业创新的支持,促进科技成果转化。”扶持小微企业,鼓励大众创业、万众创新,是推动中国经济持续发展的“重要一招”。为此,本报告以南通家纺产业集群及群内中小微企业为样本进行调研,研究中小微企业创新之困,探寻破解创新瓶颈之策,以助力中小微企业通过创新实现转型升级。

调研过程中采用了企业景气指数调查和访谈相结合的方法。景气指数有助于科学、全面地认识集群企业目前所处的情况,明确创新的必要性和迫切性;实地访谈有助于厘清群内企业创新的方向以及创新之困的根源。我们在调研中回收了景气调研问卷 423 份,获得有效问卷 390 份,涉及家纺行业的上中下游企业。访谈的对象包括 27 家不同规模、不同类型企业的管理人员以及家纺城管委会、园区政府管理机构的地方政府管理人员,整理出 54 000 余字的访谈记录。

南通家纺产业集群年交易额占全国家纺交易总额的 60%以上[②],是我国家纺行

---

① 危文琪、陈恺文和陈士阳是南京大学经济学院金融与保险学系 15 级本科生,陈悦梓含是南京大学经济学院经济学系 14 级本科生,陈学蕾是南京大学信息管理学院 14 级本科生;指导教师:南京大学商学院方先明教授和于润教授。这篇调研报告被列入南京大学国家双创示范基地的标志性成果;江苏省经济和信息化委员会委托项目“江苏特色产业集群生态环境评价指标体系研究”的子课题;入围 2017 年第 15 届“挑战杯”全国大学生课外学术科技作品竞赛总决赛作品。

② 数据来源:中国质量新闻网。

业的领头羊，群内中小微企业占绝大多数。近年来，群内企业面临产能过剩、成本高、利润低、产品创新乏力、市场竞争日益激化等问题，发展速度和发展质量明显下滑，转型升级迫在眉睫。调研发现，创新能力提升是中小微企业转型升级的关键，只有助推创新驱动战略，突破创新之困，才能增强企业核心竞争力，进而提升南通家纺产业集群的国际竞争力。

本报告认为，南通家纺产业集群内中小微企业创新不足的最直接原因是：市场秩序治理缺位、金融支持平台缺乏以及人才培养机制缺失。形成这三方面制约的根源在于："一群两治[①]"下的政府治理缺位和服务缺位。

而破解这三大制约的关键，就是必须充分发挥企业、市场、政府三方的高效能动作用，形成有效的创新机制。本报告认为，突破创新之困的"根本药方"是政府推进集群管理体制的改革，改现有的"一群两治"为"一区一治"，以提高区内公共产品与公共服务的质量。

考虑到"一群两治"的体制改革不是一蹴而就的，本报告认为，政府在现阶段需要做出相应的市场化和过渡性安排：第一，逐步规范市场竞争秩序，特别是加强知识产权保护，充分发挥快速维权中心的作用；同时，加强质量检测监督，制定相关的质量检测标准，确保企业创新收益，防范因仿冒导致的不可持续增长，危及产业集群的健康发展。第二，加速改善金融生态，完善企业征信和信用评级机制，搭建产业集群融资平台，通过众筹、中小企业集合债等形式募集资金；同时，创设企业创新基金，将政府财政基金与风投基金结合，以市场化形式运作，加速创新成果的转化。第三，实施人才"双金"战略，建设家纺人才金港，实现创新人才自我补充；建立人才基金，吸引与留住高端家纺人才。

与此同时，企业作为创新主体必须主动关注经济转型的新动向和市场消费新需求，发掘新机遇、培育和激发企业自主创新活力。本报告认为，一方面，南通家纺企业应密切关注家纺新技术新材料的研发，更应积极参与高科技企业（拥有新技术或新材料的企业）间的合作，打造跨界（家纺企业和拥有新技术或新材料的企业）产业联盟，提升"协同创新"效率，加速家纺创新成果的转化；另一方面，以"协同创新"研发出的新产品，积极借道"一带一路"国家战略，拓展国际市场，进一步提升国际竞争力。同时，政府应通过创设"协同创新"基金，对跨界产业联盟的创新项目提供金融支持，助力"协同创新"成果的转换。

在企业集聚、产业集聚区到产业集群与演化过程中，我国自然形成了许多与南通

① "一群两治"是指一个产业集群分属两个行政辖区地方政府分别管理的情况。本报告的研究对象—南通家纺产业集群发源于地处海门市三星镇的叠石桥，后随着家纺企业数量的增多，逐步延伸扩展到海门市三星镇和通州区的川姜镇，如今分属两镇管理。由此形成了一个产业集群由两地政府分别治理的情况。在江苏，尤其是以传统产业中小企业密集的产业集聚区或产业集群，几乎都存在"一群两治"甚至"一群多治"的体制问题。而南通家纺产业集群的"一群两治"更具研究意义。

家纺产业集群相似的产业集群,这些产业集群同样存在着不同程度的因治理缺位和服务缺位导致的企业创新意愿不强、融资渠道不畅、金融支持不足、人才储备不厚等问题,创新之路举步维艰。本报告遵循习近平总书记指明的"创新要以企业为主体、市场为导向、政府搭平台"的精辟方略,所提出的政策建议不仅对于传统产业集群内的中小企业突破创新瓶颈具有借鉴意义;还能为我国中小微企业提供一条全新的创新驱动思路,而且,本报告观点和结论对各级地方政府如何支持中小企业创新,同样具有很高的参考价值。

7.1.1 引 言

7.1.1.1 调研背景与研究意义

近年来,随着我国经济由高速增长转向中高速发展,经济进入新常态,供需不匹配问题日益激化,必须推进供给侧结构性改革,加快产业结构转型升级。2017 年《政府工作报告》中提出,今年政府工作要点之一是"依靠创新推动新旧动能转换和结构优化升级",要"加快创新发展,培育壮大新动能、改造提升传统动能。"能否真正实现以创新引领产业转型升级,将决定着我国"十三五"乃至长期战略目标能否顺利实现。其中,中小微企业能否突破创新约束尤为关键。

中小微企业是推动我国国民经济和社会发展的重要力量,其数量占全国企业总数的比重超过 99%,创造了 60%以上的国内生产总值,为 3 亿以上的城镇就业人口提供了主要的工资性收入。李克强总理在国务院常务会议上强调,扶持小微企业,鼓励大众创业、万众创新,是推动中国经济持续发展的"重要一招"。然而,事实上中小微企业却深为创新不足所困,举步维艰。如何结合自身特点通过创新实现转型升级,是中小微企业亟待解决的重要课题。

家纺行业内中小微企业众多,其所面临的创新约束困境是中小微企业发展过程的一个缩影。国家统计局数据显示,2015 年全国纺织业主营业务收入增长速度仅为 4.42%,相较于 2010 年的 25%可谓是断崖式下跌;2016 年增速与 2015 年基本持平,延续疲软的态势。目前,全世界 40%的家纺产品的生产与出口都在中国,而中国家纺行业 90%的市场成交额又集中在南通家纺产业集群。在现实的经济发展环境中,南通家纺产业集群也难以独善其身,如何通过创新实现转型升级已经迫在眉睫。因此,通过对南通家纺产业集群进行实地调研,基于对其发展历程的系统梳理,探究群内中小微企业陷入创新困境的原因,提出破解中小微企业创新之困的对策,对于南通家纺产业集群及群内中小微企业通过创新推动新旧动能转换,进而实现转型升级具有实践指导价值。

十八大以来,在习近平总书记的公开讲话和报道中,"创新"一词出现超过千次,可见其重要性。然而,在我国产业集聚过程中,自然形成了许多产业集群,且群内企业以中小微企业居多,如苏州盛泽纺织产业集群、浙江省海宁市皮革产业集群等,普遍存在着创新意愿不强、金融支持不足、人才储备不厚等问题，创新之路举步维艰。本报告以产业集群及其群内中小微通过创新实现新旧动能转换、突破发展瓶颈为主要研究内容，具有极强的现实意义。根据总书记提出的"创新要以企业为主体、市场为导向、政府搭平台"方针，在对策研究方面报告认为：企业作为创新主体应该积极从产品创新、管理变革等方面突破创新约束；市场作为生存与发展的土壤，企业的创新应符合市场需求；理顺管理体制，搭建创新平台，激发创新潜能是关键。调研报告所提出的破解中小微企业创新之困的对策与思路，对于相似产业集群及其内中小微企业借助创新突破发展瓶颈，具有借鉴意义。

7.1.1.2　调研内容与方法

实施创新驱动发展战略，是应对发展环境变化、把握发展自主权、提高核心竞争力的必然选择，是加快转变经济发展方式、破解经济发展深层次矛盾和问题的必然选择(Lorenczik C, Newiak M., 2012；Wintjes R J M, et al., 2014；章文光等，2016)。中小企业是最活跃的创新主体，然而中国国家创新体系中并没有给予中小企业创新活动合适的位置，这在组织结构、立法、金融资源、商业创新支持体系和人力资源政策方面都有所体现(唐晓云，2012；袁子钦，2017)。南通家纺产业集群内中小微企业众多，其创新发展问题历来受到理论与实务界的广泛关注。现有文献认为，创新发展模式、融资困难、创新人才缺乏等是制约中小家纺企业创新的主要因素(刘战红，2004；谢作渺，2008；闫志俊，康传娟，2008；丁秀丽，2013)。而品牌推广模式创新、营销管理模式创新、科技开发模式创新也应引起高度关注(王小东，2007；孟立顺，2015)。然而在研究对象上，现有文献多集中于南通家纺产业集群的发展困境以及群内企业转型创新的方向，缺少对企业创新能力不足之源的深层次研究；在研究方法上，多为理论或定性的推演，未见基于政府、集群、企业和专家学者的系统访谈。因此，在实地调研的基础上，本报告运用景气分析法剖析南通家纺产业集群中小微企业发展现状，结合访谈记录探究创新之困，并提出破解之策。

1. 调研内容

调研内容包括发展现状、发展问题、解决方案三个部分。其中，发展现状主要包括我国纺织行业运行数据、南通家纺产业集群运行数据、景气状况；发展问题主要包括企业销售情况、成本运营情况、企业家创新意愿、企业创新实施情况、企业创新难点；解决方案主要包括政府激励企业创新的相关政策措施及措施实施情况、企业对政府服务的评价与建议。

2. 调研方法

实地调研分为景气指数问卷调研和访谈两部分。其中，景气指数问卷发放采用随机抽样方式，覆盖南通家纺产业集群内400多家企业，回收问卷423份，获得有效问卷390份，中、小、微型企业分别占22%、44%、34%(见图7-1-1)，涉及家纺产业链的上中下游企业，如面料加工、印染、成品销售等。

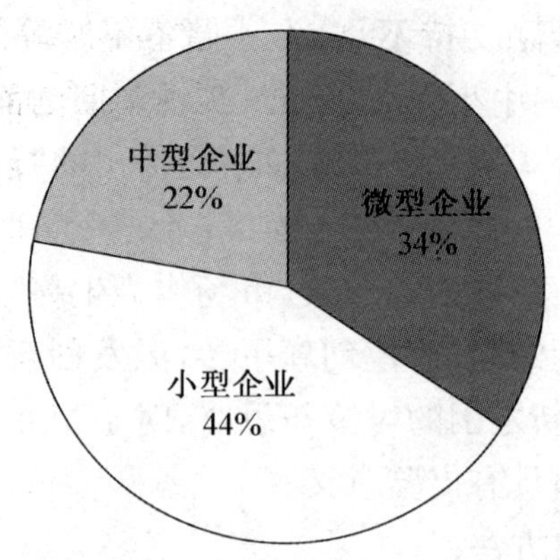

图 7-1-1　景气指数问卷样本分布

资料来源:根据调研资料整理。

指数计算公式如下:

企业景气指数=0.4×即期企业景气指数+0.6×预期企业景气指数

即期企业景气指数=(回答良好比重-回答不佳的比重)×100+100

预期企业景气指数=(回答良好比重-回答不佳的比重)×100+100

景气指数[①]有助于科学、全面地认识集群企业目前所处的情况,明确创新的必要性和迫切性。访谈对象的选取注重典型性与代表性相结合、群内企业与政府管理部门相结合。具体访谈对象包括 27 家不同规模、不同类型的企业管理人员和通州区家纺城管委会、海门工业园区政府管理机构,根据访谈结果整理出共计 12 个小时的录音稿以及 54 000 字的访谈记录。实地访谈有助于厘清南通家纺产业集群形成及演化历程,以及制约集群及群内中小微企业创新的原因之所在,对提高报告的可靠性与实用性具有极大的价值。

调研过程遵循"从实践中来,到实践中去"的方针。先通过实地调研、分析总结形成初步结论,然后又带着初步结论回到南通进行调研,与不同的企业家、政府工作人员进行多角度的研究和探讨,在实践中检验、修正结论。如此循环往复多次,以保证结论的正确性和对策的有效性。

3. 报告框架及内容

根据调研结果,本报告框架如图 7-1-2 所示。

报告主体由三大部分组成:

第一部分为集群现状的剖析。首先对南通家纺产业集群发展的历史沿革进行系统梳理,之后结合调研过程中采集到的信息和数据,对家纺行业的发展现状及问题进

① 研究中心创建的景气指数,其数值介于 0 和 200 之间,150～200 为蓝灯区,90～150 为绿灯区,50～90 为黄灯区(预警区),20～50(报警区),0～20(加急报警区)。

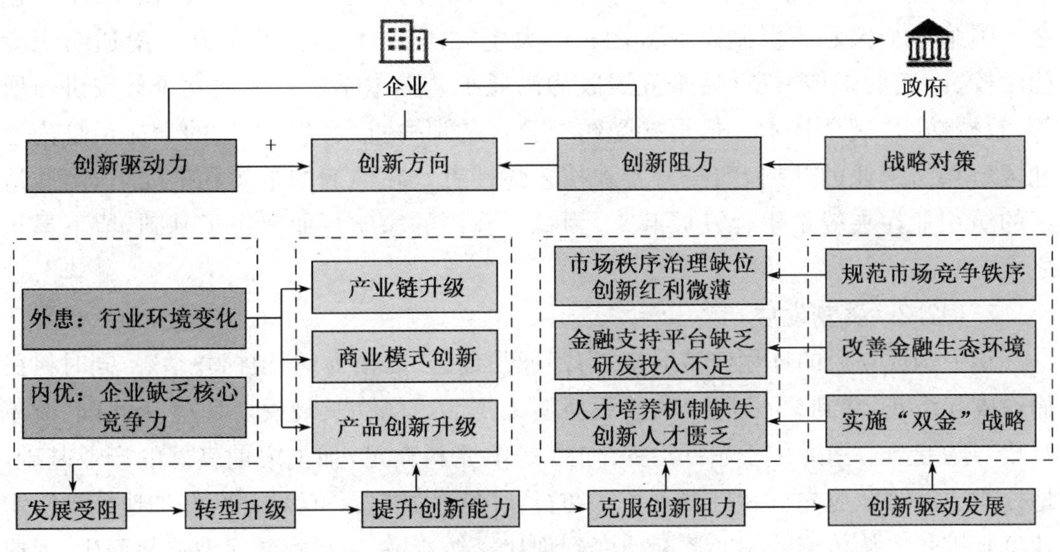

图 7-1-2　报告框架

行分析，提出创新是增强企业竞争力，实现转型升级的关键所在。

第二部分为制约企业创新的原因探究。通过实地调研以及景气指数分析，认为市场秩序治理缺位、金融支持平台缺乏、人才培养机制缺失是造成中小微企业创新能力不足的“三座大山”，并指出集群内“一群两治”的管理体制导致政府治理缺位和服务缺位，是“三座大山”形成的根源。

第三部分为政府战略与企业变革。针对企业陷入不愿创新、没钱创新、没人创新的窘境，应该充分发挥政策引导作用，强化政府服务，逐步制订并不断完善提升群内中小微企业创新活力的政策措施，主要政策抓手在于：规范市场竞争秩序、改善金融生态以及实施人才“双金”战略。同时企业自身也应进行技术创新与管理变革，通过打造跨界产业联盟，深化协同创新，并积极融入“一带一路”国家战略。

7.1.2　历史变迁——南通家纺产业集群的发展过程

7.1.2.1　艰难起步

十六世纪末，在中国的东南沿海地区，出现了纺织业的资本主义萌芽。当时就有了“棉花生产→纺纱织布→棉纺产成品→纺织品销售市场”的一整条相对完整、发达的产业链，其纺织品的销售甚至延伸到海外。当时的旧中国由于某些政治因素，东南沿海的资本主义萌芽被扼杀，但是纺织业的发展依然在继续。

1895 年,张謇[①]呼吁并践行“实业兴国”,在海门筹建大生纱厂,且在 1907 年创办中国第一个民营股份制企业集团——大生集团。同时,张謇创办了南通纺织专门学校、南通女工传习所(后来发展成为南通工艺美术学校)、南通女子桑蚕讲习所等,教授纺织、刺绣技术。最早接受纺织教育的那一批人以及他们的学徒正是南通地区新兴纺织业的开拓者、经营者和技艺传授者。在他们的带领和推动下,南通地区的纺织业在夹缝中生存发展起来,为日后我国的家纺行业奠定了基础,留下星星之火。

7.1.2.2 蓬勃发展

新中国成立后的计划经济时期,海门通州地区“以粮为纲,粮棉并举”。同时村民偷偷搞起绣花,拿到叠石桥去卖,叠石桥露天绣品市场初具规模。1978 年我国“改革开放”开始起步,南通位于东部沿海地区,纺织原料充足,加上之前良好的产业基础,地处南通的纺织业先行者们看到了家纺行业的巨大机会,重操旧业,并加速推动纺织业急剧扩张。从传统纺织业逐渐演变到现代家纺业,一大批家纺企业应势而生,形成了纺织、印染、成品、销售的完整产业链,呈现出生机勃勃的景象。

当时政府也适时出台引导家纺企业发展的相关文件,积极鼓励和支持家纺产业的发展,扩大市场规模。其中,海门市三星镇镇政府和海门市工商局在 1992 年合资 2 400 多万元兴建叠石桥绣品城,该城上下分三层,集商贸、仓储、运输、办公于一体,建筑面积 25 000 平方米,安排 4 000 多个摊位;1995 年,三星镇打造工业园区,占地 7 平方公里,建设用地 5 000 多亩,120 多家企业相继进驻工业园区投资兴业,总投资达到 20 亿元。

这是一个南通家纺行业初露头角、产能快速增长的时期,表现出旺盛的活力与创造力。加上国家的大力支持,迅速在南通市的通州(川姜镇)和海门(三星镇)形成了南通家纺企业集群。

7.1.2.3 加速腾飞

随着改革开放的深化以及社会主义市场经济体系的建立,南通的家纺产业集群在世纪之交到 2010 年前后的这一时期,呈现超常生长的势头。1997 年 2 月,三星镇政府投资 750 多万元紧靠绣品城东侧建造了精品楼;1998 年又投资 5 000 万元新建拥有 1 000 间营业门面的商贸城。2005 年,叠石桥国际家纺城二期竣工,先后投资 5 亿元,建筑面积 15.5 万平方米。2011 年,叠石桥国际家纺城三期竣工投入使用,建筑面积 70 万平方米。至此,叠石桥国际家纺城已拥有建筑面积 100 万平方米、商户

---

① 张謇(1853 年 7 月 1 日—1926 年 8 月 24 日),字季直,号啬庵,汉族,祖籍江苏常熟,生于江苏省海门市常乐镇。清末状元,中国近代实业家、政治家、教育家,主张“实业救国”,中国棉纺织领域早期的开拓者。张謇创办中国第一所纺织专业学校,开中国纺织高等教育之先河;首次建立棉纺织原料供应基地,进行棉花改良和推广种植工作;以家乡为基地,努力进行发展近代纺织工业的实践,为中国民族纺织业的发展壮大做出了重要贡献。

40 000 多家。

由于南通家纺业的发展遵循了“散户加工→家庭作坊→民营经济区→产业集群”的路径，传统纺织业和新兴家纺业之间的关系非常密切，有坚实的发展基础，以致短时间内就能衍生出大量家纺企业。随着改革开放的不断深化，人民收入水平和生活水平不断提高，对生活质量的要求越来越高，对家纺产品的需求也在不断地增加，这些因素促使南通家纺业高速扩张。从横向的家纺产品类型到纵向的家纺产业链条，从南通家纺市场到江苏、全国乃至世界家纺市场不断延伸，使南通的家纺产业集群逐步演变成为家纺产业集聚区，并且最终形成了现在的南通家纺产业集群。

值得注意的是，在这一时期，虽然南通的家纺业初显“生产规模化、分工社会化、设备智能化、产品系列化、营销国际化”的特征（刘战红，2004 年），但是在南通家纺业加速腾飞的进程中，也凸显了低水平自发性生长、一味数量级增长、规模超常冒进扩张的特征，可谓是“超常生长”阶段。在从企业集群到产业集聚区，直至产业集群的演进中，南通家纺产业集群的行政规划、地方利益、行业秩序、发展环境等方面都存在一定的乱象，一些矛盾和隐患正在累积甚至不断放大。

7.1.2.4　转型探索

近年来，由于需求疲软、产能过剩、企业流动性不足等问题，南通家纺产业集群内外的竞争越发激烈，企业压力不断加大，态势严峻。越来越多的家纺企业在不断地调整策略以谋求自身新的发展，从产品创新、销售创新等方面积极探索，不断迈向高端化、品牌化。

政府也大力推动家纺行业结构调整，促进家纺行业动能升级，提出“打造有国际竞争力的家纺集群”的战略目标。2015 年，南通市政府出台的《中国制造 2025—南通实施纲要》明确提出，把高端纺织作为南通的主导产业，开发生产具有鲜明个性和丰富文化底蕴的高品质配套化家纺面料和产品，打造新文化思维、新材料、新技术、新工艺集合于一体的拳头产品。

南通家纺产业集群已经在成长的阵痛中探寻到新的发展契机，开始步入转型发展、求变创新并扬帆起航的新阶段。

7.1.3　现状剖析——南通家纺产业集群的困境与出路

2016 年，南通家纺产业集群总销售额约 1 200 亿元，占全国总量的 90%以上。通州地区集聚家纺类企业超 1 500 家，其中规模以上企业 98 家，销售超亿元企业 24 家；海门地区集聚家纺类企业 2 500 多家，其中规模以上家纺企业 300 多家。整体来看，规模以上企业数量占比约为 10%。同年，南通家纺产业集群内部共有从业人员 38.4 万，其中常住人口 19.6 万，外来务工人员 18.8 万，分别占总数的 51.04%与 48.96%。

7.1.3.1 “断崖下跌”——集群发展陷入困境

自2011年起,我国的纺织行业发展陷入严重的困境,主营业务收入增速从2010年的25%下跌至2012年的-0.15%,尽管在2013年中情况有所改善(11.9%),但此后几年又重新下跌,增速仅维持在4%~6%之间(具体见图7-1-3)。

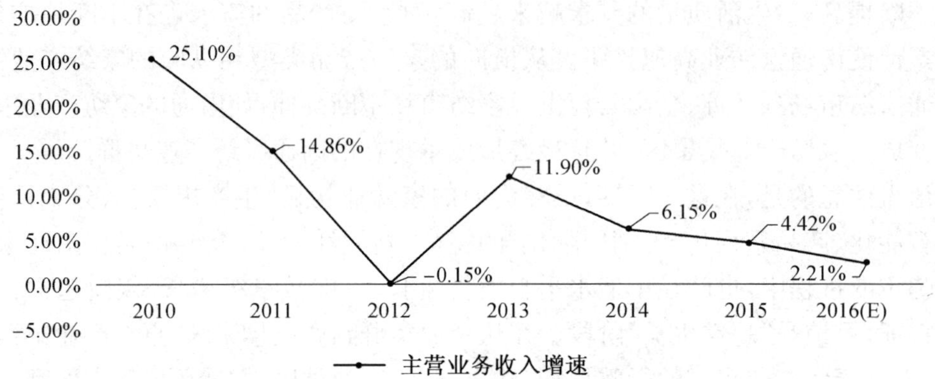

图7-1-3 中国2010年—2016年纺织业主营业务收入以及增速

资料来源:国家统计局

2010年—2012年行业利润的急剧下滑带来了一波纺织企业的倒闭潮,这一次下滑和宏观环境方面原材料价格波动、人民币升值、全球经济受挫三大问题有着密切的联系。2010年棉纱价格猛涨,企业购入大量棉纱囤货,而2011年棉纱价格又一路下跌,导致企业事实上以高价棉进行生产,利润为零甚至亏损。加上国际金融危机以及欧债危机等特殊因素,企业尤为艰难。

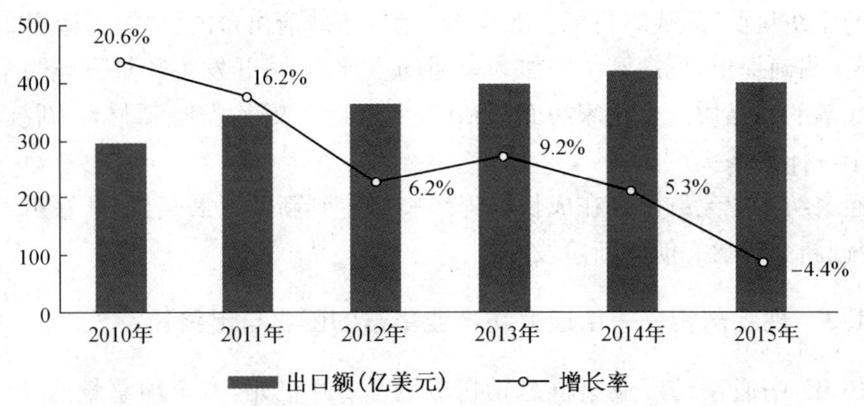

图7-1-4 中国2010年—2015年家纺产品出口额以及增速

资料来源:https://sanwen8.cn/p/111w7Oz.html,2017-03-24。

2012年至2015年,人民币在波动中升值,棉纱价格趋于稳定,国际市场小幅度回暖。但纺织行业依旧呈现波折中趋于下行的态势,增长速度缓慢,几乎要陷入停滞状态。图7-1-4显示了2010年到2015年中国家访产品出口情况。

据海门工业园区政府介绍,2010年园区家纺企业的增长速度在18%左右,在

2011 年、2012 年下跌严重。而在刚刚过去的 2016 年，增长速度在 6%左右，和 2015 年持平，整体呈现低位徘徊，与全国纺织工业的发展趋势基本一致。

图 7-1-5 显示，2015 年，南通市 1 423 家规模以上纺织服装业企业实现主营业务收入 2 071.2 亿元，比 2014 年增长 4.6%，实现利润 146.7 亿元，同比增长 5.8%。纺织服装外贸出口 66.1 亿美元，同比下降 6.4%。2015 年南通市 459 家规模以上家纺企业实现主营业务收入 734.4 亿元，占整个纺织工业的 29%。

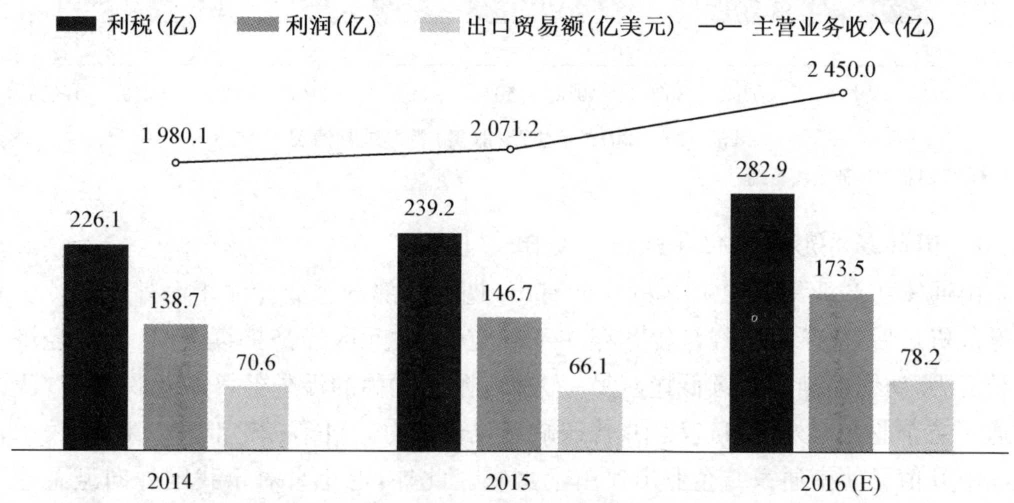

图 7-1-5 南通市规模以上纺织服装业企业发展情况

资料来源：《2015 年南通市纺织工业运行情况综述》

7.1.3.2 “两面夹击”——企业转型压力巨大

如何解析这种下滑呢？综合宏观环境分析、景气指数分析和访谈的情况，我们认为，南通家纺产业集群遭遇断崖式下跌是由于销售竞争加剧和成本压力上升两大原因。在这种情形下，企业必须积极推进创新战略，推动转型升级，才能够实现可持续发展。

1. 行业整体产能过剩导致产品积压

近几年来，我国家纺业产能过剩现象愈发严重，家纺市场规模的迅速扩张与外部市场的有效需求不足产生了激烈的冲突。产品积压现象非常严重，生产出的家纺产品大量堆叠在仓库，无法进入市场。这些问题都凸显家纺业发展乏力，企业压力倍增。在南通产业集群中，产能过剩的问题表现得尤为明显。2016 年上半年有 39%的企业表示生产能力过剩有所增加，35%的企业表示持平，下半年（旺季）预期仍有 37%的增加（见图 7-1-6）。

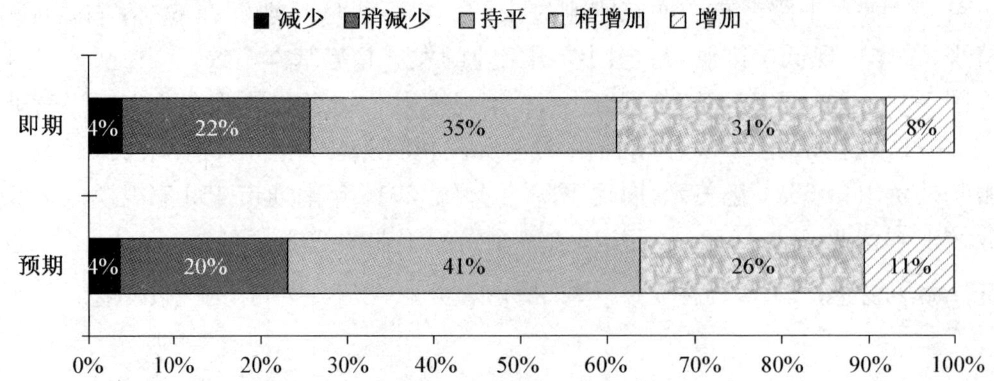

■减少 ■稍减少 □持平 □稍增加 □增加
即期
4%
22%
35%
31%
8%
预期
4%
20%
41%
26%
11%
0%
10%
20%
30%
40%
50%
60%
70%
80%
90%
100%

图 7-1-6　2016 年生产(服务)能力过剩情况

资料来源:根据调研资料整理。

2. 国际经济形势变化导致出口受阻

南通家纺产业集群约 10%的企业有出口业务,部分企业专注于海外市场。国际金融危机过后,由于美国经济复苏存在不确定性、欧元区经济持续下滑,新兴经济体增长乏力,纺织品出口持续低迷。另一方面,在不对称的涉外经济政策保护下,我国南通家纺企业在对外出口过程中,普遍缺乏议价能力。自第二轮汇改以来,人民币在波动中升值又使南通家纺企业出口雪上加霜。此外,近年来对于我国外向型企业而言,原有的劳动力成本低廉的优势已不复存在,在国际市场中家纺产品面临着东南亚一些国家和地区相似商品越来越激烈的竞争。

3. 成本压力加大

问卷结果显示(见图 7-1-7),在企业的各项成本中,人工成本与总经营成本相关度最高,其次是主要原材料价格和营销费用。三项费用中,企业面临的人工成本压力和营销费用压力较大(见图 7-1-8)。

人工成本
0.541
行政收费
营销费用
0.115
0.442
0.123
0.082
主要原材料价格
0.453
税收负担
融资成本

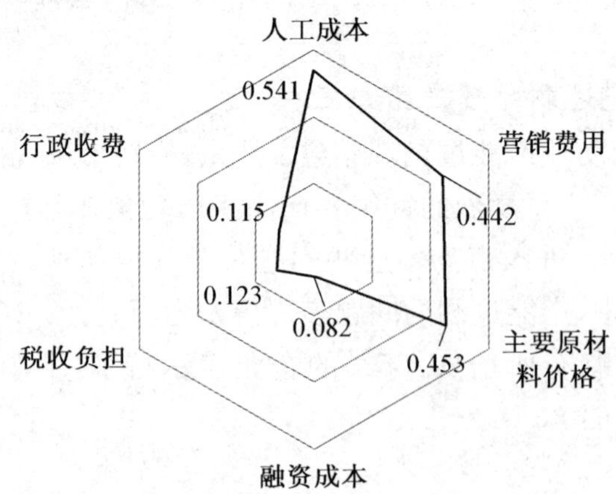

图 7-1-7　各项成本与经营成本相关系数分布

资料来源:根据调研资料整理

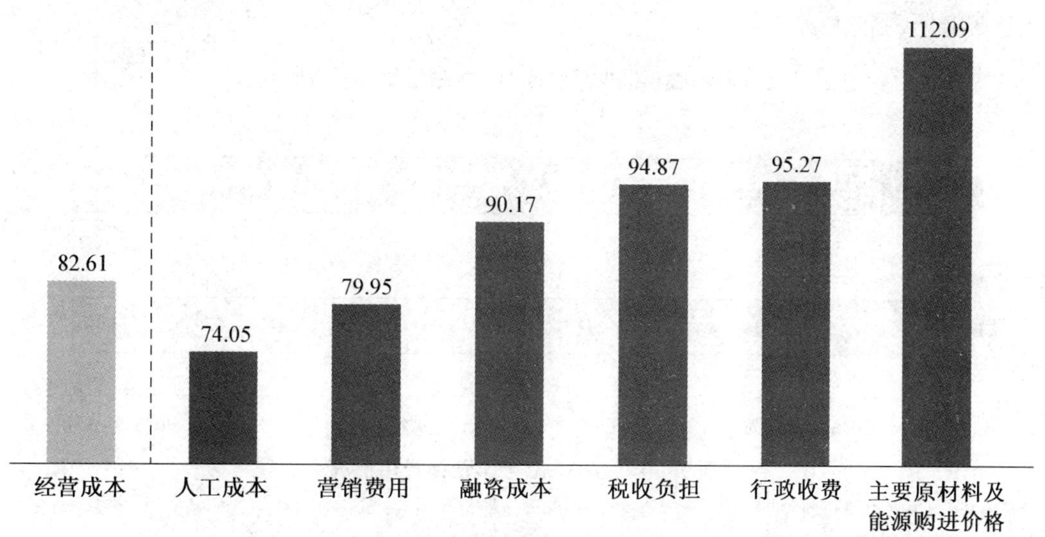

图 7-1-8 2016 年各项经营成本情况

一是劳动力价格上升。随着经济发展和人民生活水平的提高,我国人口红利逐渐消失,劳动力价格不断上升。图 7-1-9 显示,2016 年上半年有 47%的企业认为人工成本有所增加,并且仍有 48%的企业预期下半年人工成本会继续增加,表明企业面临沉重的人工成本压力。

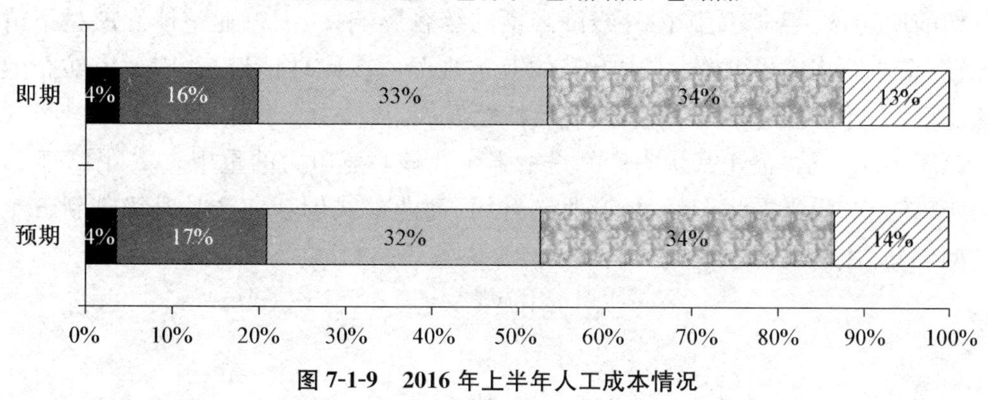

图 7-1-9 2016 年上半年人工成本情况

资料来源:根据调研资料整理。

就南通家纺产业而言,劳动力价格上升的原因主要包括三个方面:一是随着经济的不断发展,劳动力的工资逐步上涨;二是法律方面对劳动者权益的保护不断完善,要求企业必须为其缴纳社保基金,增加了部分负担;三是周边地区经济发展起步,外来人口减少,劳动力竞争加剧。为了留住员工,企业不得不提高员工福利,如提供食宿、改善工作环境等。

二是营销费用增加。如图 7-1-10 所示,2016 年上半年有 43%的企业认为营销费用有所增加,并且仍有 38%的企业预期下半年营销费用会继续增加,表明企业营销费用支出压力较大。

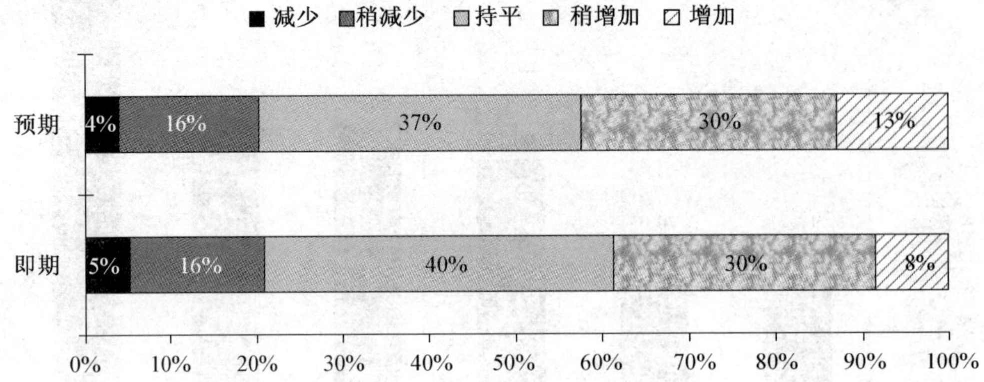

■减少 ■稍减少 □持平 ▨稍增加 ▨增加
预期
4%
16%
37%
30%
13%
即期
5%
16%
40%
30%
8%
0%
10%
20%
30%
40%
50%
60%
70%
80%
90%
100%

图 7-1-10 2016 上半年营销费用情况

资料来源:根据调研资料整理。

大幅增加的营销费用背后是传统企业丧失流量入口、急于打造品牌的焦虑。过去传统的家纺企业多采用实体店加盟的形式——“跑马圈地”,通过扩张门店来增加销量,而疏于品牌理念、品牌价值、产品特性的发掘与建立。欧式、英伦、中式、田园等“简单粗暴”的定位方式占据了家纺品牌的大半江山。然而随着互联网以及电子商务的普及,流量开始向线上转移,实体店的曝光作用越来越小,品牌营销的压力越来越大。

7.1.3.3 “逆境求生”—转型创新的三大方向

如前所述,近年来,受国内外经济因素的综合影响,纺织行业整体发展呈下滑态势,纺织企业面临销量下降、成本上升的双重难关。在此种情形下,南通家纺企业只有通过创新,才能推进转型升级,实现可持续发展。

调研结果显示,企业家认为产品是增强企业核心竞争力的重中之重(图 7-1-11)。因而,家纺企业应当围绕产品,从产业链升级、商业模式创新和产品升级创新三个方向转型创新,才能实现逆境成长。

品牌
人才
资金
技术
产品
人脉
其它
2.60
2.55
2.77
2.92
4.41
0.98
0.41

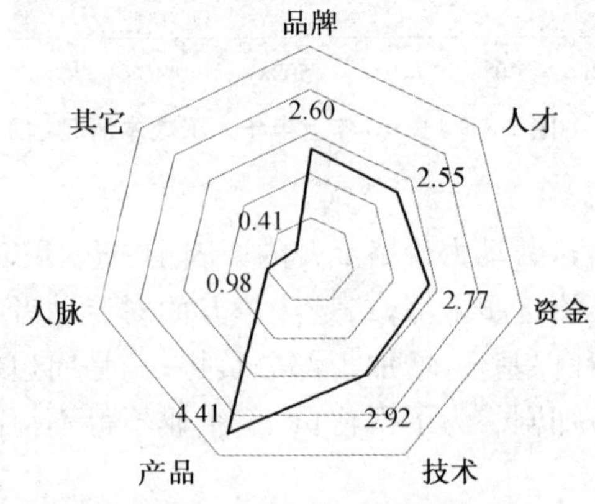

图 7-1-11 企业核心竞争力排序

资料来源:根据调研资料整理

1. 产业链升级

以产品为中心的转型创新必然离不开产业链的升级。企业延伸和拓展产业链可以增加产品附加值,同时减少企业的生产成本,提高生产效率。目前,家纺产业链共包括纤维生产、纺纱、织布、印染、设计、生产六个环节(如图 7-1-12 所示)。由调研可知,南通家纺产业集群内部的家纺产业已经形成了一条相对完成的产业链,从原料生产到成品销售的各个环节均已发展成熟,但是多数企业仅仅专注于产业链某一环节的生产,生产成本较高。

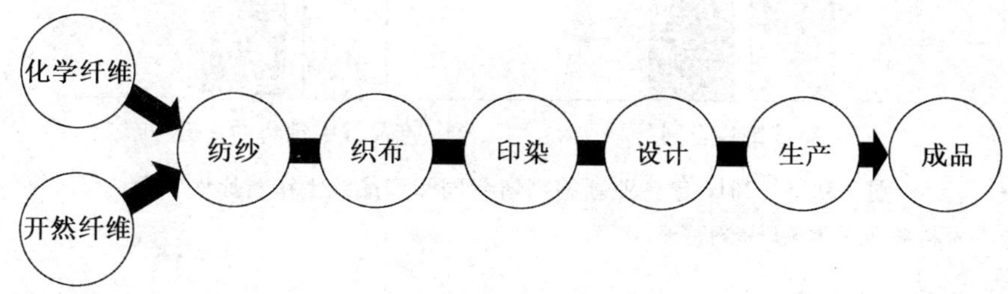

图 7-1-12　家纺产业链

资料来源:根据调研资料整理

以产品生产企业为例:调查显示,现阶段的小微型家纺企业大多专注于产品代加工或贴牌生产,产品花型的设计方案则通过外包实现。小微型企业一般从各设计公司购买花型花色的版权,再投入生产,其所付出的版权费用占生产成本的很大一部分。而大型家纺企业(如罗莱家纺)则延长产业链,将业务拓展至设计和成品生产领域,建立自己的设计工作团队和服装生产部门,大大降低了生产成本。

因而,有实力的家纺生产企业可以考虑延伸家纺生产环节,进军家纺设计和服装生产领域,通过产业链的延伸和拓展增加企业利润。同时,也可以在产业链上的各个环节进行产品升级,增加产品的附加值,并积极进行上下游环节的信息交换与互动,降低中间环节的成本。

2. 商业模式创新

依托互联网发展机遇,发展线上线下联动的创新商业模式是南通家纺企业的必然方向。

目前,国内市场主要的三个销售渠道是实体店、网供、微供。网供指向天猫、淘宝、唯品会等电商平台供货,微供是指向微商供货。近年来,电商销售额发展迅猛,实体店业绩逐年下滑,不少企业家开始试水电商,向“家纺+互联网”转型。2012 年 4 月,海门叠石桥家纺电子商务商会成立;2013 年 8 月,中国家纺电子商务服务中心落户南通崇川经济开发区。2015 年,通州家纺城为了拓宽微供市场,规划了专门的微供市场区域。2016 年微供市场实现年交易额 20 亿元,取得初步成果。

如图 7-1-13,问卷统计分析结果显示,产品线上销售比例预期指数为 118.91,大大高于即期指数 104.40,表明南通家纺企业对于转型线上的意愿十分强烈,而即期新签销售合同指数和即期线上销售比例指数的相关系数为0.492①,具有强相关性。说明南通家纺正在加快“互联网+”转型的步伐,并且带来了良好的经济效应。

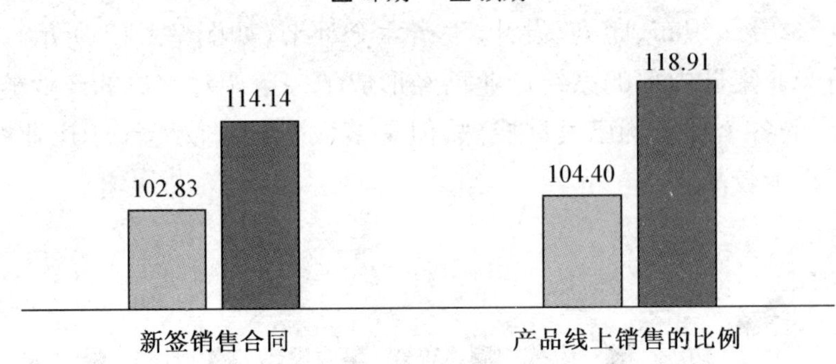

图 7-1-13　2016 年企业新签销售合同和产品线上销售比例情况

资料来源:根据调研资料整理。

在未来,实体店、网供、微供之间的界限将会被打破,线上线下的模式将会更多地融合在一起,而非“单打独斗”。例如,实体店向体验馆、展示馆方向转型,将“小家纺”融入“大家居”当中,塑造全方位的家居体验,而购买流程则完全交由线上完成。用户可以在体验店借助扫描产品的二维码、智能图像识别等方式添加购物车,在线进行比对,并且完成支付,享受送货到家的服务;同时商家也借此实现消费者消费数据的采集,为智能推荐、个性定制等服务奠定基础。

3. 产品创新升级

家纺行业作为传统产业,与先进科学技术相结合实现产品创新,是家纺行业突破发展瓶颈,实现新旧动能转换的必由之路。而家纺行业产品创新升级的实质是材料创新与技术变革。

在材料创新方面,先进科学技术与传统家纺产品结合,形成了石墨烯尼龙、石墨烯复合聚酯纤维、无染循环再生聚酯纤维、多彩多异聚酯纤维等家纺新材料。与传统家纺材料相比,石墨烯家纺新材料具有抗菌、抗静电、耐磨损、抗低温等诸多优点,而多彩多异聚酯纤维等环保型家纺新材料则具有颜色多样同时绿色环保的优点,这些都对家纺材料的创新升级具有颠覆性的意义。

技术变革是材料创新的源泉。新材料的研发、新工艺的使用都离不开技术进步的推动,诸如石墨烯原位切片技术、纳米铜离子技术等先进的科学技术正在被越来越多地运用于家纺新材料的研发和制造中,因此技术的变革也越发重要,例如石墨烯在家纺产业中的广泛运用就需要攻克高品质石墨烯制备、石墨烯与聚合物均匀紧密结合等技术难关。随着家纺产业链的延伸、家纺衍生品的拓展,技术变革事实上演化成

---

① 采取五值计算法,将该指标的答案赋值1～5,由相关系数计算公式算得相关系数。

一种技术上的“众筹”模式，即每人出自己擅长的一块，相互合作、各取所需、共同发展。因此，创建更加紧密的商业合作模式，实现上下游技术平台的开放，加强新技术在上下游工艺之间的配合显得尤为重要。

产品拥有新颖的款式与良好的质地是企业核心竞争力的具体表现。从长远来看，随着知识产权保护力度的加大，产品创新的边际收益会增加，而伴随着现代网络技术的高速发展，长尾市场值得高度关注。因此，对于家纺企业来说，产业链升级、商业模式创新和技术及材料革新应该一视同仁，不可偏废。只有这样，才能增强自身的核心竞争力，走上可持续发展的道路。

然而，就在几乎所有的企业管理者都认识到“创新”重要性的当下，绝大多数企业管理却有苦难言。“我知道要创新，我也想创新，但是真的搞得好吗？”“钱从哪来？钱砸下去，谁知道能不能有结果？”“我们是小企业，生产性工人都难召，谁来创新？”

7.1.4　探究根源——中小微企业创新的三大制约

为了与“家纺＋互联网”、“家居生活馆”等新的转型升级方向相适应，产品创新与模式变革是南通家纺中小微企业破解当前困境的唯一选择。然而，创新之路困难重重。那么制约创新的因素有哪些？产生这些制约的根本原因又是什么？通过分析景气指数调研问卷，结合实地走访、政府访谈与企业家座谈会，本报告认为“市场秩序治理缺位导致创新红利微薄、金融支持平台缺乏导致创新投入不足、人才培养机制缺失导致创新人才匮乏”是南通家纺企业创新征程中难以自行逾越的“三座大山”。

7.1.4.1　市场秩序治理缺位—创新红利微薄

创新的典型特征是前期投入大，而后期收益又具有较强的不确定性。因此，对于致力于短、平、快的中小微家纺企业而言，真正愿意进行产品研发与销售渠道创新的少之又少。雪上加霜的是，“一群两治”体制带来的“治理缺位”问题，使得政府缺乏对市场秩序的维护和知识产权的保护，抄袭、仿冒的风气盛行，进而引发的同质化现象严重，低质低价恶性竞争等连锁反应直接导致了企业创新红利微薄，缺乏创新源动力，这一演变过程见图 7-1-14。

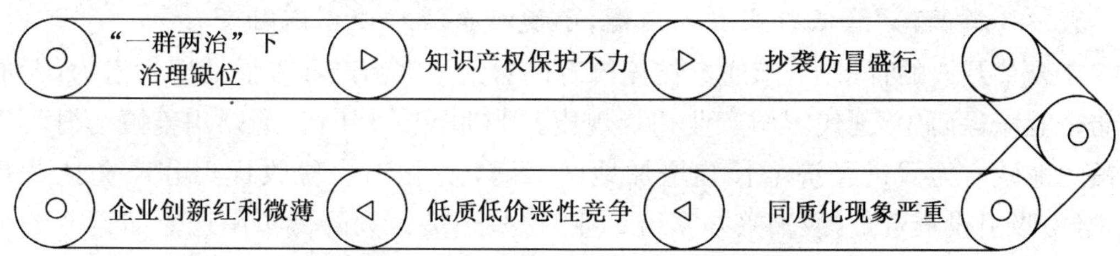

图 7-1-14　市场乱序对企业创新的影响

1. 知识产权保护不力,创新难以获得持续红利

市场秩序的混乱是南通家纺产业集群的久积之疾,直接表现为知识产权保护不力,抄袭、仿冒行为"遍地开花"。产生这一现象的具体原因除了家纺行业技术门槛低、资金要求不高等易于模仿的特点外,"一群两治"的治理格局也一定程度上放纵了低成本抄袭行为。鉴于南通家纺产业集群横跨海门市三星镇与通州区姜川镇的现实,在"唯GDP是论"的政治锦标赛中,如若某地政府加强对侵权行为的打击力度,则会导致大量以抄袭仿冒为生的本地企业难以为继,从而转移到另一地方政府管辖理的区域内,由此会影响本地政府的政绩。因此"一群两治"直接导致了知识产权保护不力,企业维权渠道不畅,维权成本高昂,客观上为靠仿冒营生"背书"。你仿我仿大家坐等"爆款"一起仿,在此情形下,某种产品待续成为"爆款"的期限越来越短,致力于创新的企业显然难以获取持续的创新红利。

2. 低质恶性竞争,创新溢价被压扁

既然不花大力气投入研发,仅靠简单的仿制就能获取不菲的收益。那为什么不仿冒呢?这一奇异现象的短期表现是集群内中小微企业获得了维持生存的利润。然而,从长期来看创新得不到保护,巨额创新投入的同时还承担巨大不确定性风险,产生的创新溢价短时间内大量为仿冒产品所挤压。这具体表现在两个方面:一是大量仿冒品的涌现,"分享"创新溢价,在较大程度上压低了真正从事创新投入企业所应该得到的创新溢价。二是为了获取时间溢价,大量以仿冒为生的企业常常对花型、款式仿冒不到位,材料质地以次充好,由此使消费者对于市场"新款"产生怀疑,从而创新溢价进一步被打压。

个体的理性常会导致集体的非理性!对于致力于创新的企业而言,"种下去的是西瓜,收获的是跳蚤"。管理缺位导致的市场乱序,使得创新红利微薄,由此企业创新的热情也会逐渐被消磨。于是,大家安于现状、钻营模仿,从长期来看,这犹如"温水煮青蛙",严重制约了集群创新驱动战略的实施。

7.1.4.2 金融支持平台缺乏——创新投入不足

创新发展是一种"摸着石头过河"的发展模式,前期资金投入巨大、投资风险高。对于家纺类中小微企业而言,由于金融歧视与信息不对称的客观存在,创新融资"难上加难"。

1. "一群两治"降低行业准入门槛,小规模企业难以创新融资

在改革开放的背景下,南通家纺先行者们看到了家纺产业发展的巨大潜力,大批家纺企业应运而生,现代家纺产业初具规模。20世纪80年代,通州川姜镇与海门三星镇两地政府为促进经济增长和增加地区GDP,竞相出台税收优惠和产业扶持政策,努力吸引投资资金,鼓励兴办家纺企业,这些举措大大降低了南通家纺行业的市场准入门槛。

部分企业家在访谈中指出,由于家纺门槛低,很多员工在企业工作不久便自立门户，人才流失严重，导致企业缺乏人才集聚效应，企业规模无法进一步扩大。低门槛使得小微型企业占据了南通家纺企业总数的80%～90%，企业发展陷入“小规模”怪圈。对于商业银行而言，家纺行业小规模企业一方面管理不规范、企业资料不健全，存在严重的信息不对称；另一方面拿不出高质量的抵押物，创新融资成为“美丽的传说”。

2. 政府支持缺位，创新融资“碰壁”

南通家纺产业集群内，旺盛的创新融资需求与狭窄的融资渠道形成了巨大的反差。在金融歧视客观存在的背景下，家纺产业集群内部中小微企业景气指数的融资类指标较为消极（图 7-1-15）。融资需求和流动资金的预期指数均高于即期指数，反映企业融资需求旺盛以及流动性短缺的现象。而融资成本指数预期降低，表明预期成本压力继续加重。融资优惠指数预期高于即期，反映出企业未来在融资优惠方面有较高的需求。这些现象综合表明，当前家纺中小微企业融资难度进一步加大，亟待政府进一步的资金支持。

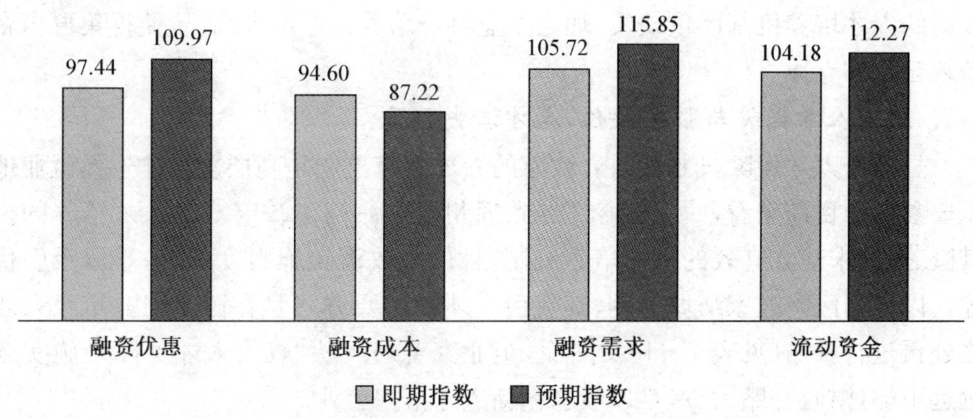

图 7-1-15　2016 年融资优惠、融资成本、融资需求、流动资金情况

资料来源：根据调研资料整理。

图 7-1-16 显示，390 份有效问卷中，表示无融资渠道的企业占到 38.2%，通过银行信贷融资的企业占到 47.7%，另外有少量企业通过信用担保、民间借贷和小额贷款公司贷款。其他如私募、风投、债券等渠道非常少见。中小微企业从商业银行取得的贷款利率较低，但审批手续复杂，对企业信用与抵押物要求较高。通过民间借贷则相对快捷，但成本高昂。此外，由于创新投入资金量大、创新收益存在较大程度不确定性等因素，风险投资机构也不愿介入。在此情形下，政府融资平台的缺乏，创新基金不足，必然导致中小微企业创新融资“四处碰壁”。尽管政府部门已出台相关融资优惠措施，但针对创新融资的政策较少，调研过程中，企业管理者普遍感觉到政府支持中小微企业创新“口惠而实不至”。

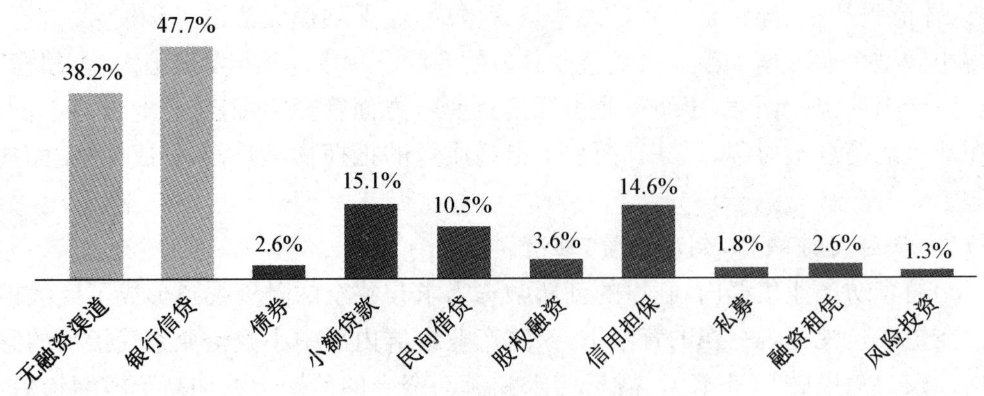

图 7-1-16　企业融资渠道状况

资料来源:根据调研资料整理。

7.1.4.3　人才培养机制缺失——创新人才匮乏

富有创造力的创新型人才在企业创新发展过程中发挥着至关重要的作用,但目前政府的人才培养机制严重缺失,加之企业自身培养人才成本高昂,使得集群内企业创新缺乏人才支撑。

1. 政府人才保障与服务缺位,人才流失严重

一是政府人才保障机制低效。政府的人才保障机制是高层次人才选择就业地点的重要参考。目前来看,"一群两治"导致通州区和海门市政府对于人才培养的投入极其匮乏,尚未建立有效的人才培养机制,且保障政策实施力度不够,难以吸引优质人才。以通州区南通家纺城为例,其吸引人才的主要方式是在国家、省、市级人才项目之外再进行补贴(见表 7-1)。然而,企业家普遍反映,政府人才保障措施实施力度远远不够,财政补贴太少,难以吸引创新人才落户就业。

表 7-1　通州区南通家纺城人才奖励标准(部分)

针对人群/企业	奖励(元)
高学历且签订三年以上劳动合同的人才	30 000
研究生	15 000
引入"千人计划"人才的企业	50 000
引入省双创人才的企业	30 000

资料来源:南通家纺城管委会

二是政府公共服务职能缺位。产业集群的周边自然环境和基础设施建设对于能否留住人才的作用不可小觑。"一群两治"导致了通州区和海门市政府对于基础设施建设的推诿,政府公共服务职能严重缺位。南通家纺产业集群地处郊区,家纺产业集群内交通混乱,主干道堵车情况严重;生活服务设施和文体设施十分匮乏;公交系统不完善，公共交通不便；基础教育条件和医疗卫生条件较差。这些集群“软硬件”设施上的缺陷导致企业无法留住人才。

2. 人才培养顾虑重重，创新人才匮乏

在实地调研的过程中，许多受访企业表示目前愿意留在家纺产业集群的创新型人才越来越少，需求旺盛而供给不足，人才缺口正逐渐增大。一些企业想要出资培养大学生成为创新型人才，但顾虑重重。特别是高昂的人才培养成本以及大学毕业生“眼高手低”的现状，往往使企业对自主培养创新人才望而却步。

一方面，目前大学以及大专等高等院校培养的人才大都与企业的实际运行相脱节，毕业生往往需要经过长期培训才能够正常工作，在培养人才方面所耗费的成本过高。而辛苦培养的人才又极易流失，导致家纺企业投入的巨额人才培养成本“打了水漂”。除此以外，据某家纺企业经理介绍，大学生在接受企业培养后逐步熟悉了业务，与客户建立了一定的联系后，可能会带走企业的客户出去“单干”。家纺集群内，现代版的“农夫与蛇的故事”时常会上演。

另一方面，在调研中，企业家普遍反映大学生业务能力低、学习基础不扎实。专注于花型设计的三威家纺科技有限公司的总监表示，为了培养家纺专业的创新型设计师，她走访了 40 余所高校，建立起多个产学研合作项目，“自己出钱教学生”。但是“学生基础很差，不能满足创新的需要”。一些大学生虽然在课堂上学习过但仍然不会使用 PS，更不要说 CorelDraw、威尔克姆等专业的绘画或者绣花制版软件。因此，大学生专业素质部分较低的现状也给企业培养创新型人才造成了巨大的困难。

7.1.5 寻觅良方——政府战略与企业变革

在 2015 年政府工作报告中，李克强总理指出要把“大众创业、万众创新”打造成推动中国经济继续前行的“双引擎”[①]之一。而 2017 年政府工作报告更是指出要“依靠创新推动新旧动能转换和结构优化升级”，并提出“双创”是推动新旧动能转换和经济结构升级的重要力量。

对于深陷发展瓶颈期的南通家纺产业集群以及其他相关行业的中小微企业来说，创新发展是群内企业目前转型升级的重中之重。习近平总书记指出：“创新要以企业为主体、市场为导向、政府搭平台。”这为探究中小微型家纺企业的创新之困的“破解之策”指明了方向与思路。考虑到政府管理失效，集群内部“一群两治”的管理体制使得两地政府因为顾忌“为他人作嫁衣裳”，不愿意打造良好的外部环境，使得企业丧失了创新驱动的现实基础。因此，变革集群内部“一群两治”的体制是“根本药方”。而“根本药方”并非手到擒来，要想药到病除，必须先做出相应的市场化和过渡

① 双引擎主要是指：一方面，充分发挥市场在资源配置中的决定性作用，培育打造新引擎，推动大众创业、万众创新；另一方面，更好发挥政府作用，改造升级传统引擎，增加公共产品、公共服务供给。

性安排,这正是有针对性解除三大制约的"关键药材"。

7.1.5.1 推行"一区一治",夯实创新基础

制约南通家纺集群及其群内企业创新的根源在于"一群两治",这种根深蒂固狭隘的属地管理思想使得各项优惠政策与激励措施成效甚微。因此,南通市政府应当摈弃家纺产业集群"一群两治"的管理体制,将海门叠石桥国际家纺城和通州家纺城合并为一个行政新区,即:将海门市三星镇与通州区姜川镇合并为一个新区,隶属南通市,新区内统一行政管理,由"一群两治"变为"一区(群)一治"。可考虑在一段时期内保留原有的制度红利(税费水平等),使区(集群)内企业仍保持低成本竞争优势;同时,"一区一治"能有效消除原有"一群两治"所造成的"治理缺位"的制度隐患,有利于新区政府积极加大公共设施投入,改进公共服务,加强道路交通和生活服务设施建设,提升集群的软环境。

考虑到"一群两治"体制的改革不是一蹴而就的,现在可以做出相应市场化和过渡性安排。例如,可以将部分公共基础设施建设进行市场化外包,使中标企业进行整体规划建设,以避免两地政府导致的责任推诿。在这一基础之上,政府应当针对企业面临的三大创新制约问题,急企业所急,想企业所想,调整完善相应的政策,做好服务保障工作。

7.1.5.2 规范市场竞争秩序,激发创新动力

整个家纺行业内存在大量抄袭仿冒的现象极大扰乱了市场秩序,损害了企业的创新收益和创新动力。而这一问题源于"一群两治"下的治理缺位,针对这样的情况,必须坚持"知识产权就是生命线"的思想不动摇,做好知识产权的保护工作,从法制建设、信用体系建设、行政监管三个方面一起入手,打击抄袭仿冒、恶性竞争的行为。创新收益。

1. 改善法治环境,保护创新红利

积极进行法制建设,改善法治环境,可加强群内中小微企业公共服务平台和发展服务中心建设,定期发布知识产权保护的相关信息,强化家纺企业的知识产权保护意识。除此以外,要充分发挥知识产权保护工作中心、知识产权纠纷调处中心和知识产权快速维权中心的作用,对于企业要求进行知识产权保护的诉求给予积极的答复和应对,严厉制裁一切侵犯知识产权的行为。真正做到"充分保护、有效调解、快速维权",从而维护企业的知识产权,防止因为抄袭、仿冒造成创新企业利润被摊薄的现象,切实维护中小微企业的创新收益。

2. 加强行政监管,树立品牌意识

行政监管在现阶段尤为重要,保护知识产权、强化信用和消除低质低价恶性竞争等市场乱象的重任只能由政府担当。例如,在知识产权保护不力、信息不透明的情况下,一些抄袭仿冒的企业为了降低成本、实现快速复制,往往会选择偷工减料,从而降低了产品的质量。对此,工商部门应当加强管理,制定相关的质量检测标准,对于通

过质量检测的企业授予“叠石桥商标”、“南通家纺质量认证”等质量合格的标识。在通过一定的质量检测标准之后再考虑授予企业品牌。对于生物科技家纺等新兴的家纺创新产品，要针对其是否具有特殊功效制定明确的标准，由纤维检验所等机构进行专业检验。由此，实现对家纺产品，尤其是功能型家纺创新产品的保护。

7.1.5.3　改善金融生态环境，加强创新支持

中小微企业融资难、融资贵，创新融资更是难上加难。要解决这样的难题，不仅需要企业自身的努力，也需要政府给予政策倾斜和资金扶持来减轻企业压力。

1. 完善企业征信和信用评级机制

“阳光是最好的消毒剂”，应逐步将南通家纺产业集群建成为信息充分、对称、真实、透明的“阳光市场”。政府应当建立健全企业征信和信用评级机制，创建企业信用信息系统和信用信息披露平台，建立家纺企业的信用档案，发布企业信用级别，并将信用评级与企业融资制度挂钩。当一家企业发生违约等失信行为，其信息将迅速传递至整个家纺市场，所有家纺企业及关联企业都知晓（黑名单机制），从而构成对整个家纺市场的违约，这也意味着一旦企业失信，该企业将无法生存并最终会被逐出市场。商业银行可以将企业的信用信息作为其放贷的考量因素，放宽信用良好企业的融资条件；同时可以将其作为发放企业创新基金的依据之一。

2. 搭建产业集群融资平台

在管理体制改革的基础之上，“新区政府”应当建立产业集群的融资平台，并规范民间借贷体系，给予南通家纺产业集群中创新意愿强烈的中小微企业更多的金融支持。同时，“新区政府”应当与银行进行政策沟通，降低确实有创新需求的中小微企业创新信贷门槛、缩短贷款审批时间、降低贷款利率，也可以通过众筹、中小企业集合债、企业债形式等形式筹集资金，使中小企业摆脱流动性困境与融资困境，为企业创新提供资金保障。

3. 创设企业创新基金

在由“一群两治”向“一区一治”过渡的阶段，应当建立中小微企业创新基金解决中小微企业在创新过程中融资难、融资贵的问题。在形式上，可以由两地政府设立。创新基金，即政府财政基金加风投基金。财政基金即政府扶植基金，两边政府进行财政投入，体现政府扶持意愿；另外主要是风投基金，引入风投机构或风险投资家，建立风投基金。在运作上，企业有好的创新设计时，申请风投基金，由市场专设的机制评估，其共享收益共担风险。同时，可以根据企业创新需求的不同方面（例如创新人才、先进机器设备等，以及企业创新型产品的潜力等标准）划分不同等级，从而对企业创新给予不同程度的资金扶持。通过成立中小微企业创新基金，推动过渡阶段的中小微企业实现转型创新，给予中小微企业资金支持。

7.1.5.4　实施“双金”战略，培养创新人才

创新人才匮乏问题可从两个方面进行解决：一是创建“家纺人才金港”，构建多层

次人才培训体系,夯实家纺人才培养基础;二是创设人才保障基金,吸引与留住优秀人才。

1. 创建“家纺人才金港”,构建创新型人才输送基地

南通家纺产业集群代表了我国家纺产业的先进水平,理应成为行业内创新人才的培养与孵化基地,而不应“守株待兔”,坐等群外优秀人才自由流入。因此,“家纺人才金港”是新区政府可考虑的制度创新。近年来在我国许多城市陆续创建了服务于不同产业人才战略的“人才金港”,如上海浦东陆家嘴地方政府首创的、服务于金融人才战略的人才金港,辽宁省本溪市服务于药业人才战略的“药都人才金港”等等。新区政府可借鉴这些人才金港的有益经验,创建南通家纺产业集群的“家纺人才金港”。家纺人才金港的创建思路为:引进市场化运作团队,政府优惠提供土地、人才公寓、生活设施、教学场所等,在集群区域内“重构校园”。通过这种“产学研结合”打通高校与产业之间的隔阂,这样既可以让纺织类在校生对真正的家纺产业有直观的感性认识,又可以使渴望得到创新型人才的家纺企业“有才可选”。在“家纺人才金港”生活与学习过的创新型人才,对群内企业有着天然的亲近感,更倾向于在集群内工作。这些人才一旦进入家纺企业,极易上手,能够降低企业自主培养人才的成本。

2. 创设人才保障基金,引进与留住高端创新型人才

高端人才难以引进以及人才易流失是南通家纺产业集群创新型人才匮乏的最直接原因。在高端人才上,南通家纺产业集群不仅面临来自行业内其他地区家纺企业的竞争,也面临来自行业外企业的竞争。因此,人才的引进是一个方面,而如何留住人才对于南通家纺产业集群来说可能更为迫切。要留住高端人才,使他们获得事业成就感,人才保障基金应该发挥更积极的作用。

鉴于此,政府应立足南通家纺产业集群的实际,寻找有针对性的对策与措施。政府应在创设人才保障基金方面发挥积极作用,将过去由家纺企业出资引进、培养人才,向由政府主导设立人才保障基金和市场化运作转型。政府主导指政府提供人才保障基金,市场化运作指通过市场机制引进基金公司进行管理操作,为留住与培养集群内家纺中小微企业高端人才提供支持。

7.1.5.5 打造跨界产业联盟,深化协同创新

南通家纺中小微企业的创新发展不仅需要政府的倾力支持,也离不开企业自身创新行为的激励。石墨烯材料运用于家纺产品,不仅仅是家纺企业面料创新上的新突破,更是传统家纺行业生产模式转型升级的重大创举。

因此,应当加快家纺企业产业联盟的构建,深化传统企业与新兴高科技企业间的协同创新,实现“共享经济”。石墨烯材料运用于家纺行业实质上是一种新旧动能之间的“众筹”模式,传统家纺企业拥有良好的产业基础和市场,而新兴的石墨烯新材料企业拥有先进的技术和材料,建立家纺企业的产业联盟,发挥两方企业的比较优势,

进行各方优质资源的再整合，实现协同创新收益“共享”，从而使得新技术与新材料在联盟内得到推广，实现升级家纺传统动能的目标。

同时，政府应对“协同创新”发挥积极的扶持作用。通过创设“协同创新”基金，给予跨界产业联盟金融支持，加速“协同创新”的成果转化，促进产业联盟的深化发展。“跨界产业联盟＋协同创新”还应与“一带一路”国家战略密切结合起来。“一带一路”正从战略构想日益走进现实，其中家纺产品是“丝绸之路经济带”和“21 世纪海上丝绸之路”上的主要贸易品种。中小微家纺企业应该借助“一带一路”平台，积极参加推介会、展销会、合作论坛等，结合互联网营销，实现产品销售模式的创新。与此同时，在“一带一路”的平台上，中小微家纺企业能够获取国际最新的产品供给与需求信息，捕捉未来家纺产品的趋势与潮流，从而有的放矢地推动产品创新。

结语

鉴于南通家纺产业集群及其群内企业由高速增长进入低速徘徊的现实，本文基于景气调查问卷，结合实地调研笔录、企业家座谈和政府管理部门访谈，对集群发展中所面临的问题进行了剖析。实地调研的结果表明，无论是企业、政府管理机构还是专家学者均认为，产品设计与产品销售创新是南通家纺产业集群及其内部企业实现转型升级的关键抓手。然而，当前中小微企业创新举步维艰，具体表现为不愿创新、没钱创新、没人创新。产生这一窘境的根本原因在于，“一群两治”的管理体制下，市场治理缺位，创新红利微薄；金融平台缺乏，创新投入不足；人才培养机制缺失，创新人才匮乏。因此，将“一群两治”逐步转向“一区一治”是“根本良方”。在此基础上，政府应规范市场竞争秩序，激发创新活力；改善金融生态，提升金融支持创新的效率；实施“双金”战略，培养与储备创新人才。同时打造跨界产业联盟，深化企业协同创新以充分发挥企业创新潜能，释放创新活力，通过自主创新实现企业转型升级与可持续发展。

中小微企业是我国经济体系的重要组成部分，在供给侧结构性改革进程中，如何通过创新突破自身的发展瓶颈，推动新旧动能转换，促进整个产业结构的转型升级是一道绕不过去的坎。南通家纺产业集群及其群内企业创新不足之困是国内众多中小微企业现状的缩影，报告的研究成果对于其他行业和其他地区中小微企业借助创新实现可持续发展具有极为重要的现实意义。

7.2 江苏中小企业2014年—2016年金融景气指数研究

吴 燕[①]

7.2.1 研究背景

中小企业在经济中起到越来越重要的作用,而近年来中小企业发展也是社会关注的焦点。中小企业的快速良好发展不但能积极促进地方经济发展,而且能提供更多的就业岗位。但是近年来,由于外部美国次贷危机、欧债危机的冲击和内部宏观经济下行的影响,我国中小企业所面临的发展环境已经发生了重大变化。

江苏作为我国经济大省,其中小企业的发展也必然起到不可忽视的作用。所以对江苏中小企业的经营现状以及发展环境的研究显得尤为重要。而中小企业融资难的问题长久以来都是人们关心的重点,尤其是在国内外宏观环境的双重压力下,中小企业面临的金融环境成为我们高度关注的研究课题。

因此南京大学金陵学院在2014年—2016年期间,每年暑假组织商学院的在校师生对江苏省13个地级市的中小企业进行景气指数问卷调查。2014年共回收有效问卷3 500份,2015年共回收有效问卷5 439份,2016年共回收有效问卷3 221份。本文通过对数据的搜集和统计主要进行金融景气指数的计算,根据具体指数水平的变化深入研究江苏中小企业的金融景气的态势。

7.2.2 景气指数界定

本文采用中国经济景气监测中心颁布的景气指数计算方法对相关数据进行分析。景气指数包括生产景气、市场景气、金融景气、政策景气四个二级指标,每个二级指标根据侧重点的不同又各自包括不同的评判标准。生产景气指数主要包括营业收入、经营成本、生产能力过剩、劳动力需求和人工成本等因素,市场景气指数主要包括劳动力需求、新签销售合同、产品销售价格、营销费用和原材料价格等因素,金融景气指数主要包括投资计划、流动资金、获得融资、融资需求和融资成本等因素,政策景气指数主要包括融资优惠、税收负担、税收优惠和专项补贴等因素。

景气指数的数值介于0和200之间,100为景气指数的临界值。当景气指数大于100时,表明所处状况趋于上升或改善,处于景气状态,越接近200状态越发好;当景气指数小于100时,表明所处状况趋于下降或恶化,处于不景气状态,越接近0状态越差。本文主要选择2014年—2016年三年的金融景气指数进行解读分析。

① 吴燕,南京大学金陵学院金融学系教师,南京大学商学院金融与保险学系博士研究生。

7.2.3　江苏中小企业金融景气指数分析

7.2.3.1　2014 年—2016 年江苏中小企业金融景气指数

2016 年江苏中小企业金融景气指数为 106.0，处于绿灯区，稍低于综合指数（106.9）。相较于 2015 年略微下降 0.3，但是仍然高于 2014 年。如果将 2014 年作为基期，即 100（基期数据为 100.3），则 2015 年的金融景气指数为 106.0，2016 年的金融景气指数为 105.7，见表 7-2-1。可见江苏省中小企业金融景气态势是比较好的，虽然 2016 年比 2015 年有所下降，但是幅度极小，可以视作稳定的金融态势并且有利于江苏省中小企业的发展。

表 7-2-1　江苏省中小企业金融景气指数

	2014	2015	2016
金融景气指数	100.3	106.3	106.0
以 2014 年为基准	100	106.0	105.7

7.2.3.2　2014 年—2016 年金融景气指数三级指标比较

1. 三级指标变化

金融景气指数由 10 个三级指标构成，从图 7-1-1 中可以看出总体运行状况、应收款、投资计划、流动资金和融资需求指数的稳定上升使得 2016 年金融景气指数基本保持稳定起到了非常重要的作用。尤其是总体运行状况在 2015 年显著低于 2014 年的情况下，2016 年的总体运行状况又有所回升。2014 年总体运行状况指数 125.5，而 2015 年该指数为 119.3，这说明 2015 年已经有较多中小企业感觉到经济下行的压力，但当时该指数是高于中小企业总景气指数（105.5）和金融景气指数（106.3），因此 2015 年整体经济下行的压力并没有动摇多数中小企业管理者的经营信心。虽然总

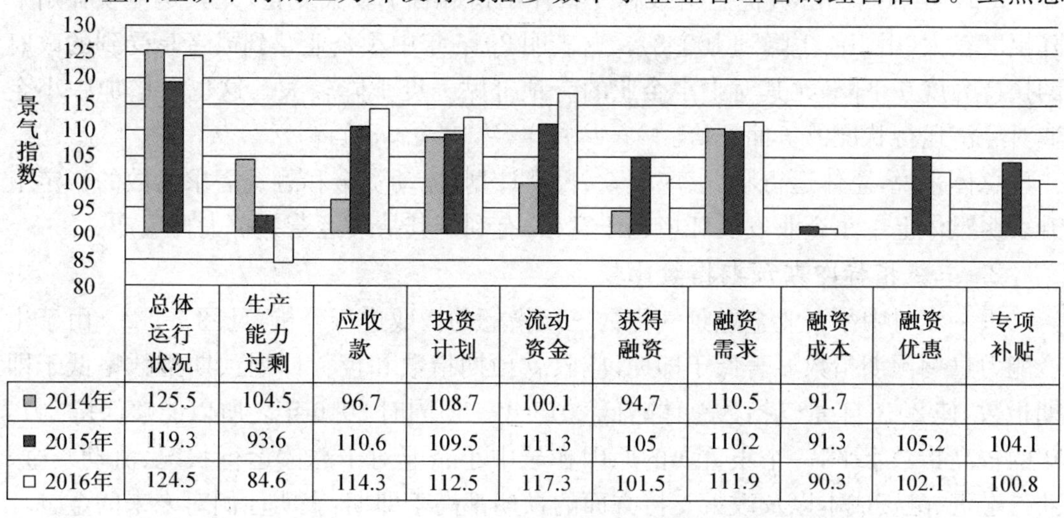

	总体运行状况	生产能力过剩	应收款	投资计划	流动资金	获得融资	融资需求	融资成本	融资优惠	专项补贴
2014年	125.5	104.5	96.7	108.7	100.1	94.7	110.5	91.7		
2015年	119.3	93.6	110.6	109.5	111.3	105	110.2	91.3	105.2	104.1
2016年	124.5	84.6	114.3	112.5	117.3	101.5	111.9	90.3	102.1	100.8

图 7-2-1　2014—2016 金融景气指数三级指标的比较

体运行状况指数 124.5 仍然略低于 2014 年的 125.5,但是已经比 2015 年有显著回升。这表明 2016 年中小企业在经历了 2014 年经济下行的压力后再次获得了信心。

企业应收货款的变化一方面说明其经营状况的好坏,另一方面说明其资金被占用的多少,从而影响其资金流动性。而企业的流动资金有利于其日常经营,以便于产生更多的营业收入。从融资的角度来说,流动资金是其外部融资的重要保障。通常企业对未来有良好预期的话就会制定固定资产投资计划加大投资,反之企业未来可能会减少固定资产投资。图 7-2-1 显示,2014 年到 2016 年应收账款、投资计划和流动资金 3 个三级指数呈现连续上升的态势。这说明三年来中小企业流动资金充裕且应收款不断增加,是逐年趋好的态势。同时也说明中小企业对未来发展预期较好,敢于加大资金投入,扩大再生产。这都有利于进一步加强中小企业经营发展的信心。

而投资计划对未来的融资需求会有较大的影响,这就要求企业能够尽早安排融资计划,拓宽融资渠道,保证企业未来资金的流动性,图 1 显示中小企业融资需求相对比较稳定。

图 7-2-1 中生产能力过剩和融资成本两个三级指数三年持续下降。而生产能力过剩指数下降幅度较大,2014 年中小企业生产能力过剩指数还处于微景气状态,但接着两年都处于不景气状态,且产能过剩问题不断加剧。这表明企业库存仍然在持续增加的态势比较严峻,不仅影响中小企业对总体经济运行状况评价,也会一定程度上影响投资需求。融资成本指数也一直处于不景气状态,三年都没有得到有效改善。这表明中小企业融资成本一直居高不下,也是影响企业利润的非常重要的负面因素。

2015 年新增的融资优惠指数和专项补贴指数有了较大变化,尤其是专项补贴下降幅度较大(由 104.1 降到 100.8)。这表明 2016 年中小企业感到或者享受到的政府的扶持力度在下降,尤其对中小企业的专项补贴力度下降较大。这也会增加中小企业对经济运行状况的负面评价。

总体来说,总体运行状况、应收款、投资计划、流动资金和融资需求指数的稳定上升表明整体上中小企业发展环境趋于宽松,有利于其持续经营并扩大再生产。

2. 三级指标即期预期指数比较

进一步对中小企业金融景气指数三级指标的构成进行分析,见图 7-2-2。由于生产能力过剩预期指数显著低于即期,应收款预期指数和投资计划预期指数略低于即期指数,使 2016 年景气指数总体略低 2015 年。但同时 2016 年之所以能够保持 2015 年的较高指数水平,一个很重要的原因在于中小企业对于总体运行状况、流动资金、获得融资、融资成本以及政策支持方面的预期都高于即期,表明他们对未来的金融环境还是抱有一定信心。

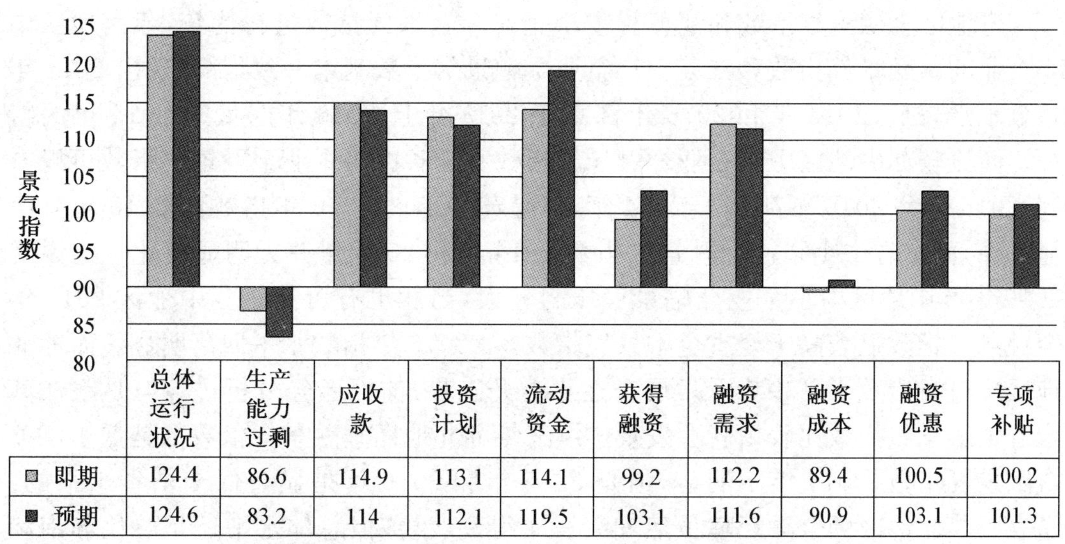

	总体运行状况	生产能力过剩	应收款	投资计划	流动资金	获得融资	融资需求	融资成本	融资优惠	专项补贴
■ 即期	124.4	86.6	114.9	113.1	114.1	99.2	112.2	89.4	100.5	100.2
■ 预期	124.6	83.2	114	112.1	119.5	103.1	111.6	90.9	103.1	101.3

图 7-2-2　2016 年金融景气指数三级指标即期预期指数

7.2.3.3　2014 年—2016 年金融景气指数地区间比较

对金融景气指数进行地区间比较(见图 7-2-3)可以看出苏南、苏中和苏北的金融景气指数 2016 年与 2015 年呈现了不同的变化。苏南基本持平,仅下降了 0.1。苏中 2015 年金融景气指数是 109.8 居于三地之首,比 2014 年有较大上升,但是在 2016 年却出现了一定程度的下降。尽管如此,苏南和苏中在 2016 年金融景气指数仍然都要高于 2014 年。

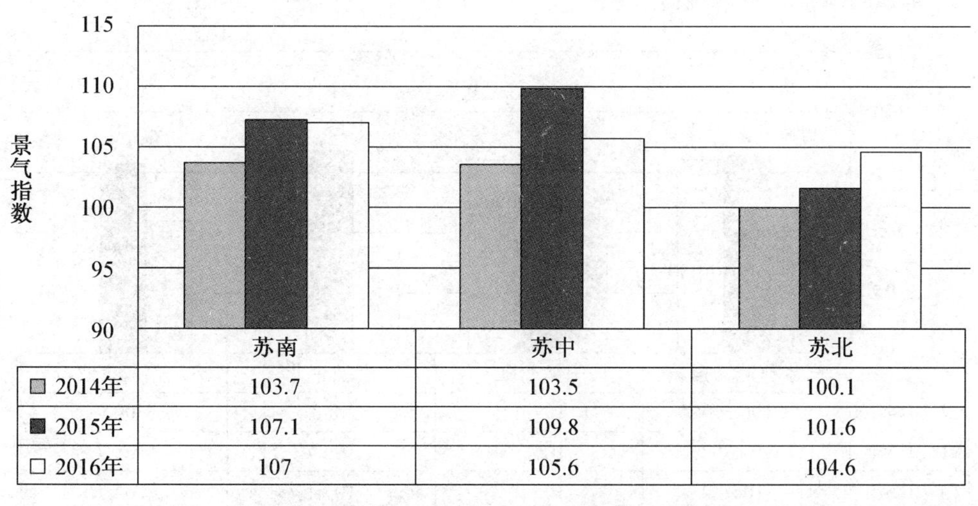

	苏南	苏中	苏北
■ 2014年	103.7	103.5	100.1
■ 2015年	107.1	109.8	101.6
□ 2016年	107	105.6	104.6

图 7-2-3　2014—2016 年分地区金融景气指数比较

最为显著的是苏北连续三年金融景气指数保持持续上升,尤其是在一向发展较好的苏南苏中地区金融景气表现不佳的情况下还能取得较大进步,可见苏北中小企业这三年的总体金融发展是趋好的。

将地区金融景气指数和江苏省中小企业金融景气指数进行比较,苏南地区中小企业的金融景气指数和江苏中小企业金融景气指数基本一致,都体现出2014年指数水平较低,2015年和2016年都高于2014年且2016年略低于2015年的特征。而比较苏中地区中小企业金融景气指数和全省中小企业金融景气指数可以看到,2015年和2016年都高于2014年,但是苏中地区2016年指数比2015年有明显下降,而全省中小企业金融景气指数2016年和2015年并无明显变化。这说明2016年苏中地区中小企业金融景气压力较大,当然也有可能是苏中地区2015年金融景气指数显著高于全省金融景气指数,而2016年指数水平回落明显。而苏北地区从自身指数水平趋势看发展呈逐年上升态势,前面已经分析过。但是跟江苏全省金融景气指数比较后就会发现连续三年苏北地区金融景气指数都是低于江苏金融景气指数,2014年不明显,但是2015年和2016年是显著低于全省水平的。这表明苏北地区的金融环境虽然连续三年得到改善,但总体水平还是要比苏南和苏中地区低。

7.2.3.4 2014年—2016年不同规模企业金融景气指数比较

将不同规模的中小企业进一步细分为中型企业、小型企业和微型企业进行金融景气指数比较,见图7-2-4。2014年至2016年中型企业和微型企业金融景气指数变化走势和总的金融景气指数保持一致,都是2014年指数最低,2015年较大幅度上升,2016年略微下降。而小型企业金融景气指数虽然在2014年表现不佳,处于最低水平,但却能够连续三年持续上升,尤其在2016年表现相对良好,在2015年比2014年较大提高的基础上仍然稳定增长。

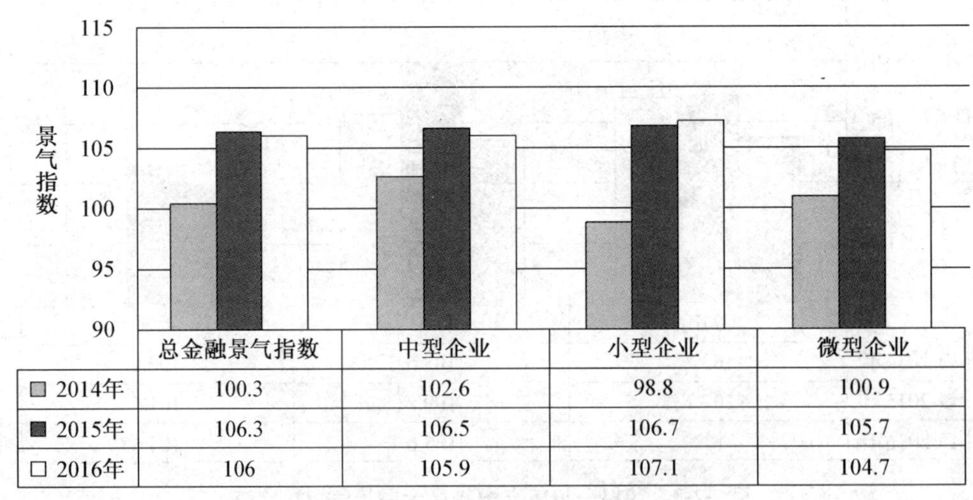

	总金融景气指数	中型企业	小型企业	微型企业
2014年	100.3	102.6	98.8	100.9
2015年	106.3	106.5	106.7	105.7
2016年	106	105.9	107.1	104.7

图7-2-4 分规模企业金融指数比较

中型企业和微型企业金融景气指数在2014年都高于小型企业金融景气指数,但是随后两年即2015年和2016年都是低于小型企业金融景气指数的,这表明这两年的金融环境更有利于小型企业的发展。

总体来说三年来不同规模企业金融景气指数一直处于绿灯区，表明江苏不同规模中小企业所处金融景气态势相对稳定。

7.2.4 中小企业金融景气特征

综合以上对2014年—2016年江苏省中小企业金融景气指数的分析，对江苏中小企业金融景气态势总结出以下特点。

7.2.4.1 总体金融景气态势良好

2014年—2016年中小企业金融景气指数都大于临界值100，且有不断提高的趋势，这表明中小企业所处的金融态势良好，且有不断改善的趋势。2016年中小企业对于总体运行状况、流动资金、获得融资、融资成本以及政策支持方面的预期指数都高于即期指数，表明其对未来的金融景气态势是持积极乐观预期的。

7.2.4.2 产能过剩问题严峻

2014年—2016年生产能力过剩指数下降幅度较大，即使在2014年中小企业生产能力过剩指数也只是处于微景气状态，但2015年和2016年都处于不景气状态，且指数大幅下降也表明产能过剩问题不断加剧。中小企业库存仍然在持续增加的态势比较严峻，这一方面可能因为宏观经济的原因，另一方面也可能因为企业的产品结构等原因。而且较为严重的产能过剩的问题也会影响到中小企业使用资金的效率。因此不仅影响中小企业对总体经济运行状况评价，也会一定程度上影响投资需求。

7.2.4.3 企业自身金融需求稳定

2014年—2016年投资计划指数一直处于景气状态，说明企业每年都有较好的投资计划，而且指数呈现连续上升的态势，这表明中小企业对未来有较好的发展预期，稳定提高的投资计划本身就是中小企业经营信心的表现。投资计划的稳定增加自然也使得企业的融资需求指数三年来也是处于景气状态且不断升高的趋势。只有稳定且连续的投资计划以及其带来的融资需求才能进一步说明中小企业敢于加大资金投入，扩大再生产。

7.2.4.4 政府金融支持力度有待提高

2015年新增了融资优惠指数和专项补贴指数，这两个指标在一定程度上能够代表政府金融支持力度。2015年度两个指数都处于景气状态，表明中小企业能够较明显地感受到政府的支持措施。但在2016年两个指数都有较大降幅，尤其是专项补贴下降幅度较大(由104.1降到100.8)。事实上专项补贴指数已经逼近临界值100，很有可能在下一年度进入不景气状态，而中小企业的融资成本高和融资渠道窄的问题亟须政府出台相应政策帮助解决。政策支持力度弱化会实际加大中小企业对未来发展的负面评价。因此政府金融支持力度有待进一步提高。

7.2.4.5 不同地区金融环境差异缩小

2014 年—2016 年江苏省苏南、苏中和苏北地区的中小企业金融景气指数都处于景气状态,而相对而言苏北中小企业金融景气指数一直低于苏南和苏中地区。这表明苏北还是处于弱势地位,比如融资政策没有苏南和苏中地区优惠,融资成本高于苏南和苏中地区等。尤其是 2015 年苏北地区金融指数与苏南苏中差异较大,但是 2016 年两者指数差距又有了一定程度的减小。苏北地区中小企业在 2016 年金融景气有所改善,而苏南苏中地区金融景气是不如 2015 年的,因此从变化趋势来看苏南、苏中和苏北地区的金融景气差异缩小。

7.2.4.6 不同规模企业金融景气趋近

2014 年—2016 年不同规模企业的金融景气指数基本都处于景气状态。只有小型企业在 2014 年处于不景气状态,但很快在 2015 年有了大幅度提升,甚至该年小企业金融景气指数超过了中型和微型企业,直到 2016 年其他规模企业金融指数下降的情况下小型企业指数依旧微涨,表明这两年的金融环境更有利于小型企业的发展。总体来说不同规模企业金融景气指数一直相差不大,表明不同规模企业所处金融景气态势趋近且稳定。

7.3 江苏中小企业 2014—2016 年政策景气指数发展趋势分析

王 娜[①]

7.3.1 调查背景

南京大学金陵学院商学院于 2014 年—2016 年连续三年,利用暑期时间,组织 500 余名/年师生赴江苏 13 市中小企业集聚区进行中小企业景气指数调研,2014 年收回有效问卷 3 500 份,2015 年收回有效问卷 5 439 份,2016 年收回有效问卷 3 221 份。根据商学院企业生态研究中心创建的中小企业景气指数模型、指标体系和国家统计局编制景气指数的统计方法,对三年的问卷分别计算其景气指数。此外,生态研究中心还将江苏省中小企业景气指数进行了二级指数的划分,包括生产景气指数、市场景气指数、金融景气指数和政策景气指数四个二级指数。对三年调研数据进行统计计算得到 2014—2016 年三年的整体景气指数及二级指标景气指数,如表 7-3-1 和表 7-3-2 所示。

① 王娜,南京大学金陵学院会计系副教授,博士研究生。

表 7-3-1　2014 年—2016 年江苏中小企业景气指数

	2014 年	2015 年	2016 年
江苏中小企业景气指数	107.2	105.5	106.9
以 2014 年为基准	100	98.4	99.8

表 7-3-2　2014—2016 年江苏中小企业二级景气指数

	2014 年	2015 年	2016 年
生产景气指数	103.9	107.4	108.5
市场景气指数	109.4	103.4	104.7
金融景气指数	100.3	106.3	106.0
政策景气指数	88.9	100.2	102.6

由二级景气指数对比发现，在 2014—2016 年的三年中，政策景气指数和其他三项指数比较而言是最低的，以下就江苏中小企业政策景气指数情况进行详细分析。

7.3.2　江苏中小企业政策景气指数

7.3.2.1　2014—2016 年江苏中小企业政策景气指数

2016 年度江苏中小企业政策景气指数为 102.6，比 2015 年的 100.2 上升了 2.4，比 2014 年的 88.9 上升了 13.7，总体来说，中小企业发展的政策环境有所改善，政府的相关努力得到大多数企业的认可。三年中小企业政策景气指数走势如图 7-3-1 所示。

政策景气指数

	2014年	2015年	2016年
—— 政策景气指数	88.9	100.2	102.6

图 7-3-1　2014—2016 年江苏中小企业政策景气指数走势

7.3.2.2　江苏不同地区中小企业政策景气指数比较

根据调研数据，分地区计算其中小企业政策景气指数。如图 7-3-2 所示，苏南、苏中、苏北三地区的中小企业政策景气指数有所差异，苏北的中小企业政策景气指数最高，2016 年达 104.2，其次是苏中 102.3。从 2014—2016 年三年的走势看，政策景气指数相比 2014 年，三地区都有所提升，且到 2016 年三地区的中小企业政策景气指数差异减少,均超过 100。

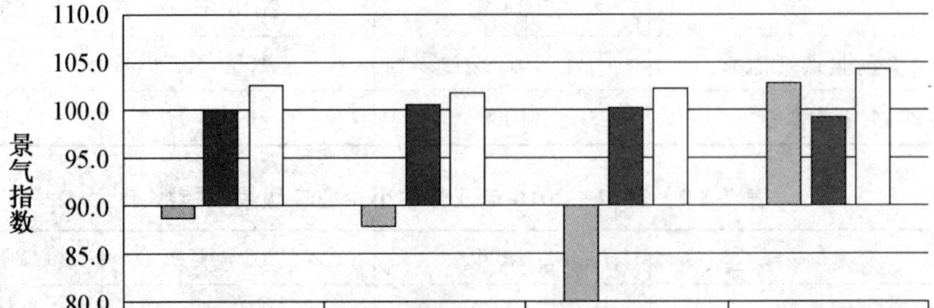

景气指数	综合	苏南	苏中	苏北
2014年	88.9	88.0	79.9	102.8
2015年	100.2	100.7	100.3	99.2
2016年	102.6	101.8	102.3	104.2

图 7-3-2　2014—2016 年江苏三地区中小企业政策景气指数比较

7.3.2.3　江苏不同类型企业政策景气指数比较

依据所调研数据,计算不同类型企业的政策景气指数,并对 2014 年—2016 年的变化情况加以比较。如图 7-3-3 所示,2016 年无论中型、小型还是微型企业的政策景气指数,相比 2014 年都有了明显提升,均超过了 100,且都在 102～103 之间,差异较小,说明三种类型企业发展的政策环境较均衡。

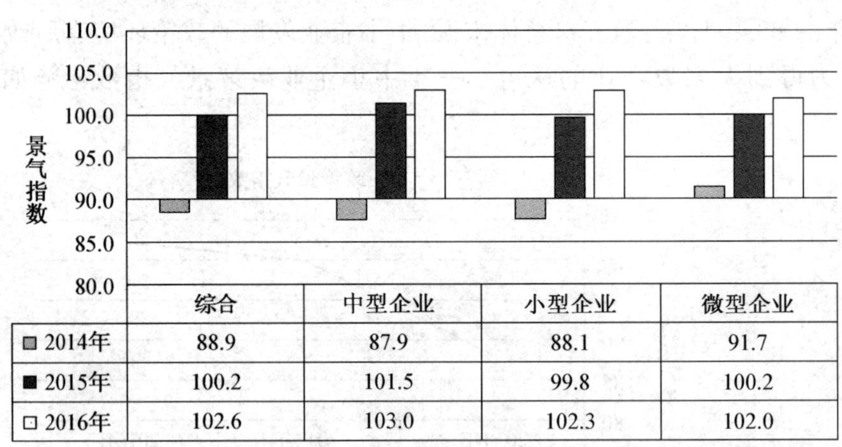

图 7-3-3　江苏 2014—2016 年不同类型企业政策景气指数比较

7.3.2.4　江苏 13 市中小企业政策景气指数比较

对 2016 年调研数据进行统计,得到江苏 13 市中小企业政策景气指数,并与 2014 年和 2015 年进行比较,如表 7-3-3 所示。2016 年江苏中小企业整体政策景气指数为 102. 6,比 2014 年的 88. 9 上升了 13. 7,比 2015 年的 100. 2 上升了 2. 4,总体来看中小企业发展的政策环境逐年得到了改善,政府的相关努力得到大多数中小企业的肯定。

表 7-3-3 显示,除了镇江和宿迁,其余 11 个城市的政策景气指数 2016 年都有不同

程度的上升，升幅最大的是徐州，相比2014年上升了28.9，比2015年上升了4.4。2016年13个地级市中，盐城、连云港、无锡的政策景气指数分别列13市的第1、2、3位。

表7-3-3 2014—2016年江苏13市中小企业政策景气指数

	2014年	2015年	2016年	2016年与2014年相差	2016年排序
南京	89.2	100.7	100.7	11.5	10
无锡	82.2	101.0	105.5	23.3	3
徐州	73.9	98.4	102.8	28.9	6
常州	88.7	98.5	104.4	15.7	4
苏州	87.5	101.2	100.5	13.0	12
南通	91.0	99.1	100.6	9.6	11
连云港	84.0	97.5	105.6	21.6	2
淮安	81.3	102.7	101.8	20.5	9
盐城	103.7	104.2	107.7	4.0	1
扬州	88.4	100.9	102.6	14.2	8
镇江	99.4	102.4	96.7	−2.7	13
泰州	88.0	101.5	102.7	14.7	7
宿迁	109.0	96.7	102.9	−6.1	5

将13市的政策景气指数通过雷达图进行比较，如图7-3-4所示。图中灰色实线围成的区域面积是2016年13市的政策景气指数，浅黑色与深黑色围成的区域面积分别是2015年和2014年政策景气指数。通过比较不同的区域面积，发现2015年和2016年实线围成的区域面积的外形比较均匀，而2014年区域面积的外形出现多个极值，反映自2015年起各市的政策景气度较为均衡。

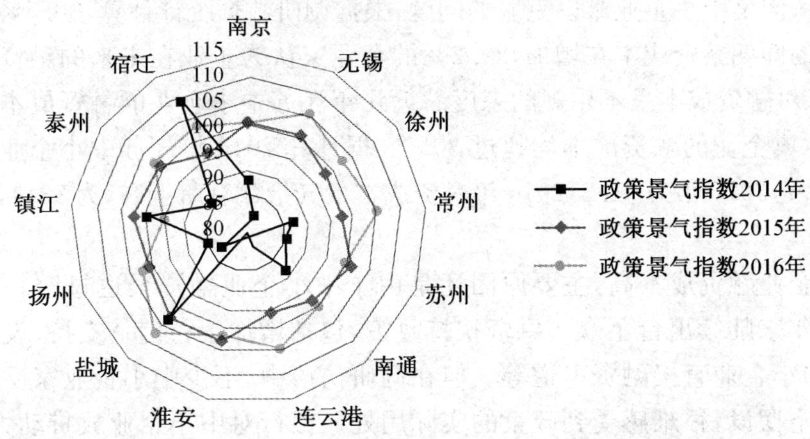

图7-3-4 2014—2016年江苏13市中小企业政策景气指数比较

7.3.3 江苏中小企业政策景气分析

影响中小企业政策景气指数的因素较多,南京大学金陵学院企业生态研究中心综合可能的影响因素,构建了政策景气指数三级指标指数,包含政府效率、综合经营、获得融资、融资优惠、税收优惠、行政收费、专项补贴、税收负担、融资成本和人工成本十项指标。根据对调研数据的统计计算,得到10个三级指标的政策景气指数。在10个三级指标中,税收负担、融资成本、人工成本三个指标的2016年的景气指数低于平均值,均在100以下。接下来我们就着重分析这三项指标。

7.3.3.1 税收负担指数分析

2016年江苏中小企业税收负担指数为94.6,比2015年的90.0上升了4.6,但仍低于整体景气指数。从全国来看,2016年全国税务部门组织税收收入115 878亿元(已扣减出口退税),比2015年增长4.8%。在GDP增速下降幅度不大的情况下,2016年税收收入增幅下降较多,实施减税政策是其中一个重要原因。税制改革和减税政策不仅直接降低了企业税收负担,因此2016年整体税收环境得到了一定程度的改善。但从指数来看,税收负担指数仍低于均值,多数受访企业仍感到税收负担较重。

中小企业普遍感到税负重,一方面是本身税负承受能力的原因,另一方面,则是费的原因,目前我国主要存在三大类收费,即政策性收费、行政性收费和社会性收费,这些费存在于企业生存发展的方方面面,给企业,尤其是中小微企业,造成了很大压力。此外,巧立名目收费、同行业不同税、重复缴税等问题比较严重,给企业造成税负重的错觉,实则是很多企业将乱收费、乱罚款现象与税收问题混为一谈。

7.3.3.2 融资成本指数分析

融资一向是中小企业难以克服的问题,根据调研数据统计计算,30.5%的企业家认为企业的即期融资成本在增加,29.2%的企业家认为企业在未来的融资成本会增加,企业家对融资成本呈不乐观的态度。近几年江苏中小企业的融资成本均处在较高水平,六成企业的融资成本均超过30%。据计算2014年江苏中小企业融资成本指数为91.7,2015年为91.3,2016年融资成本景气指数有所上升,为93.4,但处于较低水平。

中小企业融资成本高,主要原因还是由于中小企业融资渠道过窄。国家以及江苏省近年来陆续出台了众多融资扶持政策,包括增加银行信贷支持、设立专项资金、拓宽中小企业直接融资渠道等。但在调研访谈中,不少中小企业家反映很多融资政策为空摆设,很难感受到政策的实际用处。银行对中小企业放贷动力不足,一方面,受当前信贷监管考核机制的约束;另一方面,中小企业贷款管理成本较高。银行对中小企业的管理成本约为大中型企业的5倍左右。不少中小企业家不得不放弃银行贷款,转而寻求小额贷款公司或民间高利贷渡过经营难关。然而小额贷款公司融资杠杆率低，资金不充裕，又进一步加剧了中小企业的融资难和融资贵的问题。

7.3.4　人工成本指数分析

2016年江苏省中小企业人工成本指数为76.7，略高于2016年，是所有三级指标中指数最低的，可见人工成本对于中小企业，尤其是小微企业来说压力较大。企业的人工成本主要包括：职工工资总额、社会保险费用、职工福利费用、职工教育经费、劳动保护费用、职工住房费用和其他人工成本支出。企业的人工成本偏高，一方面是因为社会消费水平普遍提高，通7.货膨胀的影响，使员工的薪资水平在逐年上升；另一方面，政府要求所有企业为员工缴纳五险一金。

7.3.5　提升江苏中小企业政策指数的建议

7.3.5.1　建立健全减负政策体系，提升企业自身能力

第一，明确减税政策的出发点。首先，减税政策应以提升中小企业发展能力为出发点，针对中小企业设计一个完整的扶持政策体系；其次，减税政策要具体、可操作性强，并制定相应的检查、考核、奖惩制度促进实施。第二，中小微企业要提升自己，提高产品质量，提高市场竞争力。此外，应建立健全财务会计核算制度和相关账簿，提高会计信息质量，为企业节税提供良好的财务基础。

7.3.5.2　多元化发展，构建完整的中小企业融资体系

调动民间资金积极性，完善金融体系微循环系统。政府要建立和发展直接为中小企业服务的中小合作银行或合作金融组织，以小额贷款公司和村镇银行体制机制创新为突破口，打通中小企业多而融资难、民间资金多而投资难的"两多两难"对接瓶颈。解决小额贷款公司税收优惠陆续到期后经营成本上升问题，改革小额贷款公司设立规定，适度放宽标准，从按区域密度发展到按经济活动密度贷款，增加小额贷款公司间的竞争度。

此外，必须建立完善的中小企业融资保证体系，融资保证业务必须向规范化、法制化方向发展，中小企业融资保证的有效运作应以政府支持为后盾，以金融机构配合为基础，建立起担保法体系和再担保体系。充分发挥政府在融资担保体系建立过程中的特殊作用，建立担保机构风险补偿机制、担保基金和再担保基金制度。

7.3.5.3　企业政府双方努力，降低企业人工成本

随着经济的快速发展和社会保障体系的逐步完善，人工成本的增加对于任何行业的中小企业而言都是一个无法避免的问题。然而，对企业而言减少人工成本并不是一件不可能的事。一方面，企业可以从人力资源角度做努力，通过制定合适的薪酬管理，绩效管理，员工招聘、员工培训与员工福利来吸引人才，留住人才，防止员工跳槽辞职现象的发生，从而减少了培训新员工所花费的时间金钱等一系列的人工成本。

另一方面,从政府角度来说,政府要完善社会保障体系,不能仅仅将其作为企业的强制性要求,政府也要制定一些涉及人工成本扶持的政策,给予企业一定补贴,减少中小企业的压力,增强企业活力。

7.3.6 结　语

近年来,江苏省政府在拓宽融资渠道、税收减免等方面出台了一系列政策,对中小企业的发展加以扶持。从2014年到2016年对江苏省中小企业的调查结果来看,中小企业发展的政策环境较以往的确有所改善,但在四个二级指标中,政策景气指数仍是最低的,最低主要原因在于融资成本高、税收负担大、人工成本高。江苏省政府针对这些方面出台了很多措施,但效果有限,一方面由于很多政策被架空,实施不力,很多小微企业享受不到,另一方面很多政策的制定与实际脱节,优惠申请程序烦琐,加之企业业主没有意识或是不知道怎么使用,致使出台的政策成为一种摆设。为确实改善中小企业发展的政策环境,政府不仅要有政策,更要有必要的实施措施和监督措施,保证政策落到实处,真正服务于中小企业,促进中小企业的健康持续发展。

7.4 南京软件与信息技术服务业中小企业景气指数研究

陈　越[①]

7.4.1 调研背景及意义

软件与信息技术服务行业是近年来备受关注的热点行业,尤其是在互联网高速发展的时代,更是受到政府和各类投资者的高度关注和青睐。南京是长江下游重要的经济中心,也是国家建设软件行业基地的核心城市,南京建成的国家级、省级软件园共有7个,形成较为完善的软件与信息产业发展体系。据统计,2016年南京的443家规模以上软件和信息技术服务业企业合计实现营业收入1 141.06亿元,同比增长22.60%,大幅领先规模以上服务收入平均增速,足见此行业的快速成长。因此,研究南京的软件与信息技术服务业中小企业具有代表性。

为了解此行业的实际情况,研究中心组织师生对南京软件与信息服务业中小企业进行实地考察和问卷访谈。研究过程中发现这一行业虽然快速发展,但也遭遇融资、税收和人工成本的瓶颈,同时中小企业也面临“走出去”的困境。因此,这些问题将被重点分析,并提出可行性建议,为政府进行宏观管理、投资者决策等提供参考。

---

① 陈越,南京大学金陵学院2015级财务管理专业本科生。

7.4.2　数据来源及研究方法

本文数据由企业生态研究中心 2015 年和 2016 年江苏省中小企业景气调查问卷的原始数据整理而得。问卷设计以定性判断为主，每项设即期（对上半年评价）和预期（对下半年评价）两种，弥补了定量指标的一些不足，可以反映企业经营者对经营情况的直观感受。研究则采用景气指数的办法进行定量分析，计算方法如下：

企业景气指数＝0.4×即期企业景气指数＋0.6×预期企业景气指数

即期（预期）企业景气指数＝回答良好比重－回答不佳比重＋100

企业景气指数取值在 0～200 之间，以 100 为景气与否的临界值，共划为六个区间，[0,50]为非常不景气，[50,90]较为不景气区间，[90,100]为微弱不景气，[100,110]为微弱景气，[110,150]为较为景气，[150,200]为非常景气。

7.4.3　企业整体情况和二级指标分析

7.4.3.1　总体情况

2016 年南京软件与信息技术服务业中小企业总体景气指数达到 118.24，同比增长8.82%，整体处于景气区间。具体来看，规模以上中小微型企业资产总额均在提升，均值提升幅度达到 120.22%，同时，中型和小型企业在主营业务收入上也有大幅度增长，其中，小型企业最为突出，在这两方面分别达到 263.13%和 146.56%的增长。可以看到，在企业经济规模和营业收入方面，南京软件与信息服务业的中小企业表现景气，情况十分乐观。

表 7-4-1　2015 年与 2016 年资产总额与主营业务收入

	资产总额（万元）				主营业务收入（万元）			
	微型企业	小型企业	中型企业	整体均值	微型企业	小型企业	中型企业	整体均值
2015 年	174.02	722.86	2 168.52	1 100.68	38.60	511.41	1 316.74	715.57
2016 年	405.25	2 624.91	2 314.29	2 423.95	27.54	1 260.91	1 912.51	1 254.14
同比增长	132.90%	263.13%	6.72%	120.22%	－28.76%	146.56%	45.25%	75.26%

7.4.3.2　宏观指标分析

选取总体运行情况、企业综合生产经营状况和营业收入三个指标的景气指数来描述企业的整体运营情况。无论是横向与 2016 年全部行业均值比较，还是纵向与 2015 年的同行业比较，2016 年南京软件与信息服务行业的景气指数有显著提升，且都超过 150，在经济不景气尤其是经济下行面临重压的情况下，软件服务类中小企业在同等规模企业中表现出不俗的潜力，其整体运营状况处于非常景气区间。

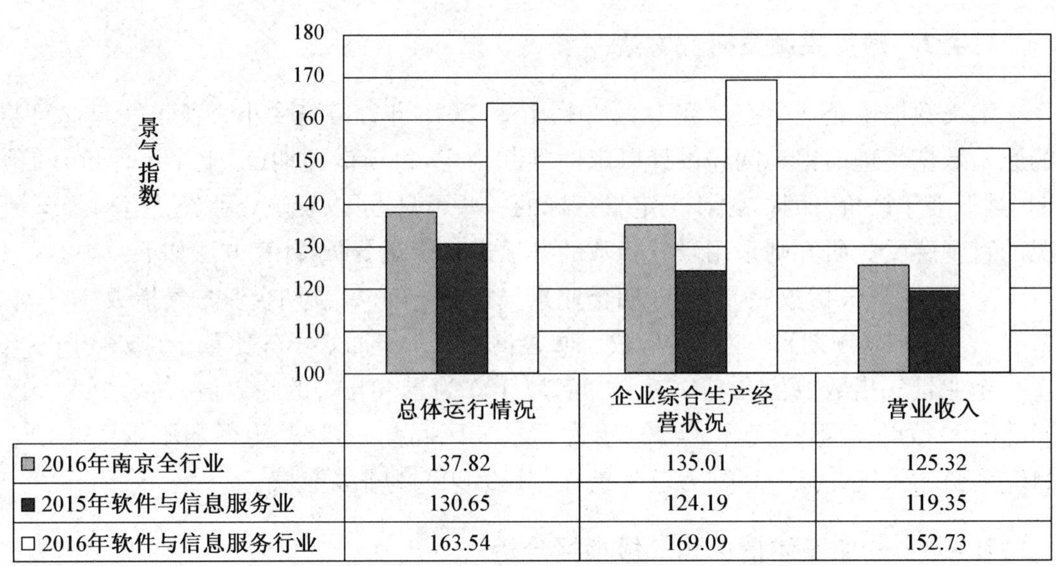

	总体运行情况	企业综合生产经营状况	营业收入
2016年南京全行业	137.82	135.01	125.32
2015年软件与信息服务业	130.65	124.19	119.35
2016年软件与信息服务行业	163.54	169.09	152.73

图 7-4-1　三个宏观指标指数对比

7.4.3.3　二级指标分析

南京软件与信息服务业所反映出来的不景气因素是本文的研究重点，2016年税收负担、人工成本和融资成本的指数是28个三级指标中少数几个处于黄灯区间的指标，且都相比2015年有下降，是行业发展遭遇的重点难题，因此有必要作详细分析。

1. 税收负担

软件与信息服务类行业是国家重点支持行业，近10年来税收政策上享受较多优惠，但2016年税收负担景气指数为67.32，相比于2015年的75.86，同比下降了12.69%，且均低于90，落入黄灯区。

(1) 税收优惠政策的光环在近年逐渐减弱。在所得税方面，行业虽然享受“两免三减半”的优惠政策，拥有五年的税收优惠期限，但不少企业表示他们已经或即将开始被征全额所得税。如图7-4-2所示，随主营业务收入的增加，税收负担指数下降，意味着负担加重。应当注意到，营业收入高于200万的企业通常判定为初具规模的中小型企业，其成立已接近五年或者五年以上，实践表明多数企业的确已经处于或已结束优惠的最后年限，因此税收压力的感受敏锐。另外一点不能忽视的是，2014年“双软资质认定”的取消则间接地给新进企业带来困扰。一些接受访谈的企业家表示，软件行业资质认定的取消给他们申请税收优惠带来了很大障碍，这无疑进一步加重了税收矛盾。

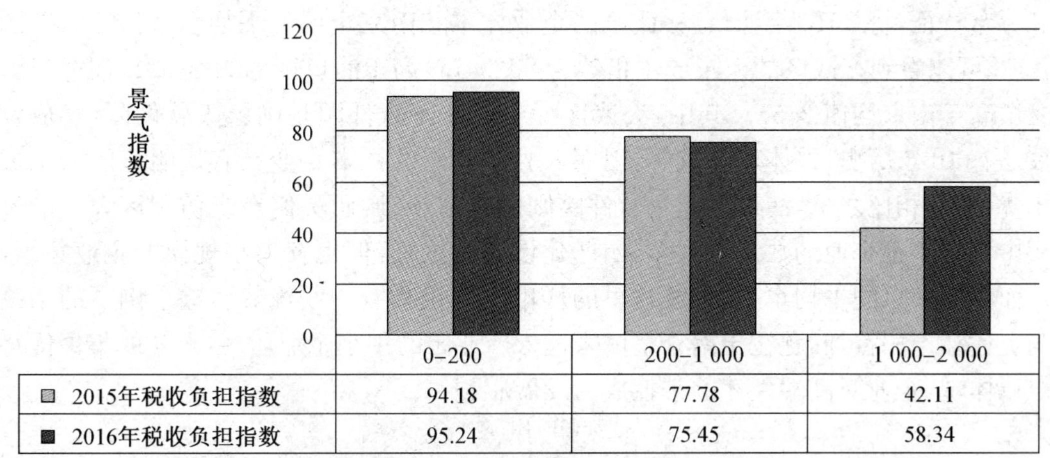

	0–200	200–1 000	1 000–2 000
2015年税收负担指数	94.18	77.78	42.11
2016年税收负担指数	95.24	75.45	58.34

图 7-4-2　2015 和 2016 年不同主营业务收入企业税收负担指数对比

(2)“营改增”使技术服务类企业税收不减反增。2012 年国家对南京市软件与信息技术服务业进行了“营改增”试点，然而由于本行属于技术服务型行业，可抵扣增值税的有形材料成本较少，且固定资产不足，而无形成本如服务、技术投入占主要部分却无法抵扣，除此之外，中小企业税收票据开具常有不规范行为的出现。因此企业最终可抵扣的增值税较少，甚至出现税收负担不减反增的反常现象。

2. 人工成本

软件与信息服务业属于知识技术密集型产业，对技术、高端人才的需求很大并逐年增长。2016 年技术水平评价、技术人员需求和劳动力需求这三项三级指数值均有上升，且这两年的指数都高于 110，处于较为景气区间，因此也说明了企业对高端技术人才的需求和竞争非常激烈，这也一定程度上解释了为何人工成本普遍偏高(人工成本指数为 64.52)。但是除此之外，在研究资料中仍反映出一些不可忽视的因素。

(1) 人才流动与企业局限性、企业需求和市场供给的双重矛盾突出。一些企业家表示，由于企业自身力量薄弱，有较多的局限，在人的主观趋利意识主导下，常常导致人才流失。而企业往往已经投入前期招聘和后期培养的费用，这些支出却没有得到的相应回报，从而造成了诸多无效成本。他们还表示，公司需要的人才不仅专注技术，更要有与行业相关的综合技能，否则企业将处于低效率的状态，而在人才市场上符合要求的供给量是非常稀少的。因此，这些矛盾无疑会给本来力量弱小的中小企业带来更大的人工成本负担。

(2) 许多中小企业未能进入软件产业园，人才集聚效应不明显。南京市一共建设了 7 大软件产业园区，但入驻的企业总量并不算高，仍有不少软件类中小企业是离散在外的。一些学者的研究已经表明，规模集聚对高端服务业而言，在高端人才的控制力方面具有积极的作用，这一点也体现在人工成本的控制上。根据样本的典型性和分布特征,将2016年浦口、玄武区的企业样本和南京全区的平均水平做比较。图7-4-3可以看到玄武区的人工成本指数为88.94,较高于浦口区的为22.21,而浦口区又微高于南京均值2.58。其中,玄武区拥有的江苏软件园是国家级软件园,建成发展已有16年历史,整体较为成熟,因而入驻产业园的样本企业具有最明显的人工成本优势;而相比之下,浦口的南京软件园则刚刚起步,调研员们在走访园区大厦的过程中发现中小企业的数量不太多,园区建设尚未成熟,但也存在小规模的企业集聚,从而相比南京的平均水平,入驻这里的样本企业仍具有一些优势。这个例子的结论与上述结论相符,问题在于南京整体未进入产业园的中小企业居多,人才的集聚优势难以体现,企业对高端人才的掌控成为发展瓶颈。

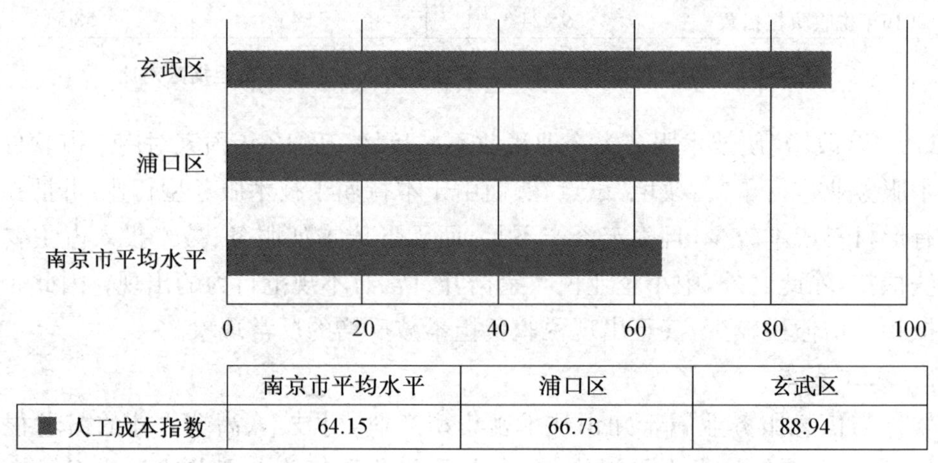

图 7-4-3　人工成本指数地区对比

3. 融资成本

前文虽然提及此行业在资产和营业收入方面表现优秀,具有良好的资金基础,但2016年融资需求这一项的指数值达到126.64,同比增长18.91%,这说明为谋求进一步发展,企业对融资的需求有增无减。融资过程中,投资方通常偏向借贷给具有良好前景的企业,而本行业作为高新技术的主力军理应受到投资者的青睐,然而2016年融资成本指数只有84.57,处黄灯区,同比降低2.99%,这意味着融资难、融资贵的问题也存在于软件与信息服务行业。

(1) 宏观调控带来高利率。为实现经济的稳定增长同时防止通胀,我国采取“积极财政政策+稳健货币政策”的宏观经济调控策略,依照宏观经济学理论,这样的政策会推高利率水平,增加借贷成本,加之软件与信息技术服务业中小企业大量的投资需求,使得企业的融资压力感受明显。

(2) 全社会投资与融资失衡的矛盾日益凸显。朝阳行业面临融资贵与全社会融资难题和经济下行的大背景密不可分。一方面,经济不景气导致企业整体生产经营困难,资金周转速度变慢,银行贷出的资金无法及时收回,以致资金沉淀,产生融资

"沉淀效应";另一方面,大量资金进入房地产市场,人民币的贬值驱使民间投资倾向于海外资产配置,出现资本外逃,货币流动性十分紧张,央行几次向市场投放货币也侧面反映了这一问题,因此即便是科技型中小企业也不得不面临这样金融环境,融资矛盾加剧。

(3) 融资渠道狭窄增加了融资的风险和成本。一些研究已经表明,拓宽融资渠道能有效地分担由单一融资方式带来的风险和成本,表 7-4-2 也验证了这一点。容易看到样本软件与信息技术服务业中小企业的融资渠道越多,融资成本指数越高,即融资成本越低,当企业拥有 4～9 个的融资渠道时,成本指数达到 108.31。但问题在于样本中没有或只有一个渠道的企业占60.38%,而拥有 4～9 个渠道的企业仅占9.43%,大部分企业的融资渠道是十分狭窄的。

表 7-4-2　不同融资渠道数量企业占比及融资成本指数

融资渠道数量	企业比例	融资成本指数
0～1	60.38%	66.76
2～3	30.19%	75.09
4～9	9.43%	108.31

7.7.4　对策及建议

7.7.4.1　建立并规范评估体系和认证系统,加大税收优惠力度

中小企业是国家经济发展的中坚力量同时又是脆弱的,软件与信息服务业的中小企业更是如此,适当加大税收优惠力度、延长优惠期限在经济下行压力的当下是需要的。建立完善的企业评估机制有利于促进行业的优胜劣汰,同时政府可根据不同发展情况的企业给予不同的优惠和扶持,使得资源利用更为高效。

7.7.4.2　提高企业的核心竞争力,发挥产业园的集聚效应

在相关部门的引导和支持下,产业园与高校、研究所对接,吸引高端人才汇聚,能够为入驻企业提供人才招聘的平台,降低人工的前期招聘费用;企业的合作和交流促使人才专业技能和相关综合能力的提高;再由大型企业牵头建成"智库",知识共享,降低人才的后期培养费用;最后,由产业园向端口回馈,形成闭环,提高人才输出的质量和针对性。这一系列的集聚效应将会大大降低企业的人工成本,进而提升竞争力,形成良性循环。政府也应增加相关投资并加以规范。

7.7.4.3　发展非银行信贷方式,加强各融资渠道的监管

当银行信贷融资较为困难时,企业常常选择非银行融资体系,如影子银行系统,但容易发生系统性风险和监管套利的问题,政府应当进一步加强监管,大力发展信用担保、私募、小额贷等其他融资方式,形成针对中小企业融资体系;同时也可以借助"互联网+"平台,以众筹的方式为拓展中小企业的融资渠道提供新的可能。

7.4.5 其他热点研究

近年来,软件与信息技术服务业虽然有较大的出口规模,但是主要来自于大中型企业,而且显性国际竞争力相对较弱。实际访谈的过程中我们可以明显感受到小微企业对信息技术服务的出口存在一定困难。在贸易竞争加剧的经济全球化时代,小微企业在核心竞争方面的劣势凸显,为了改善这种局面,本文将其作为热点进行探究。

7.4.5.1 企业面临沉重的成本压力,缺乏核心竞争力,境外销售企业偏少

根据前文的研究结论,从事本行的中小微企业受到内生性和外生性双重因素影响,经营成本控制不佳(经营成本指数为50.91);而融资难、融资贵则给企业的"开源"带来了困难,导致人才和核心技术缺乏,核心竞争力较弱。这给企业拓展海外业务带来困难,数据表明,从事境外销售的企业仅占22.14%,数量是偏少的。

7.4.5.2 开展境外业务的企业在税收优惠方面的受益效果显著

信息技术服务企业向境外客户提供的技术开发、转让、咨询服务、软件服务等均可享受免税或零税率待遇。通过数据统计,只从事境内业务的企业的税收负担指数为62.85,远低于从事境外业务企业的83.39,可以看出,"走出去"的企业对出口税收优惠的感受是非常明显的。

7.4.5.3 企业的标准化建设水平低,认可度不高,进一步降低国际竞争力

经统计,没有取得任何国际认证的样本企业占比69.09%,一个国际认证的占23.63%,两个及以上的仅有7.28%。一方面,一些经营者缺乏建立标准化管理和标准化生产体系的意识,另一方面中小企业缺乏动力和实力。但是标准化的低水平将进一步阻碍企业开展海外业务,这也是"走出去"的企业偏少的另一原因。

7.4.6 小　结

总体来说,南京软件与信息技术服务行业的中小企业处于朝气蓬勃的成长期,是值得投资、国家支持的潜力行业。然而通过对本行中小企业的实际调研,也能看到企业面临着沉重的税收压力、昂贵的人工成本和融资成本高的困境,这也从侧面反映了相关政策的适应性和实际效果;而"走出去"的难题,则更让企业反思其内在发展中的缺陷,拥有技术和服务双重性质的软件与信息服务的企业,只有积极地提高企业的核心竞争力,建立自己的企业文化和品牌价值,建立起标准化的内部系统,才能更好搭上行业的顺风车,成为新兴行业的中流砥柱。

7.5　“营改增”背景下四大行业发展现状的调研报告——以南京市为例

冯雪嵩[①]

7.5.1　背景意义

中国的财税体制经1994年中央地方分税制改革以后就没有大的动作，而中国经济形势瞬息万变，市场化程度和国际化程度已经今非昔比，1994年税改已经不能完全跟上时代潮流，于是中央适时提出“营改增”的措施，从2011年提出部分地区试点到2016年全面展开“营改增”试点，历经五年，先前的四年间只有约1/4的营业税纳税人转为了增值税纳税人，仍有3/4的营业税纳税人未完成“营改增”，分布在建筑业、房地产业、金融业和生活服务业。李克强总理指出：要借助全面实施“营改增”，调动企业积极性，扩大有效投资，增强企业活力。总体上实现所有行业全面减税、绝大部分企业税负有不同程度降低。

根据南京市2015年最新统计数据显示，金融业增加值去年突破1 000亿元，占GDP的比重超过11%，是南京市的重要战略性、支柱性产业；南京市2015年完成建筑业总产值3 028.32亿元；全年完成房地产开发投资1 429.02亿元；而生活服务业遍布街头巷尾更是户数众多、业务形态丰富，这四大行业被称为“营改增”中难啃的“硬骨头”。进入2016年，南京市房地产市场火爆价量齐升，房企大举拿地开建新项目，中央继续实施稳健偏宽松的货币政策。因此在双重背景下，对这四个行业进行调研分析显得十分的必要。

7.5.2　基本情况

本次调研，共发放问卷545份，收回问卷545份，经筛选得有效问卷531份。调研的主要群体是南京中小企业的企业家或者高级财务管理人员。采用企业景气指数调查方法，以自愿为原则进行随机抽样。

本文的切入点是2016年“营改增”全面推开的四大行业，分别是：建筑业，房地产业，金融业和生活服务业。本次调研中共获得该四大行业调研问卷86份，其中有效问卷82份，占总问卷数的15.6%。其中建筑业19家，房地产业21家，金融业12家，生活服务业30家。见图7-5-1。

---

① 冯雪嵩，南京大学金陵学院2014级会计学专业本科生。

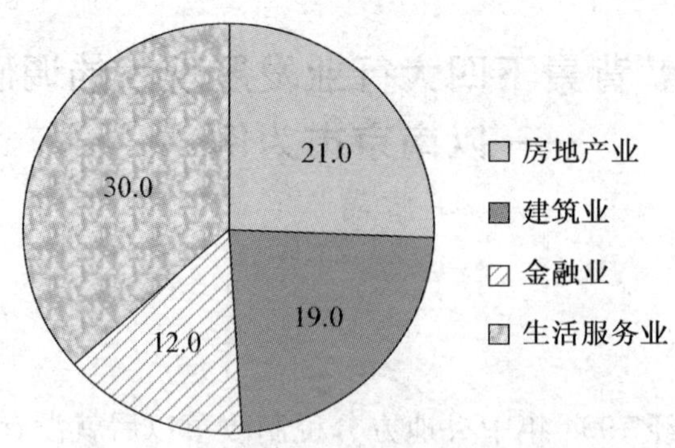

图 7-5-1　样本企业行业分布图(单位:户)

7.5.3　四大行业二级景气指数的解读

经过计算,2016 年南京地区"营改增"四大行业的二级景气指数高出全行业二级景气指数 5 个百分点,普遍处于绿灯区,说明了"营改增"四大行业的企业经营情况总体上好于全行业。尤其是在政策景气方面,全行业的政策景气指数只有 97.6 处于绿灯区的边缘,而四大行业的政策景气指数突破了 100,体现出四大行业对政策方面的态度还是相对乐观的,"营改增"政策的实施切实减轻了四大行业对于政策的担忧,但是值得关注的是,无论全行业还是"营改增"四大行业政策景气指数和其他指数相比差了一大截,在与企业家交谈中,我们总结了如下几个原因:扶持政策相较于苏州、杭州等城市要少,而且政策和企业之间存在衔接难的问题,政策无法真正落地;降低税收负担和税收优惠的政策出台了不少,但是往往需要提供很多的证明申请材料,而且很多企业有特殊情况,从而不能享受政策福利;政府服务态度显著改善,但是办事效率仍有待提高,许多行政事业性收费本来就不具有合理性,即使这类收费减少了,企业也不会有很大的反响。

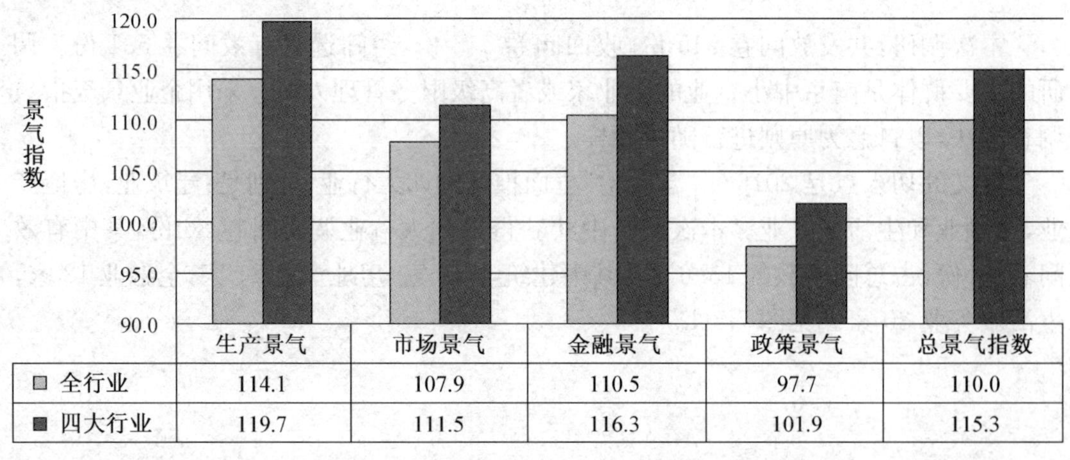

	生产景气	市场景气	金融景气	政策景气	总景气指数
全行业	114.1	107.9	110.5	97.7	110.0
四大行业	119.7	111.5	116.3	101.9	115.3

图 7-5-2　2016 年全行业与四大行业分项景气指数对比

全面推开“营改增”前后的两年，企业二级景气指数产生了一些变化。图 7-5-2 显示，2016 年，生产景气指数达到了 119.7，略高于 2015 年，这与国家统计局公布的生产者物价指数(PPI)是相吻合的，进入 2016 年，中国生产者物价指数(PPI)降幅同比持续缩窄，最新 8 月份的数据显示降幅已经缩窄至 0.8 个百分点。值得注意的是，虽然降幅持续缩窄，但这已经是中国 PPI 指数连续第 54 个月下滑。金融景气指数两年基本持平，表明在金融层面国家保持了一贯的稳定。政策景气指数相较于 2015 年反而有了不小降幅，本文认为这是合理的，虽然“营改增”政策理论上可以拉抬政策景气指数，但是国家曾规划 2015 年前完成“营改增”，让多数涉“营”企业对政策有一定期待，但直到 2016 年第二季度，“营改增”的政策靴子才完全落地，而我们的调研正是在企业执行新的政策，需要一定磨合期间里进行的，所以政策景气指数难免有所降低，用心理学的概念解释这个现象叫作“认识失调”。同时，随着一二线城市的房价过快上涨，对于限购政策的担忧也是导致政策景气指数下降的原因之一。而且，过往几年人民币超发严重，央行是否会继续实行稳健略宽松的货币政策也是政策景气指数不升反降的原因。

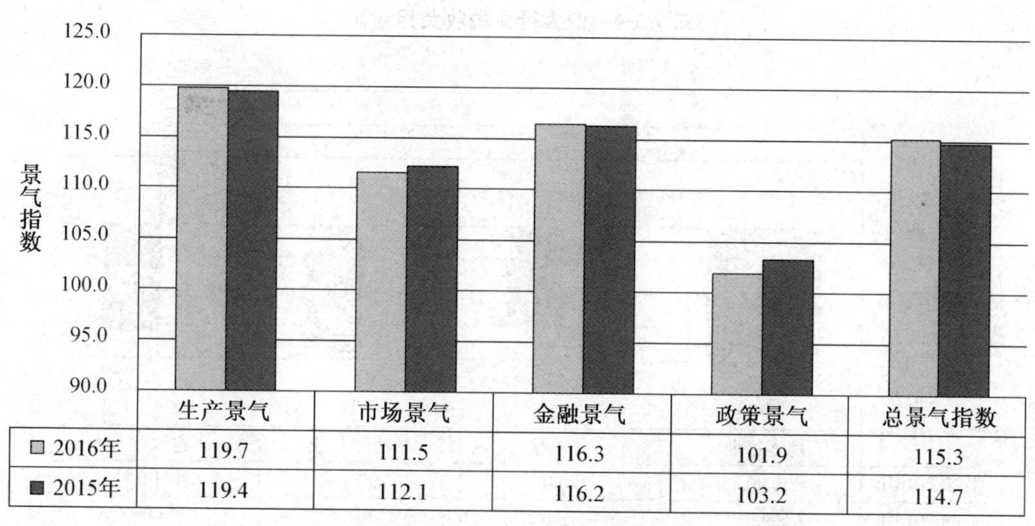

	生产景气	市场景气	金融景气	政策景气	总景气指数
■ 2016年	119.7	111.5	116.3	101.9	115.3
■ 2015年	119.4	112.1	116.2	103.2	114.7

图 7-5-3　2016 年与 2015 年四大行业分项景气指数对比

7.5.4　“营改增”相关分项指数解读

以上对二级景气指数进行解读，从而对四大行业的情况有一个初步的了解，为了进一步的探讨“营改增”对税收负担的影响以及可能与“营改增”有密切联系的指标，本节将主要对税收负担、经营成本、投资计划、产品(服务)销售价格、政府效率或服务水平等 5 个分项指标进行解读和分析。

7.5.4.1　税收负担

企业都是逐利的，而税收就是从他们的利益中拿走一块，所以该项景气指数是逆指标。经过计算该项指数为 84.4，较去年四大行业该项指数高出 15.8 个百分点，也略高于同期的全行业税收负担指数，从四大行业预期指数看，2016 年比 2015 年高出 24.3%，经过对比可以说明"营改增"之后，四大行业的税负水平确实有了较大改观，企业更有信心。

虽然同为"营改增"四大行业，但这四个行业的税率并不相同，为了进一步的分析四大行业不同税收负担情况，我们对四个行业的该项两年的指数进行了计算。见图 7-5-4，图 7-5-5。

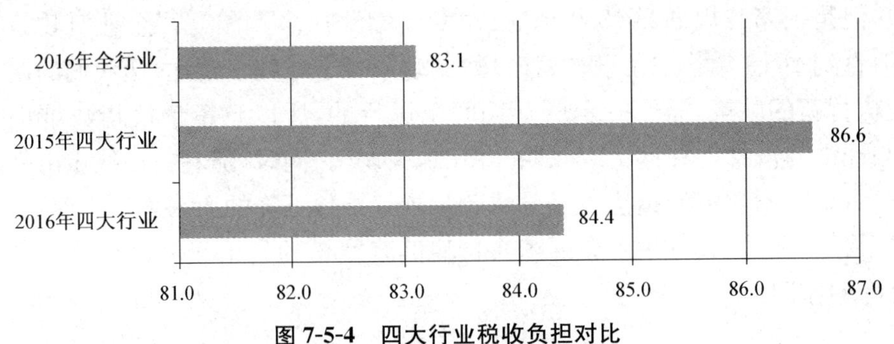

图 7-5-4　四大行业税收负担对比

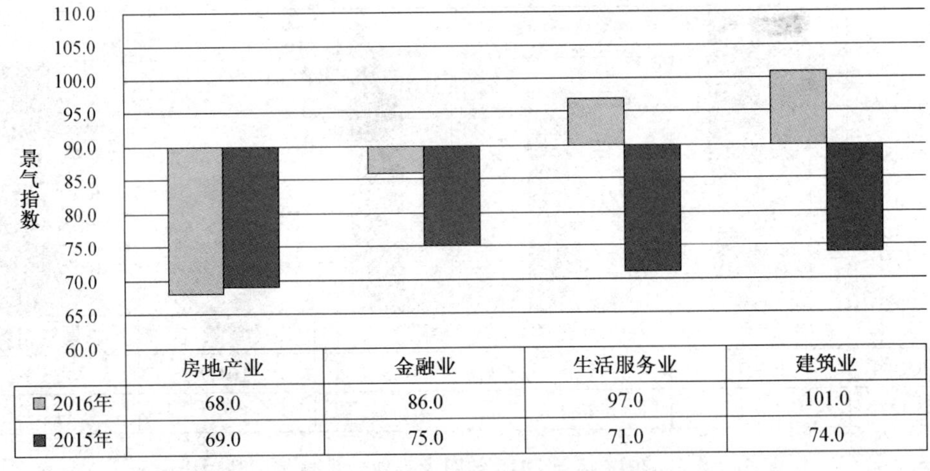

图 7-5-5　分行业税收负担景气指数

1. 房地产业

房地产业的税收负担指数处于黄灯区底部(指数为 68)房地产业是国家的支柱产业，也是中央和地方的税费大户，去年房地产业对南京税收的贡献度仅次于化工业与货币金融业。经过测算虽然房地产企业"营改增"后这一项的税负降低，可是房地产业不仅仅缴纳营业税，还涉及土地增值税、契税、土地使用税、房产税等诸多税种，房地产业百元 GDP 的税负达到了 46.73 元，处于全行业最高。

2. 金融业

金融业税收负担指数业处于黄灯区(指数为86),金融行业的百元GDP的税负也有34.33元,而且在走访中发现,金融业普遍反映在"营改增"之后的税负水平不降反升,诸多文章也都测算了金融业在"营改增"后税负水平确实上升了0.66%,而统计出来的指数相较于上一年度还有了不小的涨幅,本文认为这是因为金融行业具有特殊性,在我国金融行业主要分为银行类、证券类、保险类、信托类、投行类、财务公司与典当行业等7种,前五种普遍是大型企业,而我们调研的群体是中小微型企业,在金融行业的有效问卷中,大部分都集中在了财务公司和典当行,而这些公司可能因为自身规模,在"营改增"后被归为小规模纳税人从而采用简易办法征收,税率从5%降低到了3%,确实减负不少。

3. 生活服务业

生活服务业的税收负担指数处于绿灯区(指数为97),相较于去年有了较大幅度的提高。餐饮业是生活服务业中重要的组成部分,具有一定的代表性,某餐饮企业的财务主管说:改革前,税负是5%改革后税率变成了6%,但是存在可以抵扣的进项,不仅房租,食材的进货价也可以抵扣,减税效果明显。生活服务业的主要纳税税种就是营业税,而其他税种的纳税额往往较低,所以"营改增"之后切实改善了生活服务业的税收负担。

4. 建筑业

建筑业的税收负担指数达到了101,有了较大幅度的提升。从调研问卷的打分情况看,25%的受访建筑业企业认为税收负担降低,30%的受访企业认为税收负担反而加重了,而有接近一半的受访企业认为税负变化不大。本文认为有如下两个原因,其一是前期部分企业违规操作导致如今无法获得进项,成本票比较紧张。其二是划分为小规模的建筑企业竞争力下降。某建筑企业的财务总监说:"为了躲避一些赋税,以往企业会选择不开发票,获得更加优惠的价格,可是'营改增'之后,为了能够抵扣销项税,都会要求开具增值税专用发票。公司为前期的不合法行为付出了代价。"同时,"营改增"之后出现小规模纳税人不能出具增值税专用发票的问题,使得下家不能获得进项,虽然可以到税务部门代开,但未必符合下家要求的税率,税负是降低了,可是竞争能力也下降了,一定程度上阻碍了建筑业小规模纳税人的发展。

在之前的测算中,"营改增"四大行业的改革可以减税5 000亿元,虽然政策才执行4个月,可是从调研的数据中我们可以看出这项政策的效果已经显现,一项好的政策是不需要太久的时间检验的。

7.5.4.2　经营成本

经营成本指数处于黄灯区(指数为61),且相较于2015年仍呈下降趋势。经营成本主要由产品服务成本、税款、管理费用和财务费用、人工成本组成,其中人工成本会在下一章中进行解读。房租也是经营成本中的重要组成部分,而一二线城市房租持续上涨,为此国务院还专门出台了《关于加快培育和发展住房租赁市场的若干意见》,文件提出房东不可以单方面的提出涨房租的要求,就是为了遏制房租上涨过快的势头。从具体数据上来看,四大行业的经营成本要比全行业更加不景气。进入 2016 年以来各地地王频出,加剧了房地产业的经营成本;而日益增加的人工成本无疑加重了金融业和建筑业的经营成本。此外,由于"营改增"后,普遍需要开具增值税专用发票,导致企业付出的成本中无形的多出来增值税的进项税额,虽然日后可以抵扣,但是从货币的时间价值来看还是增加了企业的经营成本和经营风险的。见图 7-5-6。

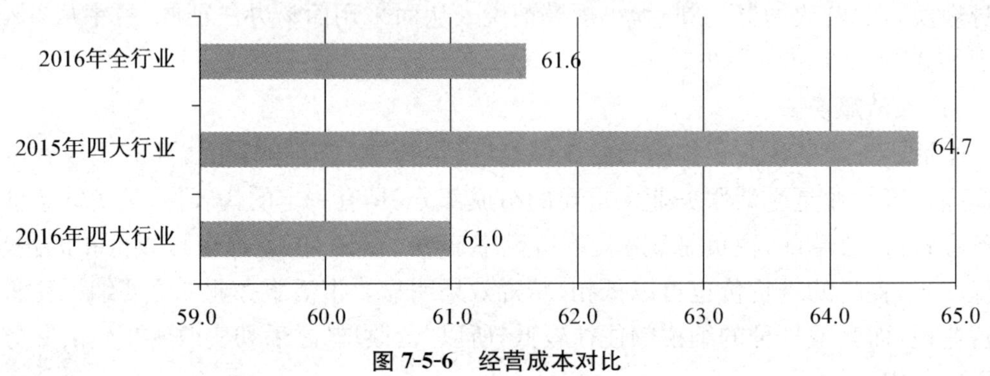

图 7-5-6 经营成本对比

7.5.4.3 投资计划

相较于 2015 年,中小企业在 2016 年的投资计划指数有了显著提高,而且四大行业的投资计划比全行业更加景气。从图 7-5-7 中可以发现四大行业直线的斜率明显比全行业的陡峭,说明指数增长的幅度扩大了。从不同行业来看,房地产业和建筑业受到房价上涨的影响,扩大了自己的投资计划以期获得更大的经济利益;金融业受益于央行的放水,融资成本降低,从而扩大投资范围增加投资计划。同时从

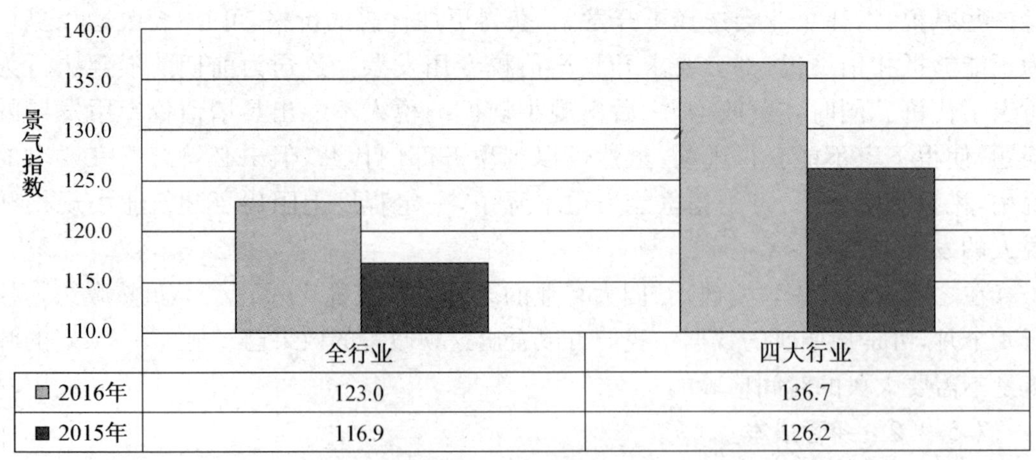

	全行业	四大行业
2016年	123.0	136.7
2015年	116.9	126.2

图 7-5-7 投资计划对比

相关政府网站的公开数据显示，扩围以来“营改增”纳税人占全省一般纳税人的比重仅为5.93%，而设备采购额达352.04亿元，占全部一般纳税人设备采购总额的比重高达22.09%，投资增速明显快于制造业。这样的情况正是因为“营改增”之后，企业的投资可以作为增值税进项税额进行抵扣，从而达到合理避税的效果，这样既可以增加进项，减少交税，又可能通过投资获得更大的利益，应该说“营改增”的实施不仅给企业减负，还拉动了投资的增长。在当前经济形势下是弥足珍贵的一剂强心针。

7.5.4.4 政府效率或服务水平

“营改增”后江苏有几十万的新增一般纳税人，这些新增户数为国税部门带来很大的工作压力，不过政府效率指数显示2016年的政府效率或服务水平较2015年有了普遍的提高。说明在过去的一年里，政府的服务理念有所提高，服务的满意度也提高了。“营改增”看上去只是一道政令，但是牵扯的方面很多，最直接的就是原来交给地税的营业税现在改交给国税，由地税向国税转变的过程，其利益转移很容易导致政府服务和效率降低，可是我们看见，四大行业并没有因为“营改增”的复杂流程而认为政府做得不够好，说明国税部门在这方面是下了功夫，真正为纳税人服务的。这也符合李克强总理一再强调的要向服务型政府转型，建立负面清单。本文认为国税部门可以大胆进行办事改革，大力发展“电子税务局”，在人力效率无法再有大的提升空间的情况下，提高网上执行效率也是另辟蹊径。

7.5.4.5 产品(服务)销售价格

在产品服务销售价格方面，指数处于非常景气的区间。而四大行业的景气指数明显高于全行业。这是因为缴纳增值税之后，增值税的进项税包含在了企业销售价格之中，无形之中增加了产品的销售价格，但这样的增加仅仅是形式上的，因为最后这部分增加的价格还是会进入下一个流通环节继续流转。另外伴随着经营成本的攀升，这部分上涨必然以价格的形式转嫁到消费者头上。同时，“营改增”后的具体价格由双方通过定价博弈决定，在定价谈判中议价能力得到提升，这也是四大行业该项景气指数明显高于全行业的原因。另外“营改增”后部分企业税负不降反增也可以通过重新定价谈判锁定利润，而不一定要通过财政补贴。[①] 并且上半年房地产市场火爆也是推高指数的重要原因。值得警醒的是有些企业借助“营改增”的名号变相涨价，误导公众，抹黑国家政策。酒店行业尤其明显，对于这种不正之风一定要坚决的遏制和严厉的惩处。同时，这也说明“营改增”的后续工作任重而道远。

---

① 姚建莉，11省市估算今年“营改增”将减税800亿.21世纪经济报道，2012-11-01.

7.5.5 四大行业其他热点的景气指数解读

上文解读了“营改增”相关指数，而四大行业除了“营改增”背景，2016 年以来火爆的市场行情也会影响四大行业的发展现状，所以本文将会结合社会热点进行解读。

7.5.5.1 人工成本

人工成本指数是逆指标，与经营成本相同，企业对于人力资源付出的代价越来越重，相较于前两年，四大行业的人工成本陡增，这是因为近年来，随着计划生育国策影响的显现，人口红利逐渐消退，人力资源日益紧张，人工成本占了劳动密集型行业和服务业总成本的很大一部分。有些技术娴熟的工种的月薪可以超过 1 万元。可喜的是中央注意到了这个情况，并且已经着手开始降低企业缴存公积金等社保资金的比例，切实减轻企业负担。但我国是社会主义国家，如何做好其中的平衡至关重要。见图 7-5-8。

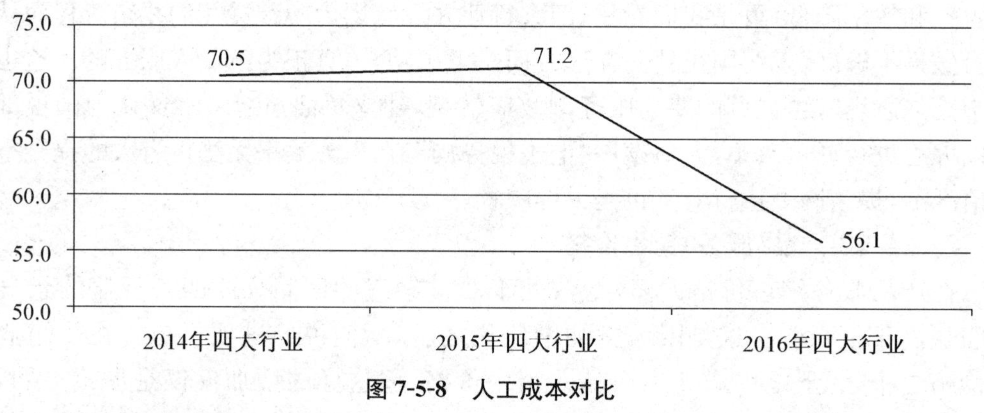

图 7-5-8 人工成本对比

7.5.5.2 新签销售合同

指数呈逐年增加的势态，说明企业的经营情况是在持续改善的。进入 2016 年，房地产业迎来了一波牛市，南京地区上半年销售 878 万平方米，同比增长 115%；去年南京规模以上生活性服务业法人单位实现营业收入 1341.99 亿元，比上年增长 16.7%，随着人民财富的累计，人们的消费观念的持续改善，变得越来越敢于消费，这也使得生活服务业迎来了春天；目前稳健略宽松的货币政策也使得金融业的状况也颇为亮眼。但是我们不可以掉以轻心，房地产市场和金融市场的繁荣，折射出实体经济的萎靡不振，会计中有一个原则：实质重于形式，只有实体经济的方兴未艾，才是中国经济持续增长的健康引擎我们一定要避免步日本二十世纪八九十年代的后尘。见图 7-5-9。

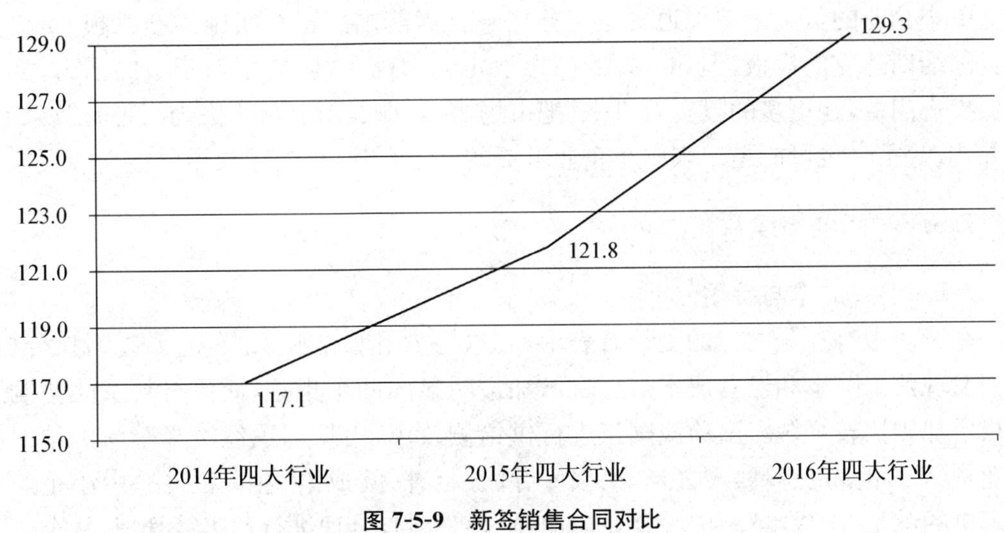

图 7-5-9 新签销售合同对比

7.5.5.3 产品线上销售比例

这是一个今年调研新增加的指标，所以没有往年数据来做纵向对比。经过横向对比我们可以清楚看出，四大行业的景气指数要比全行业高出 13 个百分点(图 7-5-10)，随着美团、糯米等 O2O 企业的兴起，网上购买服务，网下进行享受的模式越来越被大众所接受。很多金融理财产品也在网上进行销售，比如余额宝，苏宁金融等等。而我们印象中最坚固的房企也开始触网，进行网上宣传销售。“互联网＋”的模式确实能够很好地促进企业的效益，提高我们生活的便捷度。但我们要防止独角兽 O2O 的出现，否则店大欺客的现象在所难免，这对利用 O2O 平台的中小企业来说并不是好事。

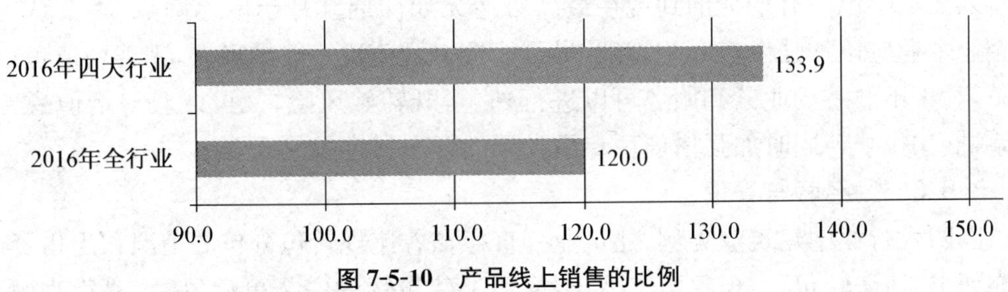

图 7-5-10 产品线上销售的比例

7.5.5.4 融资

这组数据没有特别大的区别，但是从调研问卷的具体数据体现出，四大行业中的建筑行业和房地产业对于融资的需求都是巨大的，央行大举放水，房地产企业融资成本降低大举高价拿地，这是今年这波房价高企的原因之一。但繁荣背后的事实是很多房企的负债率陡增，现金流变得紧张，经营风险加大。而生活服务业，因为是轻资产行业贷款融资都相对困难。虽然“晴天放伞，雨天收伞”的现象全球普遍，资本的逐利性无法改变，但是中小企业的发展离不开资金的支持，从内部融资只是一个渠道，拓宽中小企业的资金来源渠道更是当务之急。当前国家正在实施的新三板,是借鉴了美国纳斯达克的模板,但500万的门槛设定的太高了,阻碍了新三板的活力,如果降低投资门槛,让更多的投资者进来,把市场搞活,那么新三板不失为一种有效渠道。另外,众筹平台也可能是未来中小企业融资的一大渠道,但这个渠道目前发展缓慢。

7.5.6 问题与建议

7.5.6.1 成本与费用

在调研中有三分之二的受访者表示,成本与费用增加明显。经过数据对比分析,我们发现热工陈本和经营成本被反映增加最明显的两个指数,而原材料及能源购进价格增加则比较平缓。当前我国正进行供给侧改革,占据国民经济半壁江山的中小企业是必不可少的一环。“去产能、去库存、去杠杆、降成本、补短板”中,中小企业亟待解决的就是“降成本”。中小企业应加强内部控制,合理进行预决算管理,从企业内部发现提效率降成本的机会。同时,中小企业要充分发挥自身小而活的特点,发现市场中的增长机遇,灵活调整经营战略及生产产能,在成本费用固定的情形下,生产附加值更高的产品,提高劳动生产率。此外,中小企业要一改之前“闷头做生意”的想法,努力迎合政策导向,将政策优势转化为自身的发展优势,从而降低成本。

7.5.6.2 增值税专用发票

在走访调研中,被访者普遍反映“营改增”之后,增值税专用发票的管理难度比营业税发票大。一方面增值税小规模纳税人只能开具增值税普通发票,不能抵扣进项,从而增加了企业的纳税。另一方面营业税发票由地方税务部门印发,增值税专用发票由国税总局统一印发,“营改增”之后,税务发票犯罪的惩处力度空前加大,由原来两年以上七年以下有期徒刑到现在最高可达无期徒刑。基于以上两点,本文认为中小企业企业应该加强供应商的管理,尽可能选择增值税一般纳税人,完善增值税增值链条,对于不熟悉的业务和服务可以进行外包,既转嫁风险,又可以获得增值税专用发票,抵扣税款。同时加强增值税专用发票的开出管理越发重要。

7.5.6.3 经营与管理

以四大行业中建筑业为例,建筑业一直存在着违规转包分包的情况,“出借资质,挂靠证书,违法转包”的现象屡禁不止,增加了建筑物的安全事故风险。“营改增”之后增值链条的进一步打通,企业的违规行为被暴露在了阳光之下。中小企业应该在过渡期内及时更正企业以往年度经营期间违规的操作。

中小企业往往因为经营和纳税的需要,面临着增值税小规模纳税人和增值税一般纳税人的选择。所以加强管理水平,做好税收筹划工作至关重要[①]。财政部出台了很多“营改增”的过渡性政策,企业应该牢牢把握文件合理避税。此外中小企业处

① 志晴.“营改增”背景下的中小企业税收筹划现状及策略[J].财会审计,2016(2).

于成长期，更加注重企业的持续增长，而可能会忽视企业的财务规划，本文认为应该强化企业的财务管理水平，合理利用杠杆。

7.6　互联网＋背景下南京零售业中小企业发展现状分析

刘艳博[①]

7.6.1　引言

零售业将企业生产与消费者消费连接起来，其发展良好与否对国民经济其他产业有着一定的影响。我国改革开放以来经济得到了快速发展，以往更多是出口或投资拉动增长，目前已到了由消费拉动增长的关键点，最能直接体现出经济消费状况的零售行业的作用自然不可小觑。

与此机遇伴随的则是当前中国互联网新兴经济模式的飞速发展对传统零售行业的冲击。近十年来，中国的电子商务交易总额一直在快速增长。即使从2014年到2015年，这一增长率虽然有所下降，但总额却依然在继续增长。2015年，根据统计，中国已经成为全球第一大电子零售市场，电子商务市场规模在全世界位于最前列。与此同时，近几年传统零售业的发展明显受到一些不利影响，有不少大型零售商不断关闭门店，开始实施战略收缩。同时也有诸多企业也在寻求新的突破，希望借助互联网的发展实现新的增长。对于有较强抵抗市场风险能力的大型企业，互联网＋的影响尚且如此严峻，其对零售业中的中小企业的冲击可见一斑。

从2014年开始至2016年，每一年暑假，南京大学金陵学院商学院组织学生对江苏省中小企业进行景气调查。本文将借助该调查获得的相关数据，集中对江苏南京市零售行业的中小企业发展现状以及互联网＋的影响进行分析。

7.6.2　样本选择与数据收集

本文选择南京市零售行业的中小企业作为研究对象，采用问卷调查法，调查对象为各中小企业的中层管理以上人员。

本文将采用从2014到2016年采集到的相关数据进行分析。其中南京地区2014年回收有效问卷435份，2015年回收有效问卷745份，2016年回收有效问卷共507份，从中挑选出零售行业的数据。其中2014年有46家样本企业，2015年有96家样本企业，2016年有67家样本企业。

① 刘艳博，南京大学，金陵学院商学院教师，南京大学商学院博士研究生。

7.6.3 南京零售业中小企业景气指数调查分析

根据回收的南京零售行业中小企业历年的数据进行统计分析,得到以下相关内容。

7.6.3.1 市场景气分析

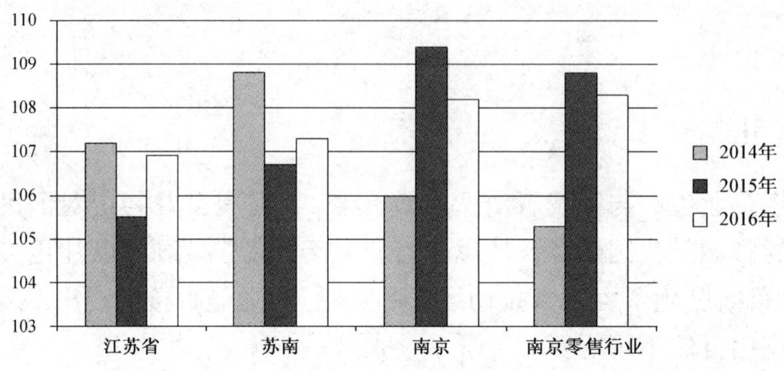

图 7-6-1 南京零售行业与江苏省整体市场比较

从图 7-6-1 可以明显看出,从 2014 年到 2016 年,南京市零售行业的景气指数比较接近于南京的整体景气指数,但是在 2014 年,南京零售行业的景气指数远低于江苏省总体水平尤其是苏南城市的水平。2015 年和 2016 年,南京零售行业的景气指数则远高于江苏省总体水平包括苏南城市。

7.6.3.2 南京零售行业与南京市整体对比分析

表 7-6-1 南京市近三年二级景气指数

景气指数	2014 年	2015 年	2016 年
生产景气	103.1	111.7	119.7
市场景气	107.9	107.2	111.5
金融景气	100.4	111.2	116.3
政策景气	89.2	100.7	101.9

表 7-6-2 南京市零售行业近三年二级景气指数

	2014 年	2015 年	2016 年
生产景气	108.4	110.4	109.4
市场景气	102.3	103.7	106.64
金融景气	103.4	110.9	103.54
政策景气	105.98	100.64	95.64

对比南京市零售行业及南京市近三年的中小企业二级景气指数看,可以发现,南京市零售行业在 2014 年时各项指数除了市场景气指数不如南京市外,另外三项指数都表现较好,但是 2015 年和 2016 年则表现不佳,其各项指数均不如南京市的整体

水平。

从南京市零售行业中小企业历年的二级景气指数来看,2016 年的政策景气指数较低且低于 100,另外三项虽然也较低,但仍在 100 以上。根据具体数据分析可以发现,2016 年南京零售业政策景气指数得分 95.64,主要是由于人工成本、融资成本、税收负担这三项得分较低。在人工成本方面,有 58%的中小企业认为 2016 年即期和预期皆较高。在融资成本方面,则有超过 30%的中小企业认为即期成本较多,预期其下半年成本更高的企业则更多。在税收负担方面,则有 39%的中小企业认为即期成本较高。

7.6.3.3 南京零售行业近三年各方面发展现状分析

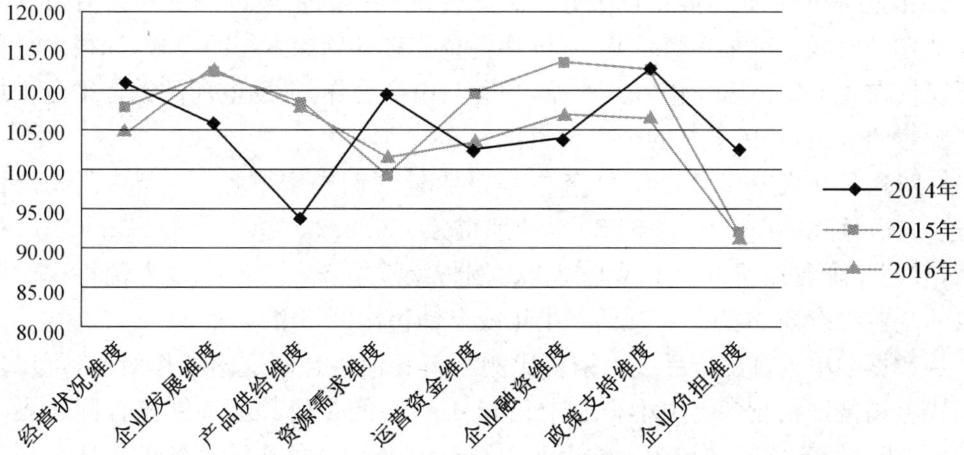

图 7-6-2 南京零售业近三年各维度景气指数

本次调研,从经营状况和企业发展两个维度来分析其生产景气程度。可以发现,从 2014 年到 2016 年,南京市零售行业的经营状况每况愈下,表现虽然不是非常糟糕,但依然应该引起注意。在这其中,结合调查数据分析,发现其中表现糟糕的主要是由于经营成本过高和产能过剩导致。

其市场景气的两个维度:产品供给维度和资源需求维度,其中 2016 和 2015 年的产品供给明显比 2014 年要改善很多。而资源需求与会 2014 年相比,却有一定的差距,主要是由于人工成本较高导致的。

近三年来南京零售行业在金融景气方面的表现 2015 年较好,其在运营资金和企业融资两个维度表现都较好,但是 2016 年,零售行业的中小企业大多认为获得融资较难,且融资成本较高,融资优惠较少,且专项补贴也在减少。

在最后的政策景气指数方面,其包含两个维度:政策支持和企业负担。从数据分析可以发现,从 2014 到 2015 再到 2016 年,零售业中小企业的政策景气指数一路下滑,其两个维度的各项得分也一直在下降。从数据不难发现,企业认为获得融资越来越难,融资优惠越来越少,人工成本较高、行政收费较多,税收负担也越来越重。

结合以上分析可以发现,南京市零售行业近三年景气指数虽然表现尚可,但明显存在的问题越来越多,在某些方面,中小企业越来越不乐观,其得分也越来越低,如不引起重视,很有可能在未来的几年内就下降至警戒区域。因此,本文将尝试探讨导致这一现状的几个原因。

7.6.4 互联网+的影响

首先,对于零售行业的现状,第一个原因就是互联网+的影响,由于电子商务的兴起对传统零售行业造成了一定的冲击。

近些年来,互联网概念引入经济发展模式中,互联网+成为一种流行的商业模式,新兴的互联网企业发展得也十分红火。传统行业的企业也纷纷开始借力互联网来推动自身发展。对于零售行业,不少零售企业都开始探索新的模式,如很多零售企业不仅仅在线下实体店里销售其产品,同时与电商合作,借助电商的销售平台增加了线上销售的方式,开拓了新的销售渠道。

针对这一新现象,2016 年,江苏中小企业景气调查中增加了“产品在线销售比例”这一项,该项即期得分 122.580 6,预期得分 129.032 3,总得分为 126.451 6,得分较高,且明显企业预期下半年线上销售比例将继续增长。在同期线上销售比例增加较少的企业中有 33%的企业预期下半年线上销售比例将继续增长。

从数据中单独挑出产品线上销售比例与新签销售合同这两项作对比,可以发现同期线上销售增长较多的中小企业中只有 0.87%的企业其新签销售合同比去年下降,而在线上销售比例增长较少的企业中则有超过 44%的企业新签的销售合同比去年下降,其余全部是持平,没有一家是在增长的。见图 7-6-3 和图 7-6-4。

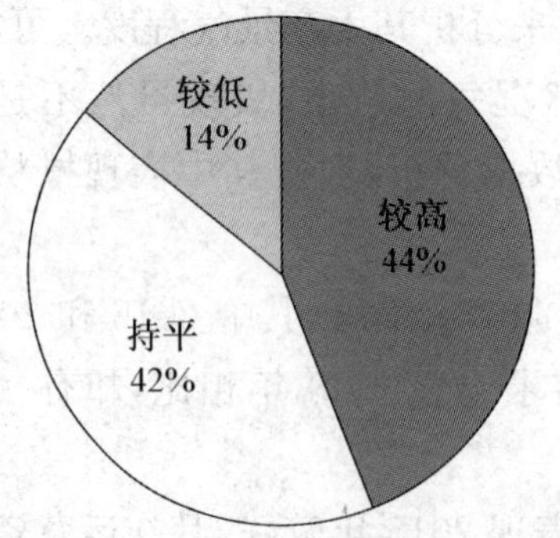

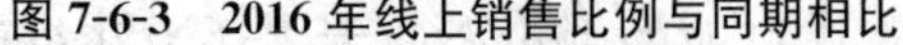
图 7-6-3 2016 年线上销售比例与同期相比

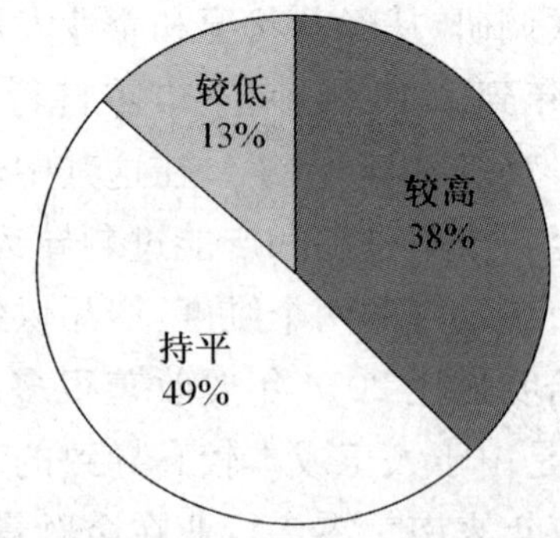

图 7-6-4 2016 年线上销售比例预期情况

更应关注的是,在同期线上销售比例增长较多的中小企业中没有一家企业的产品服务销售价格与去年同期相比是在下降的,而在线上销售比例增长较少的企业中有超过 55%的企业其 2016 年上半年产品服务销售价格与去年同期相比是在下降的。

此外,产品在线上销售比例增长较多的中小企业中也没有一家企业的产品(服务)创新与去年同期相比是在下降的。而在线上销售比例增长较少的企业中这一比例超过了33%。见表7-6-3。

表7-6-3　即期线上销售比例增长的企业与下降企业对比

即期新签销售合同下降比例	即期产品(服务)创新下降比例
0.87%	0
44.44%	33.33%

根据这些数据,可以明显看出转变销售方法,线上销售比例增长的中小企业在新签销售合同和产品(服务)创新方面表现较好。但是结合南京市零售行业发展的现状,本文认为互联网+背景下该行业中小企业当前发展存在着以下两个方面的问题。

7.6.4.1　资源缺乏

与零售行业中实力较强的大企业相比,中小企业在各个方面如人力、知识、资金、信息等方面的资源较为匮乏。即便是实力更强的大型企业,面对互联网时代电子商务的冲击尚且措手不及,中小企业受到的影响则更加严重,而资源的缺乏导致改变这种现状也更加的困难。人力资源的不足,使得中小企业不可能拥有足够的电子商务人才来建立企业自己的电子商务销售网络,开辟新的网络销售渠道。此外,从数据中也可以看到,人力成本的增长也有可能阻止了中小企业对这一新的销售渠道的探索。知识和信息资源的缺少则使得中小企业对互联网的认识了解不足,不能掌握最新的有效信息和知识,缺少新兴的互联网+背景下的网络营销、促销、宣传等经验,也就无法借助互联网的东风促进自身发展。而资金的缺乏是中小企业发展永恒的主题,这一资源的缺乏仅从中小企业调查的结果就可以有所发现,而借助于互联网快速发展的效应,整合企业现有销售模式,建立新的销售渠道需要大量资金的支持,这对于中小企业来说又是一大难题。

7.6.4.2　传统思维的约束

对于传统零售行业的中小企业,电子商务在中国快速发展的这些年,除了近两年,之前很少有企业认为互联网会对零售行业产生严重的不利影响,有不少大型零售商依然在快速扩张其实体门店,近两年才开始思考如何应对互联网+的影响。即便在当前这种情况下,还有很多的行业中的中小企业管理者认为互联网更多的会影响大型零售企业而不是中小企业,但是随着移动支付、手机各种应用APP软件、物流业的快速崛起,互联网+将对所有类型的企业都会产生深远而巨大的影响,这种影响会使得当前中小企业现有的销售模式逐渐被淘汰、企业在激烈的市场竞争中越来越被动,从而步履维艰。

7.6.4.3　创新型产品(服务)较少

在当前的互联网时代,既有一部分年长的消费者依然依赖于原来的销售模式和产品服务,也有年轻一代对新产品(服务)的需求更加渴求,而这些年轻一代对互联网也更加熟悉,也更热衷于从互联网了解其需要的产品信息并购买其所需要的产品。但是当前的零售企业,即便是已经增加了新的电子销售渠道的那些企业,也大多提供的是同质化产品(服务),缺少更加适合年轻人的个性化和特色产品(服务),这对于企业吸引潜在的客户,把握未来的消费者是极为不利的。

此外,除了互联网+的影响之外,我国当前处于关键的经济转型发展时期,国家对于转型时期企业"做大做强"等政策的制定可能也导致市场竞争进一步加剧,中小企业受到的影响更加严重。

7.6.5 未来发展建议

电子商务的发展带来了当前中国经济领域各个行业的革新发展,零售行业首当其冲,受到了最大的影响。但是与此同时,由于电子商务的发展,中国一些借助于互联网+这种新兴技术的行业得到了飞速的发展,走在全世界的前列,因此,虽然互联网+确实对零售行业中小企业的发展确实产生了一些不利影响,但危机可以是威胁也可以是机遇,对于南京包括其他地区的零售行业的中小企业,可以从以下几个方面着手来改变当前的不利局面,变被动为主动。

首先,中小企业的管理者需要转变传统思维,主动接近互联网,学会利用互联网,愿意尝试新的销售模式,即便是从增加线上销售渠道开始,尽快加速企业的信息化建设,从以信的实体渠道销售转向全面的多渠道销售,不只是建立电子商务渠道,手机移动商务渠道同样重要。这一过程需要较多的资金支持,这就要求企业在短期内增加投入,关注长远效益,而不能仅仅只关注成本。

其次,鉴于中小企业资源的匮乏,这个缺陷在短时间内也难以解决,那么中小企业可以与其他互联网电商合作,或借助对方的平台,或与对方进行更深层次的战略合作,采用新的模式,规避自身的缺陷,尽可能抓住互联网电子商务发展的机遇,为自身发展寻找新的突破口。

最后,虽然根据南京中小企业调查,可以发现南京市零售行业的中小企业从2014年到2016年,其产品(服务)创新历年来一直在增长,但是与整个行业受到的冲击相比,这种增长能够给企业带来的效益还是不够的,企业依然需要时时关注市场和消费者的变化,及时做出反应,确保企业随着互联网+的发展而不断发展。

7.7　南京市中小企业的政府融资支持指数研究

吴凤菊[①]

7.7.1　研究背景及文献综述

江苏作为全国强省之一，经济发展迅速，其中中小企业的推动作用不容小觑。据官网显示，江苏省2015年发明专利授权量达36 015件，首次赶超北京、广东，位居全国第一，高新技术产业产值首次超过6万亿元，占工业总产值的比重达40%。而南京作为江苏省府所在地，其高新技术产值一直处于江苏前三甲。然而中小企业研发投入较大，融资难题一直是制约其迅猛发展的瓶颈。为有效解决中小企业融资难的问题，江苏省及南京市陆续出台了众多融资扶持政策，而站在中小企业的角度，如何评价这些融资扶持政策，企业实际感受到的政府融资支持究竟如何？这些问题有必要深入研究。

关于政府在中小企业的作用方面，Beck(2008)认为，政府应对促进中小型企业发展起到很好地作用，虽然中小型企业获得外部融资相对艰难，但是政府财政的发展将会有助于企业的发展，能够帮助中小型企业获得外部融资。黄刚、蔡幸(2006)认为，科技金融发展要以政策性贷款机构为核心，构建政策性担保公司、创投基金，对科技创业企业进行金融支持，形成多层次的融资体系。龚天宇(2011)认为，我国金融市场不够完善，应以政策性金融作为补充，指出国家开发银行运用政策性金融支持科技创新有间接平台模式、政府主导模式和直接合作三种模式。洪银兴(2011)认为，当前发展科技金融不仅需要政府提供直接的扶持，还需要政府制定必要的政策来引导、激励与培育商业银行成为科技金融的主体。游春、胡才龙(2011)详细研究了我国主要的科技型中小企业担保模式，指出我国现有的担保模式中存在信息不对称、风险承担归属等问题，提出要加强企业间沟通、提高经营管理水平，发展无形资产抵押贷款融资方式，有效改善风险管理与控制等一系列措施。莉莉(2013)指出，江苏科技小额贷款公司是金融创新的重要实践模式，既顺应了科技金融创新的基本制度取向，又探索了许多新的有益的经验路径。

7.7.2　调研状况及融资支持指标解读

7.7.2.1　调研状况

2014年到2016年，南京大学金陵学院企业生态研究中心(以下简称研究中心)每年暑假都会组织商学院的在校师生，对南京、无锡、常州等江苏省13个地级市的中

① 吴凤菊，南京大学金陵学院商学院会计系副教授。

小企业进行景气指数问卷调查。在样本选择中，调研组侧重于江苏省已经认定的100多个省级特色产业集群和中小企业产业集群区，采用简单随机抽样的方法确定样本企业。2014年回收有效问卷3 500份，2015年回收有效问卷5 439份，2016年回收有效问卷3 221份。调研人员每年都会采用Alpha信度系数法对回收的有效问卷进行检验，2014年即期样本的Cronbach's Alpha＝0.822，预期样本的Cronbach's Alpha＝0.817；2015年即期样本的Cronbach's Alpha＝0.890，预期样本的Cronbach's Alpha＝0.894；2016年即期样本的Cronbach's Alpha＝0.905，预期样本的Cronbach's Alpha＝0.906。可见，三年调研数据的信度系数都接近0.9，而且一年比一年的信度高，表明调查问卷具有较高的可靠性和有效性，符合量表的一贯性、一致性、再现性和稳定性要求。基于江苏省回收的有效问卷，本文从中抽取南京市的调研问卷作为研究对象。

7.7.2.2 指标解读

研究中心将江苏省中小企业景气指数分为生产景气指数、市场景气指数、金融景气指数、政策景气指数四个二级指标，每个二级指标又下设相应的三级指标。根据所有三级指标设置相应问题，了解中小企业经营者对过去6个月和未来6个月经营发展状况的评价和预期。问题采取五级评分制，即“增加”、“稍增加”、“持平”、“稍减少”、“减少”，根据调研数据，最终可计算出各三级指标的即期景气指数和预期景气指数。从这些三级指标中，本文选取与政府融资支持相关的指标进一步分析，即“获得融资”、“融资需求”、“融资成本”、“融资优惠”、“税收优惠”、“专项补贴”六个指标。具体而言，“获得融资”代表企业实际获得的资金数量，如果指数变动向上，则表示企业资金可获性提高了。“融资需求”代表中小企业自身融资的需求预期量，如果指数变动向上，则表明企业融资需求增加，其经济含义代表企业融资困难加重，或规模扩张带动融资需求增加，或企业融资成本增加。“融资成本”是一个逆指标，统计数据时会将数据反置，如果指数变动向上，表明企业乐观预期，融资成本降低了。“融资优惠”代表企业所能感受或享受到的政府对企业融资方面提供的优惠政策，如果指数变动向上，表明企业感受或享受到了融资优惠政策。“税收优惠”指企业享受到的税率下降、减免、返税、先征后返等，该指标侧面反映出政府对企业融资方面的支持力度，如果指数变动向上，表明企业乐观预期，感受或享受到较多的税收优惠。“专项补贴”指各种专项补贴、扶持资金、启动资金、(风投、天使)投资等，如果指数变动向上，表明企业感受或享受到了这种政策优惠。

7.7.3 南京市中小企业的政府融资支持指数分析

7.7.3.1 “获得融资”指标

对于“获得融资”这一指标，问卷中设置了“上半年本企业获得融资情况与去年同期对比”、“预计下半年本企业获得融资情况与上半年同期对比”这样的问题，给出“增加”、“稍增加”、“持平”、“稍减少”、“减少”五个选项，根据调研结果统计出各自所占比例，并把“增加”、“稍增加”两项的比例统一合并为“增加”，“稍减少”、“减少”两项的比例统一合并为“减少”，便可得出南京中小企业 2014 年到 2016 年即期和预期获得融资的比例状况，具体如表 7-6-1 所示。从表中可知，2015 年南京中小企业认为获得融资增加的比重均超过 2014 年相应的比例，其中即期同比增加 2.75%，预期同比增加 4.02%。但 2016 年南京中小企业认为获得融资增加的比重却明显低于 2015 年相应的比例，其中即期同比减少 11.43%，预期同比减少 5.87%。这说明，在 2014 年到 2016 年期间，南京中小企业普遍认为 2015 年获得融资状况较好，2016 年获得融资则显著降低。

表 7-7-1　2014—2016 年南京中小企业对获得融资项的评价

时间	类型	2014 年	2015 年	2016 年	2015 同比 2014	2016 同比 2015
即期	增加	24.43%	27.18%	15.75%	2.75%	−11.43%
	持平	43.07%	54.51%	63.48%	11.44%	8.97%
	减少	32.49%	32.49%	20.76%	0.00%	−11.73%
预期	增加	21.61%	25.63%	19.76%	4.02%	−5.87%
	持平	48.99%	58.45%	61.19%	9.46%	2.74%
	减少	29.40%	15.92%	19.05%	−13.48%	3.13%

结合近三年南京中小企业获得融资的比例状况，根据公式“即期/预期企业景气指数＝回答良好比重－回答不佳的比重＋100”，可计算出企业获得融资的指数，图 7-7-1 可知，2015 年南京中小企业获得融资指数最高，2016 年次之，2014 年最低。由此可见，近两年中小企业的资金可获性提高了，融资难的问题有所缓解。

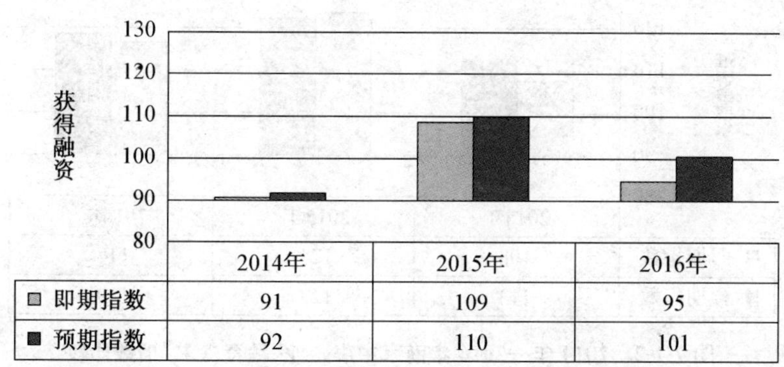

图 7-7-1　2014—2016 年南京中小企业获得融资指数比较

7.7.3.2　“融资需求”指标

近三年的问卷调研结果显示，2015 年的中小企业融资需求增加的比例最高，即期达到39.66%，即期同比超过2014年6.83%，预期同比超过6.70%。但2016年中小企业融资需求增加的比例反而显著下降，即期同比2015年减少8.52%，预期同比2015年减少6.11%。表7-7-2可知，所调研的中小企业普遍认为融资需求同比持平，其中2016年融资需求认为持平的比例即期为54.55%，预期为55.20%，均超过半数。这说明，中小企业2016年上半年的融资需求与2015年同期基本持平，2016年全年的融资需求也变化不大，但相对于2014年的融资需求有所增加。

表7-7-2　2014—2016年南京中小企业对融资需求项的评价

时间	类型	2014年	2015年	2016年	2015同比2014	2016同比2015
即期	增加	32.83%	39.66%	31.14%	6.83%	−8.52%
	持平	42.11%	45.13%	54.55%	3.02%	9.42%
	减少	25.06%	15.21%	14.32%	−9.85%	−0.89%
预期	增加	31.08%	37.78%	31.67%	6.70%	−6.11%
	持平	50.38%	47.01%	55.20%	−3.37%	8.19%
	减少	18.55%	15.21%	13.12%	−3.34%	−2.09%

根据近三年南京中小企业融资需求的比例，结合即期及预期指数的计算公式，同样可以计算出南京中小企业的融资需求指数，如图7-7-2所示。由图可知，2015年的融资需求指数最高，即期和预期均超过120，2016年指数次之，2014年最低。这表明，中小企业2015年的融资需求最为旺盛，企业高管普遍对经营前景持乐观态度，这正好与上面的获得融资指数近三年的变化一致。究其原因，2015年我国货币政策逐步宽松，利率降低，信贷规模扩大，企业资金的可获性提高了，融资需求自然水涨船高。

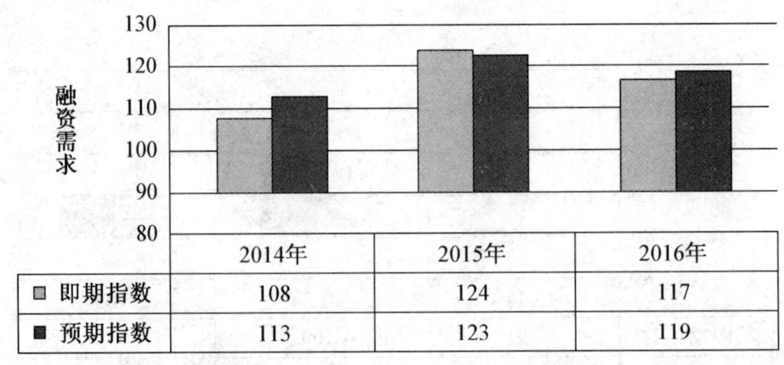

图7-7-2　2014年—2016年南京中小企业"融资需求"指数比较

7.7.3.3　"融资成本"指标

对于融资成本，问卷中设置了"上半年本企业融资成本与去年同期相比"、"预期下半年本企业融资成本与上半年相比"这样的问题，同样给予五个答案选项。根据调研结果统计出近三年企业融资成本“增加”、“持平”、“减少”的比例，如表 7-7-3 所示。由表可知，2015 年和 2016 年融资成本持平的比例在三项中最高，均为 50%左右，其中 2016 年预期的融资成本最高，高达 58.64%。这说明，中小企业 2016 年和 2015 年的融资成本基本相当，企业高管普遍预期 2016 年下半年的融资成本和上半年持平。从表中同样看出，2014 年即期减少的比例在三项中相对较高(40.83%)，这与 2014 年预期及 2015 和 2016 年的比例分布显著不同，说明 2014 年上半年中小企业融资成本比 2013 年同期有所降低，但下半年融资成本就和上半年持平了。

表 7-7-3　2014—2016 年南京中小企业对融资成本项的评价

时间	类型	2014 年	2015 年	2016 年	2015 同比 2014	2016 同比 2015
即期	增加	30.28%	32.51%	30.37%	2.23%	−2.14%
	持平	28.89%	49.64%	56.31%	20.75%	6.67%
	减少	40.83%	17.85%	13.32%	−22.98%	−4.53%
预期	增加	20.63%	27.87%	28.27%	7.24%	0.40%
	持平	55.09%	55.30%	58.64%	0.21%	3.34%
	减少	24.28%	16.84%	13.08%	−7.44%	−3.76%

一般而言，融资成本越小越好，因此该指标为反指标。在用公式“即期/预期企业指数＝回答良好比重－回答不佳的比重＋100”计算指数时，应将减少的比例作为回答良好的比重，将增加的比例作为回答不佳的比重，这样可计算出南京中小企业近三年的融资成本指数。如图 7-7-3 所示。由图可知，2014 年的融资成本指数最高，达到良好等级，但 2015 年和 2016 年的融资成本指数明显偏低，均低于警戒值 90，属于预警等级。这表明 2014 年中小企业的融资成本较低，企业高管普遍评价较好，但 2015 年和 206 年融资成本加重，尤其是 2016 年，企业高管对融资负担预期悲观。

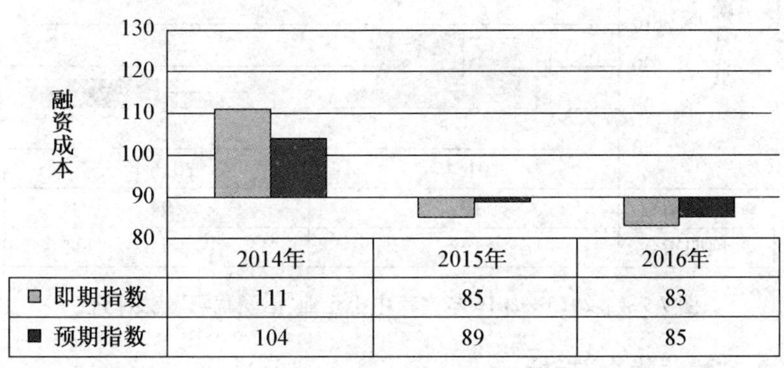

图 7-7-3　2014 年—2016 年南京中小企业“融资成本”指数比较

7.7.3.4 “融资优惠”指标

2014 年的调研问卷中缺少有关融资优惠的问题,学院调研组在 2015 年和 2016 年重新修改了问卷,增加了“上半年企业获得融资优惠与去年同期对比”、“预计下半年企业获得融资优惠与上半年对比”这样的问题,并同样设置五个答案选项。根据调研结果,可统计出 2015 年和 2016 年融资优惠“增加”、“持平”、“减少”的比例,表 7-6-4 显示,近两年企业认为获得融资优惠“持平”的比重最高,即期和预期均超过 60%,而 2016 年选择“减少”的比例稍微超过 2015 年。这说明,企业普遍认为近三年获得融资优惠相当,但 2015 年比 2014 年略微提升,2016 年比 2015 年却有所降低。

表 7-7-4　2015—2016 年南京中小企业对融资优惠项的评价

时间	类型	2015 年	2016 年	2016 年同比 2015 年
即期	增加	22.73%	14.14%	−8.59%
	持平	61.57%	66.16%	4.59%
	减少	15.70%	19.70%	4.00%
预期	增加	20.87%	15.44%	−5.43%
	持平	66.74%	66.58%	−0.16%
	减少	12.40%	17.97%	5.57%

根据 2015 和 2016 年关于融资优惠的相应比例,结合景气指数的计算公式,同样可以算出近两年南京中小企业融资优惠的景气指数,图 7-7-4 可知,2015 年的即期和预期融资优惠景气指数均明显超过 2016 年,这说明企业在 2015 年获得融资优惠最多,企业高管普遍评价较为乐观。

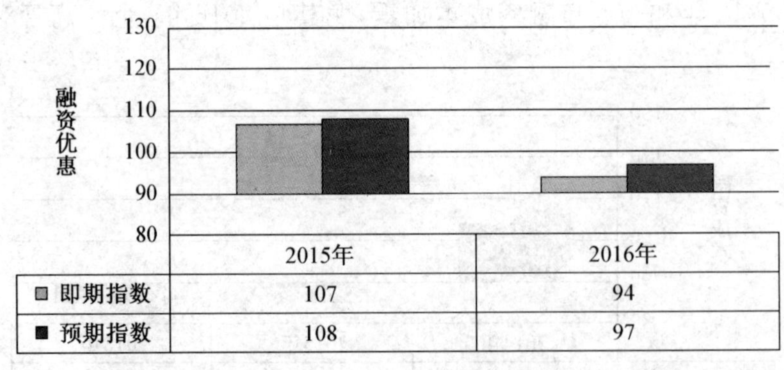

图 7-7-4　2015—2016 年南京中小企业“融资优惠”指数比较

7.7.3.5 “税收优惠”指标

2014 年的问卷中同样缺少对税收优惠的调研,2015 年和 2016 年的问卷修订中也增加了有关税收优惠的问题。根据调研结果统计整理,可得出近两年南京中小企业税收优惠的比例状况，表 7-7-5 可见，两年中税收优惠“持平”的比重最大，即期和预期均超过 65%，其中 2015 年预期“持平”的比例高达 71.60%。这说明，中小企业普遍认为近两年获得税收优惠差别不大。

表 7-7-5　2015—2016 年南京中小企业对税收优惠项的评价

时间	类型	2015 年	2016 年	2016 年同比 2015 年
即期	增加	18.11%	18.72%	0.61%
	持平	67.08%	66.67%	−0.41%
	减少	14.81%	14.61%	−0.20%
预期	增加	16.46%	20.09%	3.63%
	持平	71.60%	66.67%	−4.93%
	减少	11.93%	13.24%	1.31%

将近两年税收优惠的相应比例代入指数的一般计算公式，同样可以算出南京中小企业税收优惠的指数，如图 7-7-5 所示。由图可知，2015 和 2016 年的税收优惠指数相差不大，基本都在 105 左右，指数虽不是太高，但还是处于良好的等级。

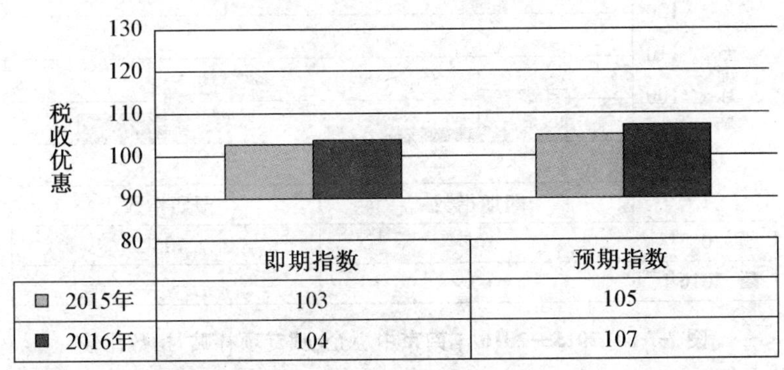

图 7-7-5　2015—2016 年南京中小企业“税收优惠”指数比较

7.7.3.6　“专项补贴”指标

与 2014 年的问卷不同，2015 和 2016 年的问卷调研中也增加了有关专项补贴的问题。根据调研结果统计整理出近两年南京中小企业专项补贴的比例状况，如表 7-7-6 所示。由表可知，近两年专项补贴持平的比例均超过 60%，所占比重最大。但 2016 年即期和预期增加的比例均低于 2015 年相应比例，同比分别减少 5.87% 和 4.27%。这说明，企业高管普遍认为近三年享受的专项补贴差别不大，但有 18%左右的企业认为 2015 年的专项补贴比 2014 年同比有所增加，仅有 12%左右的企业认为 2016 年专项补贴同比 2015 年增加。

表 7-7-6　2015—2016 年南京中小企业对专项补贴项的评价

	类型	2015 年	2016 年	2016 年同比 2015 年
即期	增加	18.54%	12.67%	−5.87%
	持平	64.58%	67.51%	2.93%
	减少	16.88%	19.82%	2.94%
预期	增加	18.79%	14.52%	−4.27%
	持平	68.48%	68.20%	−0.28%
	减少	12.73%	17.28%	4.55%

根据上述专项补贴"增加"、"持平"、"减少"的相应比例，代入景气指数的计算公式，便可算出近两年专项补贴的指数，图 7-7-6 可知，2015 年的即期和预期指数均超过 100，明显好于 2016 年的相应指数。这说明，中小企业高管普遍对 2015 年的专项补贴评价乐观，属于良好等级，但对 2016 的专项补贴评价较为一般，指数只有 90 多，接近预警等级。

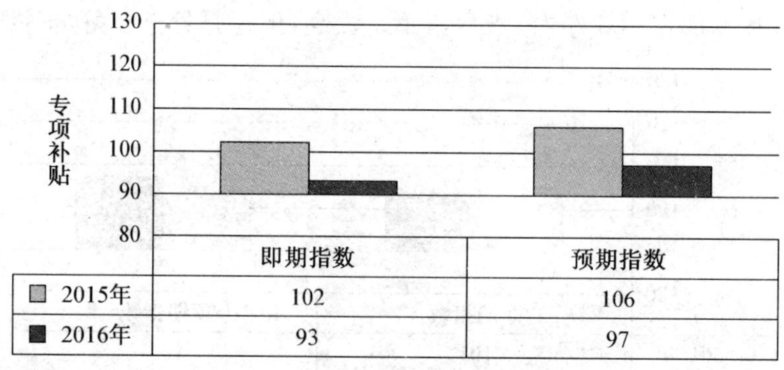

图 7-7-6　2015—2016 年南京中小企业"专项补贴"指数比较

7.7.4　结论与对策

根据"获得融资"、"融资需求"、"融资成本"、"融资优惠"、"税收优惠"、"专项补贴"六个指标的即期及预期指数，结合公式"企业景气指数＝0.4×即期企业景气指数＋0.6×预期企业景气指数"，就可计算出六个指标的指数，如图 7-7-7 所示。由图可知，横向比较六项指标，"融资需求"指数明显较高，三年均超过 110。"融资成本"指数较低，近两年都低于 90 的预警值。这说明，中小企业普遍存在着较强的融资需求，但融资成本较高，企业高管评价比较悲观，企业融资负担较重。纵向比较三年中的这六项指标，可发现 2015 年的指数值明显较好，基本都超过 2014 年和 2016 年的相应指数值，尤其是"获得融资"、"融资需求"、"融资优惠"三项指标。这说明，南京中小企业在 2015 年获得政府融资支持程度相对较大，享受了较多的融资优惠和专项补贴，资金可获性有很大提高，从而带动企业更高的融资需求预期。但2015年的融资成本同比2014年增加，企业负担加重，2016年融资成本更高，都处于预警等级，企业在这一指标上预期悲观。

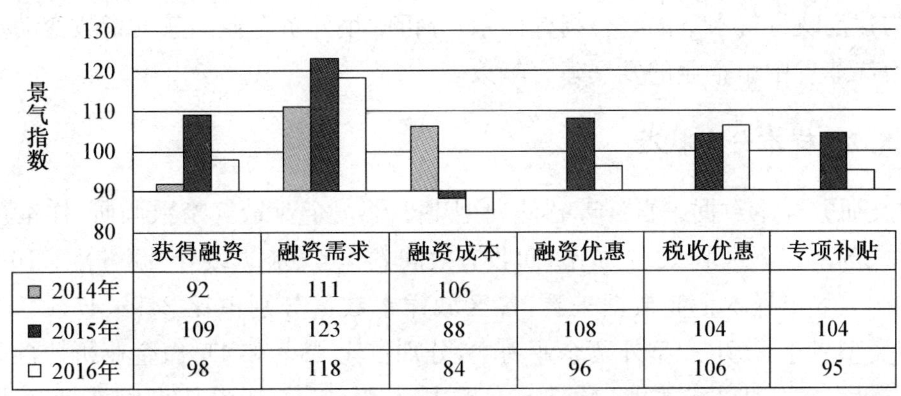

	获得融资	融资需求	融资成本	融资优惠	税收优惠	专项补贴
2014年	92	111	106			
2015年	109	123	88	108	104	104
2016年	98	118	84	96	106	95

图7-7-7　2014—2016年南京中小企业的政府融资支持三级指数比较

鉴于此，政府应设法帮助中企业降低融资成本，提供更多融资支持，具体途径如下：通过给予商业银行相应的风险补偿或利息补贴，鼓励银行以较低利率向中小企业提供贷款；完善中小企业征信系统数据库，协助企业减少融资担保的相关成本；扩大融资优惠、税收优惠、专项补贴的受益范围，让更多中小企业享受到相应的优惠；创新融资方式，拓宽直接融资渠道，鼓励符合条件的企业在中小企业板或创业板上市；简化融资流程，细化行政收费减免的配套措施，使中小企业融资更便捷；在政府的引导下，建立银行、证券、保险、信托、担保为依托的多层次、高效率中小企业融资平台。

7.8　基于综合指标体系的江苏中小外贸企业景气指数分析

王　磊[①]

7.8.1　引言

江苏省是我国贸易大省，贸易规模稳居全国前列，中小企业作为外贸增长的主力军，其贡献不容忽视。然而，近年来进出口贸易增速明显变缓甚至出现负增长，2015年和2016年全省进出口额分别同比下降3.22%和0.7%，与此同时，跨境电子商务等新兴的贸易业态却呈现快速发展态势。因此在外贸新常态背景下，为数众多的中小企业进入转型升级的关键时期。而当前，国际贸易保护主义和单边主义有所抬头，国内宏观经济结构调整、贸易传统成本优势和资源优势丧失、汇率波动等严峻形势下，中小外贸企业的转型与发展备受制约。

① 王磊，南京大学金陵学院商学院国际经济与贸易系讲师。

为了能够及时了解、监测中小外贸企业转型发展所处的生态环境，真实反映企业当前经营状况，我校企业生态研究中心自 2014 年起，连续三年组织师生以问卷调查和现场访谈的形式奔赴江苏 13 个城市开展中小企业景气指数调研。通过采集有效数据，构建反映景气水平的综合指标体系，分析中小外贸企业的景气指数变动及影响因素，为江苏省中小企业的发展建言献策。

7.8.2 样本分布状况

本文研究样本数据来自江苏省外向型中小外贸企业景气指数调研，样本覆盖苏北、苏中、苏南三大区域 13 个城市，回收有效问卷 634 份(2015 年 350 份，2016 年 284 份)。就 2016 年样本企业数据来看，各区域样本数量分别占比 24%、47%、29%；企业规模类型以小、微生产型外贸企业为主，分别占比 43%和 41%；企业所处行业涉及制造业、批发零售业、建筑业、软件与信息技术服务业，其中从事制造业企业占比 65%，集中于服装、纺织业、专用设备制造、通用设备制造业；外贸企业出口市场的区域分布主要集中于东盟、欧美、日韩。主要出口东盟的中小企业占总样本量的比重达 49%，其次，出口欧盟、美国、日韩的企业占比分别为 19%、16%、9%。

7.8.3 江苏中小外贸企业景气指数的测算与比较

7.8.3.1 综合分析

企业综合景气指数体系包括 1 个整体景气度指数、4 个专项指数①、28 个具体指数②。根据中国经济景气检测中心的测算方法③，2016 年江苏中小外贸企业整体景气指数为 105.6，相比 2015 年略微下降 0.3。图 7-8-1 数据显示，企业整体景气指数的略微下降，主要是政策景气指数下滑所致。预期景气指数是企业家对未来经营状况的定性判断，2016 年预期景气指数为 105.8，相比即期景气指数没有明显改变。整体而言，近两年来我省中小外贸企业处于微景气水平，运行相对平稳、滞缓，企业家对未来发展走势的信心未呈现明显的回升趋势。

7.8.3.2 专项指数分析

在影响企业生存和发展的四个专项指标中，政策景气指标的景气度偏低且 2016

---

① 指标体系设置了生产、市场、金融、政策四个专项指标，各自包含多个具体指标，以更准确反应这四方面的因素对企业景气状况的影响。

② 具体指标包括：总体运行状况、营业收入、经营成本、生产能力过剩、盈利变化、技术水平评价、技术人员需求、劳动力需求、人工成本、新签销售合同、产品线上销售比例、产品销售价格、营销费用、主要原材料购进价格、应收款、投资计划、产品创新、流动资金、获得融资、融资需求、融资成本、融资优惠、税收负担、税收优惠、行政收费、专项补贴、政府效率、企业综合生产经营状况。

③ 企业景气指数＝0.4×即期企业景气指数＋0.6×预期企业景气指数，即期企业景气指数＝回答良好的比重－回答不佳的比重＋100，预期企业景气指数＝回答良好的比重－回答不佳的比重＋100。指数在 90 以上表现为景气状态，90 以下为预警状态，50 以下为报警状态。

年有所下降，而生产、市场、金融指标处于微景气水平、相比去年均有略微幅度的回升，见图 7-8-1。

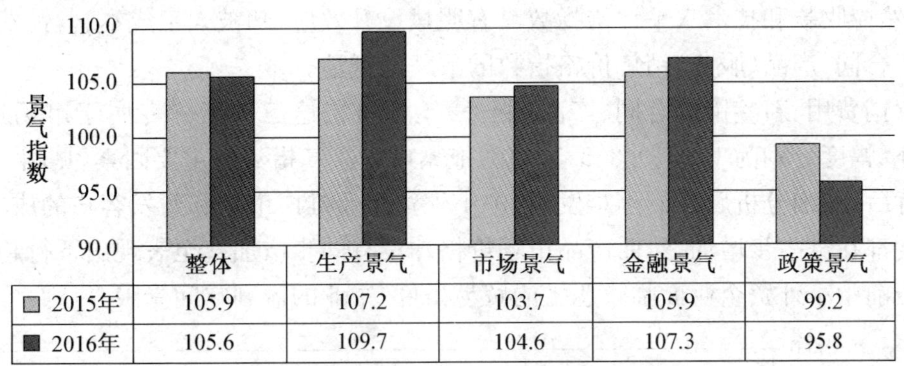

	整体	生产景气	市场景气	金融景气	政策景气
2015年	105.9	107.2	103.7	105.9	99.2
2016年	105.6	109.7	104.6	107.3	95.8

图 7-8-1　2015 和 2016 年江苏省中小外贸企业整体与专项指数比较

1. 生产景气指数

从数值来看，两年来中小外贸企业的生产景气指数均高于其他专项指数，这得益于企业综合生产经营状况、技术水平、技术人员需求等具体指标的持续较高水平。2016 年生产景气指数比 2015 年升高 1.5，主要是因为产品（服务）创新这一专属①于生产景气指数的三级指标的景气度有 13.6 的明显上升幅度（见图 7-8-2），这说明外贸企业已深刻意识到产业结构转型升级的必要性，因而更加注重技术创新型产品或服务的进出口。然而，企业营业收入、经营成本、盈利变化均出现较明显的景气度下滑，可见目前企业面临生产过剩问题，而且产品创新、技术升级并没有即刻扭转中小企业目前的生产经营困境。

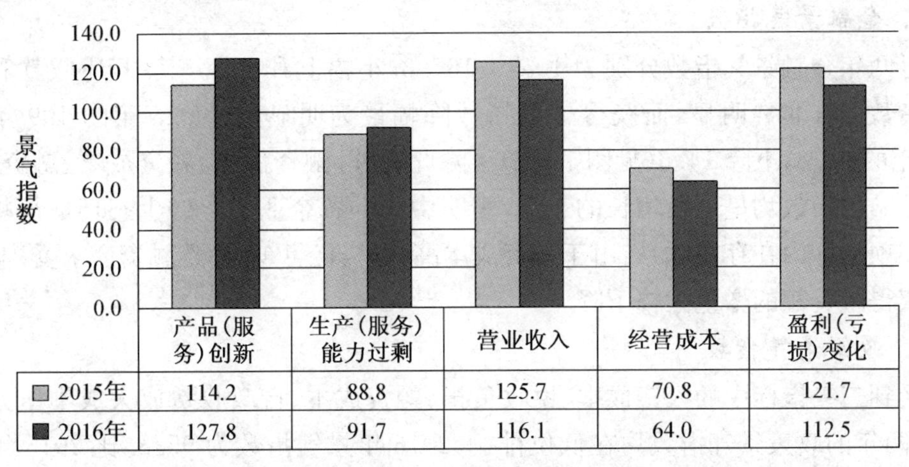

	产品（服务）创新	生产（服务）能力过剩	营业收入	经营成本	盈利（亏损）变化
2015年	114.2	88.8	125.7	70.8	121.7
2016年	127.8	91.7	116.1	64.0	112.5

图 7-8-2　2015 和 2016 年生产景气指数的三级指标比较

① 不同的专项景气指数包含的三级指标或有重合，专属是指该指标只归纳于某专项指数。

2. 市场景气指数

2016 年中小外贸企业市场景气指数 109.7,比 2015 略微上升 0.9,变动并不明显,虽然应收款和技术水平评价指数具有明显拉升效应,却被人工成本、营销费用、新签销售合同、产品(服务)销售价格指数的下跌所抵消。

营销费用、新签销售合同、产品(服务)销售价格这三项指标专属于市场景气状态,下降幅度分别为 17.6、9.3、5.5,成为拖累市场景气指数的主要因素(见图 7-8-3)。数据背后,仔细分析后我们不难发现,中小外贸企业推广市场和开发客户的成本和困难程度都在进一步增加,然而产品市场价格却没有同步增加甚至表现出下行趋势,这表明当前中小外贸企业面临较恶劣的贸易条件,企业的盈利空间受限。

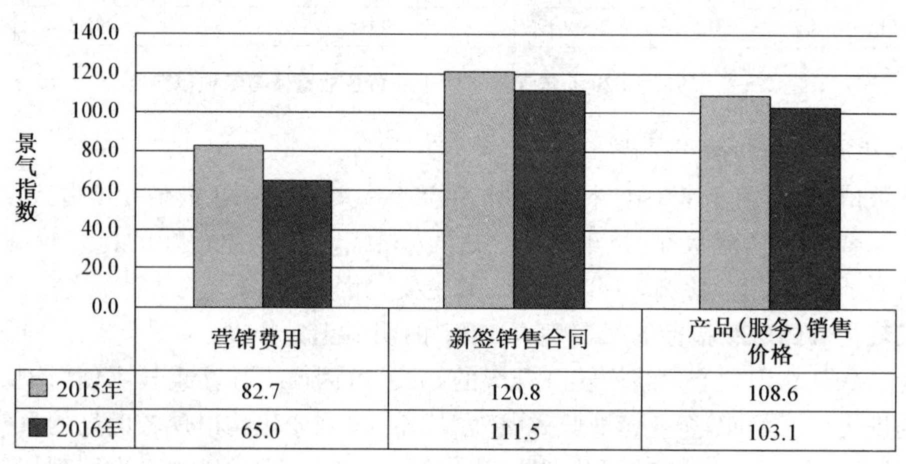

	营销费用	新签销售合同	产品(服务)销售价格
2015年	82.7	120.8	108.6
2016年	65.0	111.5	103.1

图 7-8-3　2015 和 2016 年市场景气指数的三级指标比较

3. 金融景气指数

近两年金融景气指数分别为 105.9、107.3,小幅上升 1.4。其中,应收款和流动资金指数回升非常明显,而获得融资指数降幅最为明显,从 2015 年的 109.4 降至 2016 年的 94.8,下降 14.6(见图 7-8-4)。除此之外,融资优惠、融资成本、融资需求、专项补贴的指数均呈现负增长的态势,表明中小外贸企业的金融生态环境严峻。同时这几项指标内在存在联系:由于融资成本高、融资优惠少,导致融资需求受到限制,因而获得融资额的增量大幅下降。

4. 政策景气指数

受到三级指标中的人工成本、税收负担、融资成本、行政收费放大成本压力的影响,近两年的政策景气指数均在低位徘徊,2016 年景气指数为 95.8,比 2015 年下降 3.4,变动幅度相对明显。从专属三级指标的变动情况来看,专项补贴指数出现 7.6 的明显降幅,税收负担、行政收费指数虽然有所上升但是指数值都在 90 左右的低水平,从而拉低政策景气水平(见图 7-8-5)。

这其中一个值得乐观的数据是政府效率指数,由 114.4 上升至 126.9,有赖于我

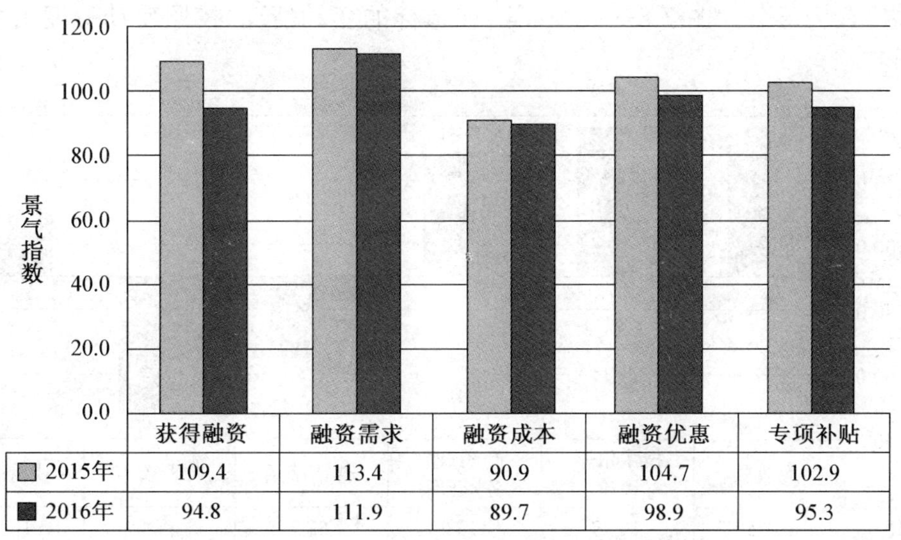

	获得融资	融资需求	融资成本	融资优惠	专项补贴
2015年	109.4	113.4	90.9	104.7	102.9
2016年	94.8	111.9	89.7	98.9	95.3

图 7-8-4　2015 和 2016 年金融景气指数的三级指标比较

国贸易便利化措施的有效推行，进而中小外贸企业在开展业务的各环节涉及政府机构的服务水平和服务效率有明显提升。2017 年最新政府工作报告重点提出将进一步减轻中小企业税费负担，推出多项降税减费政策。比如，凡是年应纳税所得额在 50 万元以下的小微企业，都可享受减半征收的优惠。而在此之前，只有年应纳税所得额在 30 万元以下的企业才能享受企业所得税减半征收的优惠。相信今年即将出台的一些政策调整会使更多中小微外贸企业受益。

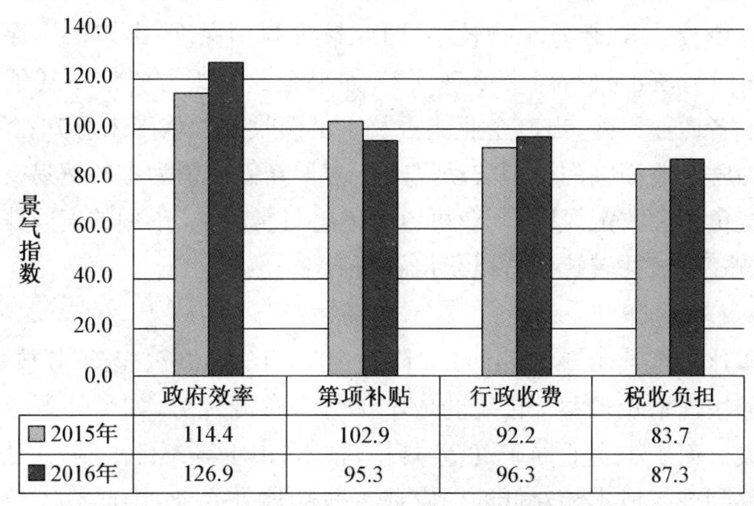

	政府效率	第项补贴	行政收费	税收负担
2015年	114.4	102.9	92.2	83.7
2016年	126.9	95.3	96.3	87.3

图 7-8-5　2015 和 2016 年政策景气指数的三级指标比较

7.8.3.3　具体指数分析

我们对比 2015 年和 2016 年各个具体分项指数进行后发现，中小外贸企业在应收款、技术水平评价、产品(服务)创新、人工成本、营销费用、获得融资这几项指标的变动幅度最为显著。图 7-8-6 反映了这些指标的变动情况(按照变动程度由大到小的顺序排列)。

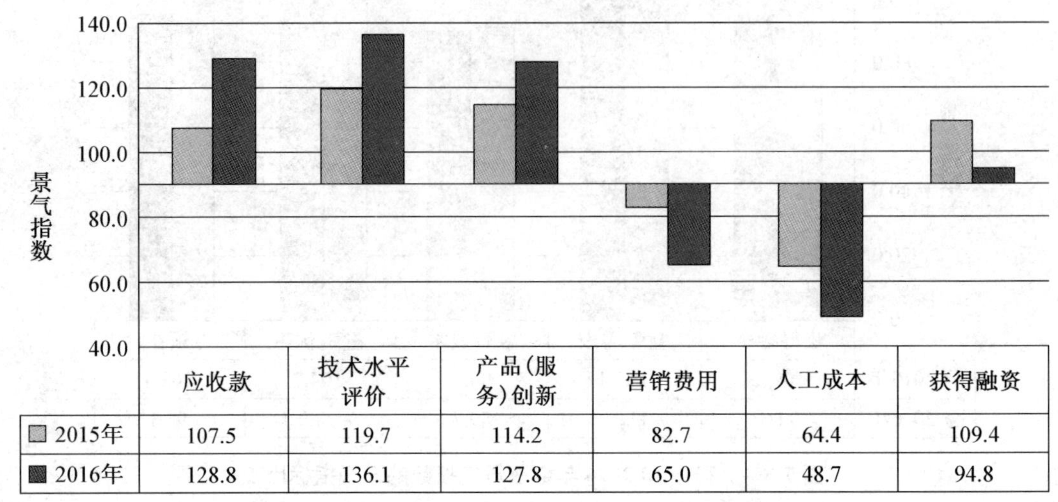

	应收款	技术水平评价	产品(服务)创新	营销费用	人工成本	获得融资
2015年	107.5	119.7	114.2	82.7	64.4	109.4
2016年	128.8	136.1	127.8	65.0	48.7	94.8

图 7-8-6　江苏省中小外贸企业具体三级指数变动

1. 企业应收款

企业应收款指数由 105.5 激增至 128.8,表明中小企业以赊销(O/A)、承兑交单(D/A)等方式进行国际结算的比例逐渐提高。同时经过调研发现,近年来应收账款的收款期限被延长,多为收货后 30 天或 90 天。这无疑将对中小企业融资和收汇产生影响,具体表现在:(1) 由于银行有单笔应收账款融资金额和期限的限制,而中小企业的出口订单较分散、单笔金额较小,因此较难利用保理、出口信用保险业务等渠道将应收账款这一资产进行融资变现;(2) 如果企业对买方资信不甚了解或者进口国出现政治或者商业风险,出口企业能否及时足额收到货款尚未可知;(3) 应收账款账期较长将加剧企业面临的汇率波动风险。为了降低赊销为主的贸易支付方式给企业带来的资金负担和收汇风险,企业可以考虑将日常分散、小额的应收账款集合为相对稳定"应收账款池"并转让银行以获得融资。

2. 人工成本

人工成本这一指数由 2015 年 64.4 降至 2016 年的 48.7。改革开放数十年来,我国国际贸易的快速增长得益于传统的成本优势和资源优势,如今外贸企业这一成本优势逐渐丧失。而中小企业囿于资金、规模、技术、市场等条件限制,无法像大企业那样将工厂转移到人工成本相对低的国家或者收购境外企业,因而成本控制的难度增加,导致大量订单和客户流失。另外,海外市场的关于产品生产用工标准的推行,进一步限制了劳动密集型产品出口。比如欧盟要求我国外贸企业执行社会责任 SA8000 标准。

而面临成本资源优势的急剧丧失,产品价格下行压力却在增加(产品销售价格这一指标的景气指数下滑可反映出这一现象），企业倍感生存压力。通过调研，不少企业家反映目前主要是依靠降低价格、感情联系以维护订单来源。

3. 技术及产品（服务）创新水平

技术创新及产品（服务）创新水平是外贸企业转型升级的重要推动力。2016 年这两项指数值较高，相比 2015 年增加明显，即多数企业注重技术投入与创新，以使自身产品技术是处于行业领先或者较为领先的水平。由于国际技术贸易壁垒高企，各种市场准入标准不断出台，以及原材料价格及人工成本上升，我国在低成本制造的产品上已不再具备竞争优势。中小外贸企业家能敏锐感受到外贸形势变化，注重企业技术水平和产品创新能力，只有深入对客户偏好及市场需求的研究，加快产业结构优化升级，注重自主知识产权、创立自主品牌等方式提升产品的附加价值，方能摆脱许多限制企业发展的制约。

贸易服务水平方面，贸易便利化措施的不断推行为中小企业减少了交易环节，降低了交易成本。比如目前我国正全面推行国际贸易“单一窗口”体系建设，这种模式改变以前报检报关等申报材料重复的弊端，将海关、商检、海事等多部门并联到一个界面上，参与贸易和运输的各方通过单一的平台提交标准化信息和单证进行申报，极大节约了成本、提升了通关效率，为贸易行业尤其是中小外贸企业的发展带来便利和机遇。

4. 营销费用

企业营销费用指数从 82.7 下降为 65.0，处于预警状态，表明中小外贸企业的营销费用高企且近两年增幅明显。如今，信息的获取与传播在贸易发展中至关重要，以电子、通讯与信息为基础的跨境电商已成为新型贸易业态。根据南京海关的相关数据，江苏省 2016 年验放跨境电商 43 万票，总值 657.24 万美元。本次调研中，受访企业多选择亚马逊、EBAY、WISH、速卖通等跨境电商外贸 B2B 或 B2C 平台进行产品的推广、运营和销售，但是需要支付名目繁多且愈加高昂的平台使用费、竞价费、广告费等。以亚马逊为例，该平台对每笔交易收取成交金 15%的佣金（Sale Fee）、FBA 费（Fullfillment By Amazon），2016 年 2 月还提高配送费等多项服务收费标准。

另外，国内外相关的专业展会或者商务拜访等“线下”方式也是从事制造行业的工厂型外贸企业选择的主要营销渠道，这种方式下的营销成本迅速攀升是显而易见的，而企业家们反映通过这一方式并不会立即带来大量订单。总之，中小企业普遍表示希望进一步开拓海外市场，取得一定的销售渠道和营销环境，但是高昂的营运成本令其望而却步。

5. 获得融资

获得融资指数从 109.4 下降为 94.8，表明外贸企业获得融资难度增加，融资规模严重缩减。中小外贸企业面临较大的资金负担与融资困难进而成为制约企业发展的瓶颈。从企业角度来看，产生这一问题的主要原因是：(1) 贸易融资风险管理理念保守,专业人才匮乏;(2) 国际贸易中采用赊销、承兑交单等结算方式比例逐渐提高,难以依赖传统信用证融资方式如打包贷款等;(3) 中小企业生产经营规模小,且存在财务制度不健全、资信情况不透明、诚信度低等情况,信贷风险大;(4) 中小企业的主要资产是应收账款和存货,外贸企业的账期和价值链循环周期长,难以提供银行偏好的不动产和第三方担保。因此中小外贸企业应结合当前所处的金融生态环境,灵活拓展融资渠道。比如中小企业可以集中各笔融资期限不同的优质账款"打包"转让给银行,银行对贸易的真实背景和还款来源的自偿性进行核定后按一定比例提供融资,融资企业无须提供额外担保。对于出口产品有长期稳定的国外客户且出口产品质量稳定的企业,也可以寻求不超过 180 天的短期融资,用于企业采购、备货、装运。另外也可以通过出口信用保险保单融资,出口商、信保公司和银行签订赔款转让协议,出口商待货物出口后凭保单等凭证将赔款权益转让给银行,从而获得融资。

7.8.4 小结与展望

当前,江苏省中小外贸企业面临的对外贸易形势依然严峻复杂,企业整体处于微景气水平,生产、市场、金融、政策生态环境整体回稳向好的基础并不十分牢固。在跨境电商、市场采购贸易、外贸综合服务日益成为江苏省外贸增长新模式的背景下,中小外贸企业亟须转变发展思路。同时,随着外部市场的改善、国内促进外贸发展和企业降税减负等政策措施效果的逐步显现,企业景气度水平将稳步回升。

7.9 政策环境对制造业企业创新影响的调查分析

李欣[①]

中央经济工作会议进一步强调"推进供给侧结构性改革",强调依靠创新培育经济增长新动能和优化产业结构,在此大背景下,如何促进创新具有重大现实意义。制度经济学理论认为,制度环境是影响企业经济行为的基本因素(于茂荐和孙元欣,2016)。而在我国目前转型经济的背景下,制度环境中的政策环境构成了企业外在环境的重要部分,对企业的生存和发展及其创新性行为都发挥着至关重要的作用(罗党论和唐清泉,2009)。

因此,本文将从制度环境中的政策环境角度出发,探究政策环境因素对企业创新性行为的影响。我们认为政府对企业创新的影响主要集中在资金支持和管理体制两个方面。一方面,政府可以通过补贴、税收优惠以及降低行政收费和税负等方式为中小企业的创新提供资金支持,直接降低企业创新成本;另一方面,随着政府效率或服务水平的提高,政府可以减少对经济金融的干预和地方保护主义,其所在地区的知识

① 李欣,南京大学金陵学院会计系讲师,管理学博士。

产权得到有效保护，企业研发行为之政策得到改善，创新行为也就得到更多保障。对政策环境的测量，我们也将主要从资金支持和管理体制这两个方面出发，探讨其对企业创新水平的影响。

基于2015—2016年5304个制造业企业样本的调研数据，利用ANOVA统计分析，我们发现样本企业所处地区的政策环境确实对企业的创新行为具有促进作用。以下我们将分四个部分进行阐述，首先介绍本文的研究设计，其次将对本文的样本进行描述性统计，再次对结果进行简单介绍，最后是本文的结论与启示。

7.9.1　研究设计

7.9.1.1　样本选择与数据搜集

在江苏省社会科学基金、银兴经济研究基金以及江苏省经济和信息化委员会、江苏省统计局、江苏省金融办公室、江苏省委政策研究室信息处的鼎力支持下，南京大学金陵学院企业生态研究中心于2015和2016年7—9月对江苏省13个地级市的中小企业集聚区展开调查，受访者为企业高层管理人员或者企业业主。问卷包括企业基本信息及其“生态环境”。调研问卷采用李克特5级量表，受访对象为企业负责人和财务负责人。两年数据共获得制造业行业企业有效问卷5 304份，其中微型企业1 761家，小型企业2 905家，中型企业638家。

江苏省的调查数据在全国范围内具有典型性和代表性。2015年，江苏省GDP名列全国第二，有超过200万户中小微企业，在经济新常态和供给侧结构性改革的大背景下，其企业创新升级之路是我国企业应对政治经济新形势进行转型的缩影，其苏南、苏北、苏中的地域、经济划分某种程度上是我国东、西、中部经济发展的缩影。所以，本文分析江苏省企业创新情况，对我国其他地区亦有重要的借鉴意义。

7.9.1.2　变量测量

1. 企业创新

创新内容比较广泛，主要包括产品创新、服务创新、技术创新、商业模式创新等。对企业创新的衡量，本研究主要借鉴孙哲(2015)的方法，采用企业家主观判断的方式进行测量，主要采用以下两种方式：① 预计下半年本企业产品(服务)创新水平较上半年是否有所提升，采用五级划分，包括增加、稍有增加、持平、稍有下降和下降进行测量，在数据录入中分别用5、4、3、2、1表示。② 企业家预计下半年本企业产品或服务技术水平比上半年是否有所提升，分别用领先、稍领先、持平、稍落后与落后五级划分，数据录入时采用5、4、3、2、1表示。

2. 政策环境

本文主要通过企业税收负担、税收优惠、行政收费、政府补贴和政府效率这几个指标对样本企业所处的政策环境进行测量。考虑到政策环境对企业创新的影响具有时滞，因此本文对政策环境的测量采用前导期值，即采用企业家对这五个指标上半年与去年同期相比的感知测量政策环境。其中：

税收负担:用企业家上半年本企业税收负担与去年同期相比的感知进行测量,包括增加、稍有增加、持平、稍有下降和下降五级,分别用1、2、3、4、5进行表示。注意税收负担是一个反指标,数值越大,代表企业税收负担与去年同期相比减少越多。

税收优惠:用企业家上半年本企业税收优惠与去年同期相比的感知进行测量,包括增加、稍有增加、持平、稍有下降和下降五级,分别用5、4、3、2、1表示。数值越大,代表企业享受的税收优惠与去年相比增加越多。

行政收费:用企业家上半年本企业行政收费与去年同期相比的感知测量,包括增加、稍有增加、持平、稍有下降和下降五级,分别用1、2、3、4、5进行表示。注意行政收费也是一个反指标,数值越大,代表企业行政收费与去年同期相比减少越多。

政府补贴:用企业家上半年本企业享受的政府补贴与去年同期相比的感知测量,包括增加、稍有增加、持平、稍有下降和下降五级,分别用5、4、3、2、1表示。数值越大,代表企业享受的政府补贴与去年相比,增加越多。

政府效率:用企业家感知到的企业所处地区的政府效率与去年同期相比测量,包括提高、稍提高、持平、稍下降和下降五级,分别用5、4、3、2、1表示。数值越大,代表企业所处地区的政府效率与去年同期相比提升越高。

在这五个指标中,前四个指标主要是对政策环境中的资金支持方面进行测量,而对政策环境中的管理体制测量则主要体现在“政府效率”这个指标上。

图7-9-1是本文的样本企业在江苏省各市的分布情况。我们发现,南通、苏州和常州等市的样本较多,其余样本在各市中的分布总体较为均衡。苏南地区的企业数量较多(占比41%),其次为苏中地区企业(占比34%)。

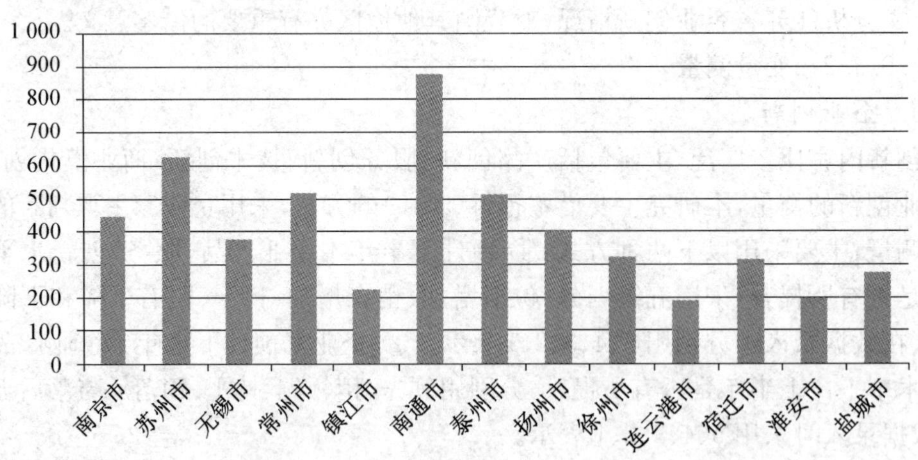

图7-9-1 样本企业在各市的分布情况

7.9.2 描述性统计分析

表 7-9-1 中小微三类企业对各指标的评价及分布

		增加	稍增加	持平	稍减少	减少
产品(服务)创新	微型企业	5.7%	23.9%	56.4%	11.6%	2.5%
	小型企业	8.5%	26.6%	51.1%	10.2%	3.5%
	中型企业	11.0%	30.8%	43.2%	10.8%	4.1%
技术水平	微型企业	6.1%	21.2%	58.6%	11.3%	2.9%
	小型企业	7.8%	27.6%	53.4%	9.0%	2.2%
	中型企业	10.5%	32.0%	42.7%	8.6%	6.1%
税收负担	微型企业	4.3%	21.6%	54.6%.	17.6%	2.0%
	小型企业	5.2%	25.4%	52.1%	15.0%	2.3%
	中型企业	4.6%	26.1%	47.7%	18.1%	3.5%
税收优惠	微型企业	3.2%	15.2%	66.8%	12.9%	1.9%
	小型企业	3.3%	15.6%	68.4%	10.4%	2.4%
	中型企业	3.4%	17.2%	65.9%	11.5%	2.1%
行政收费	微型企业	2.3%	18.7%	58.6%	17.9%	2.5%
	小型企业	3.9%	19.4%	60.0%	14.2%	2.6%
	中型企业	3.8%	21.3%	53.2%	18.9%	2.7%
政府补贴	微型企业	2.7%	13.3%	70.4%	11.1%	2.6%
	小型企业	3.6%	14.7%	67.2%	10.5%	3.9%
	中型企业	3.8%	17.9%	61.8%	12.1%	4.5%
政府效率	微型企业	5.9%	23.0%	56.3%	12.7%	2.1%
	小型企业	6.2%	27.3%	50.9%	11.1%	4.4%
	中型企业	8.5%	30.3%	43.9%	12.6%	4.8%

表 7-9-1 是三类企业在主要指标上的分布情况。从创新指标和技术水平上来看,约 42%的中型企业都预计下半年本企业产品(服务)的创新水平和技术水平较上半年会有所提升;而预计提升的小型和微型企业只有大约 34%和 29%。这说明中型企业由于其固有的技术、人才等资源方面的优势,在企业创新意愿和自我效能感上较其他两类企业更强。

政策环境各指标中,在税收负担上,三类企业中大约一半的样本都认为本企业税收负担较去年同期持平。在剩余样本中,认为税收负担增加的中型和小型企业比重都达到了近 31%,而认为税收负担减少的中型和小型企业比重分别为 21.6%和

17.3%,这说明不少企业都认为自身税收负担在不断加大。在税收优惠上,大部分企业都认为上半年较去年同期,本企业的税收优惠持平(三类企业的比重均为67%左右)。认为税收优惠增加企业的比重与认为优惠减少企业的比重相比,相差不大。在行政收费指标上,大部分企业访谈者都认为本企业的行政收费较去年持平(三类企业的比重均为57%左右)。三类企业中,认为行政收费增加企业的比重较减少企业的比重之间也相差不大。在政府补贴上,大部分企业访谈者都认为上半年较去年同期,本企业获得的政府补贴持平,即未发生太大变化(三类企业的比重均为66%左右)。最后,在政府效率指标上,虽然三类企业中有近一半的企业都认为政府效率较去年同期未发生太大变化(持平),但认为企业所处地区的政府效率与去年同期相比提升的企业比例却大大高于认为下降的企业比例,中小微企业认为政府效率提升的比例分别为38.8%、33.5%和28.9%,比认为下降的中小微企业比例分别高了21%、18%和14%。这说明在政府体制改革的大背景下,政府效率的提升还是获得了不少企业的认可。结合以上数据分析,我们认为上半年江苏省中小微企业的政策环境较去年同期相比,有所提升。

7.9.3 研究结果分析

表7-9-2对应的是政策环境各指标对中小微企业创新影响的ANOVA分析。由表7-9-2的方差分析结果可见,样本企业所处地区的政策环境,即税收负担、税收优惠、行政收费、政府补贴和政府效率因素对企业的创新水平具有显著影响,即衡量企业创新水平的两个指标企业家“预计下半年本企业产品(服务)创新水平”和“预计下半年本企业的技术水平”的均值均随企业所处地区政策环境的改善而由低向高逐渐上升,这表明政策环境各因素与企业的创新水平呈正相关关系,也就是说,企业所处地区的政策环境越好,企业的创新程度越高。

具体来看,税收负担作为一个逆指标(数值越高反而税收负担越少),无论中型企业、小型企业还是微型企业,他们下半年预期的产品(服务)创新以及技术水平都随着税收负担感知的下降而稳步上升。同样,随着税收优惠感知程度的不断上升,三类企业下半年预期的创新水平都获得显著提升。在行政收费这个指标上,我们也发现随着政府行政收费感知的不断降低,三类行业的企业家对下半年本企业预计的创新水平提升感知也在不断上升。在政府补贴和政府效率上,我们发现随着政府补贴和政府效率感知的不断提升,中型企业、小型企业和微型企业的预计创新水平也会不断上升。这说明,政策环境的改善,特别是政府在资金支持和管理体制上的改善,对中小微企业的创新水平提升具有较大的促进作用和重要意义。

表 7-8-2　政策环境指标对中小微企业创新影响的 ANOVA 分析

	产品(服务)创新			技术水平		
	微型企业	小型企业	中型企业	微型企业	小型企业	中型企业
税收负担程度						
1	2.46	2.78	2.82	2.89	2.79	2.27
2	3.00	3.00	2.90	2.99	3.06	3.02
3	3.12	3.21	3.31	3.14	3.27	3.33
4	3.32	3.35	3.61	3.31	3.41	3.57
5	3.51	3.48	3.55	3.50	3.64	3.55
平均数	3.14	3.21	3.30	3.15	3.27	3.32
F 值	14.637***	18.430***	9.342***	9.801***	22.530***	10.456***
税收优惠程度						
1	2.56	2.72	2.08	2.63	2.96	1.77
2	2.96	2.99	3.23	3.04	3.07	2.94
3	3.13	3.22	3.30	3.14	3.27	3.34
4	3.34	3.41	3.44	3.37	3.45	3.56
5	3.56	3.53	4.00	3.29	3.51	3.71
平均数	3.14	3.21	3.30	3.15	3.27	3.32
F 值	12.044***	16.505***	7.868***	7.616***	12.408***	11.111***
行政收费程度						
1	2.84	2.75	2.71	3.07	2.95	2.82
2	2.98	3.04	3.08	3.03	3.16	2.90
3	3.14	3.24	3.33	3.14	3.28	3.40
4	3.31	3.32	3.53	3.34	3.37	3.52
5	3.73	3.41	3.50	3.30	3.52	3.21
平均数	3.14	3.21	3.30	3.15	3.27	3.32
F 值	13.457***	13.366***	6.090***	5.973***	8.937***	7.585***
政府补贴程度						
1	2.63	2.90	2.71	2.74	3.10	2.79
2	2.92	2.95	2.83	2.91	3.10	2.83
3	3.15	3.23	3.36	3.16	3.27	3.34
4	3.45	3.37	3.59	3.47	3.48	3.58
5	3.49	3.56	3.75	3.43	3.35	3.95

(续表)

	产品(服务)创新			技术水平		
	微型企业	小型企业	中型企业	微型企业	小型企业	中型企业
平均数	3.14	3.20	3.30	3.16	3.27	3.31
F 值	10.206***	9.547***	7.800***	10.288***	6.506***	7.793***
政府效率高低						
1	2.72	2.69	2.63	2.86	2.75	2.37
2	2.90	2.94	2.66	2.76	2.91	2.43
3	3.14	3.19	3.27	3.14	3.27	3.25
4	3.32	3.37	3.53	3.38	3.43	3.67
5	3.32	3.67	4.08	3.52	3.72	4.17
平均数	3.14	3.21	3.30	3.15	3.27	3.32
F 值	17.154***	30.241***	21.210***	21.959***	39.496***	40.932***

注：*** 代表 0.05 水平显著

7.9.4 结论与启示

本文采用江苏省 13 个地级市 5 304 家制造业企业调查数据，综合考察了政策环境中的税收负担、税收优惠、行政收费、政府补贴和政府效率对企业创新的影响，结果表明：随着企业所处地区政策环境的改善，企业本身的创新水平也会不断提升。无论对于中型企业、小型企业还是微型企业，结果均是如此。

虽然过去有学者指出，政策环境，特别是政府补贴是一把双刃剑，它既可以对企业创新具有"挤入效应"，即通过降低创新成本的方式促进企业创新；然而，政府在专项补贴的同时，也往往会对企业创新行为进行干预，从而有损企业创新的效率；一些企业也会为了获得专项补贴进行"寻租"，寻租成本在某种程度上也降低专项补贴的创新效应。这就形成了对企业创新的挤出效应（毛其淋和许家云，2015）。但是从本文的研究结果来看，我们并没有发现政策环境，特别是政府补贴对企业创新的挤出效应。这也意味着各级政府应该进一步加大"服务型政府"的建设，加快所在地区政策环境的改善，明确企业作为创新主体的地位，并进一步加大对企业，特别是中小微企业的政府补贴，以期进一步提升所在地区企业创新的动力，以此推动中小企业的转型升级，并实现他们的长期可持续发展。

7.10　2016年连云港市中小企业景气指数调研报告

郭芷含①

7.10.1　背景意义

去年以来，面对复杂变化的宏观经济环境和经济下行的压力，连云港市工业战线主动作为、积极应对，使得地区经济发展状况保持了较为平稳的运行态势，2016上半年，连云港市地区GDP为1 183.08万元，相比去年同期增长了10.51%。② 配合宏观形势进行产业转型升级，2015年全年连云港市高新技术产业实现产值1 070.61亿元。

在维护连云港经济稳健运行，中小企业发挥着举足轻重的作用，截至2016年6月末，全市私营个体户数累计达19.3万户，共计吸纳就业人员57.8万人。全市共有规模以上民营工业1387户，占全部规模企业的85.1%。全市民营经济实现增加值547.1亿元，占全市GDP比重为51.1%。2015年1—6月份全市民营经济实现税收131.1亿元，同比增长7.6%，占全市全部税收71.7%。对经济增长的贡献率为52.8%，拉动经济增长5.7个百分点③。中小企业占连云港市经济主体的大部分，中小企业是推动连云港市经济发展的重要力量之一。然而中小企业的发展仍然面临着一些问题，例如从宏观角度来看，国内地区中小企业的地区发展差距很大，江苏省内苏南苏中和苏北的中小企业发展不均衡。因此对其经济运行状况进行监测，对连云港地区经济的长期发展具有重要的意义。

本次调研，采用南京大学金陵学院企业生态研究中心创建的景气指数体系和指数指标，既保证了与国家统计局现行的相关标准的一致性，又可以及时准确地观测江苏中小企业的成长态势和成长环境的变化。景气指数调查法，较其他的调查方法具有以下优点：首先，该方法是对经济发展的周期波动进行检测和预测的一个重要的统计调查方法，它以企业家为调查对象，采用问卷调查的方式，收集企业家对本行业的景气状况和企业生产经营状况的判断和对未来发展的预期，并根据企业家对宏观经济状况及企业生产经营状况的判断和预期来编制景气指数，从而具有较高的超前性、时效性和准确性；其次，景气调查的问卷中问题主要是以定性判断的选择题出现，弥补了定量指标的一些不足，传统统计资料反映的是客观情况的变化，企业景气调查资料反映的是企业决策者如何解释和评价这些变化的。通过对景气指数的计算、对一些相关指标的实证分析，我们可以从一些看似零散的数据中得到连云港地区中小企

① 郭芷含，南京大学金陵学院商学院2015级会计学专业本科生。
② 数据来自连云港统计局信息网2016年8月19日文章《2016年1—6月主要经济指标》。
③ 数据来自连云港中小企业网站2016年7月21日文章《6月份全市民营经济发展简况》。
数据来自连云港中小企业网站2016年7月21日文章《6月份全市民营经济发展简况》。

业的某些方面的状况和存在的问题,进而概括出连云港中小企业的共性特征和存在的共性问题。

基于景气指数调查的以上优点,本调研组利用暑假时间走访了连云港市的一些中小企业,邀请企业家填写景气指数调研问卷,并对其进行访谈。本次调研报告就是基于连云港市景气指数调查问卷的数据分析和企业家访谈的基础上,分析连云港市中小企业所发展所面临的现状,以及企业家对未来的预期,探讨连云港市中小企业发展所面临的问题与契机,希望对于政府政策制定能起到一定的指导意义。

本次调研报告主要分为以下 5 部分进行论述,首先对样本的特征以及问卷搜集进行基本描述;其次利用 SPSS 统计软件对总体指标以及分指标进行具体的探讨和分析;再次,对一些无法从问卷上显示的热点问题进行探讨;最后我们将总结一下本次调研的不足之处,并对未来调研提出一点建议与看法。

7.10.2 问卷搜集以及样本特征描述

本次调研,共发放问卷 145 份,收回有效问卷 141 份。对样本的数据分析汇总可得以下几方面信息。

从企业类型看,被调研样本企业中,微型企业数量最少,为 17 家,占样本总数的 12.2%,小型企业数量最多,为 63 家,占样本总数的 45.3%,中型企业数量 32 家,占样本总数的 23.0%(详见图 7-10-1)。与去年的微型企业占比重最少有些出入,这和今年样本数量不足以及分布不均有所关系,但两年来小型企业一直占比重最多。

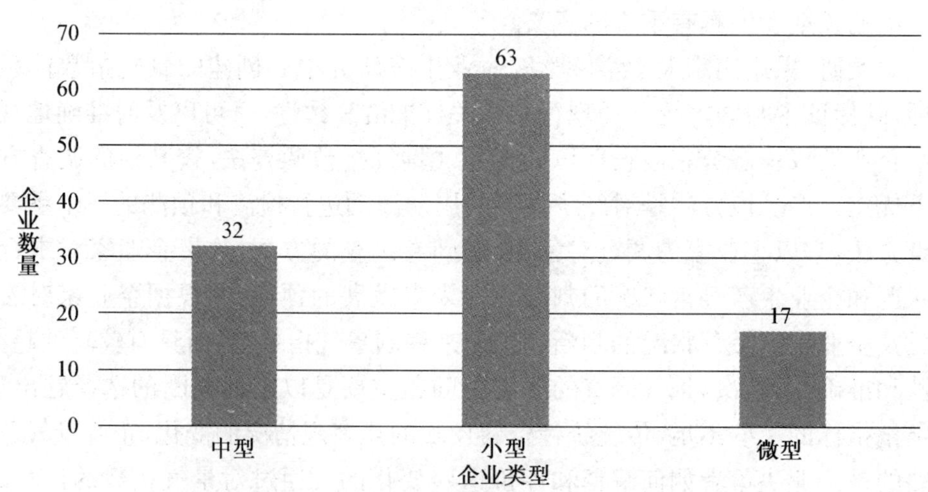

图 7-10-1 不同规模样本企业数量分布图

从企业规模来看,本次被调研的样本企业规模分布情况与去年数据比例基本相同,从业人数处在 10～100 的所占比重最大,数量是 77 家,约占 53.1%,大多被调研企业是小微型企业;其次是从业人数在 10 及以下的企业,数量是 35 家,所占的比重为 24.1%;100～300 人的企业和超过 300 人的企业分别为 19 家和 13 家,各占

13.1%和9.0%，另外有一家企业的从业人数并不能确定(详见图7-10-2)。

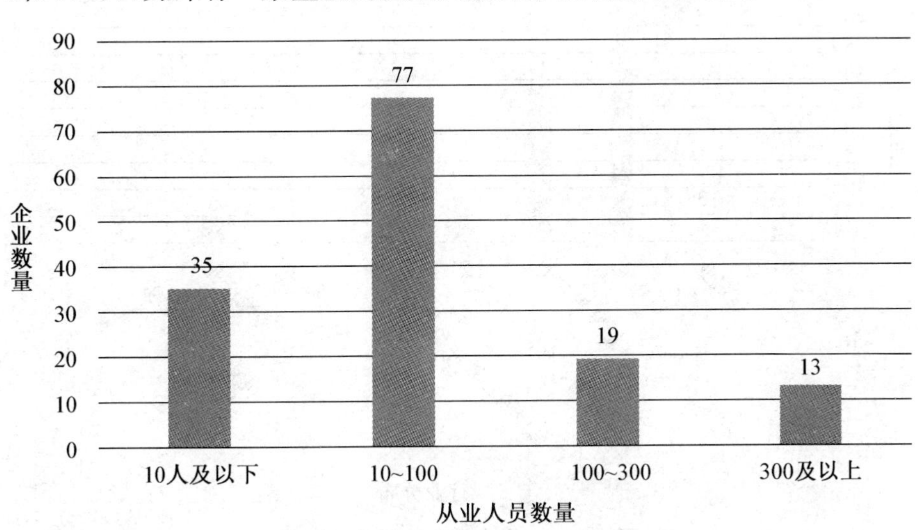

图7-10-2　样本企业从业人数数量分布图

从被调查企业的所在地看，本调研组共调研了连云港市下属新浦区，灌南区，东海区，赣榆区和灌云区五个地区。所在地在新浦的企业所占的比重最大，约占48.3%；其次是灌南和赣榆，约各占被调查企业的20.7%；又其次是赣榆，占10.3%，由此可见今年企业样本数量分布不是很均匀。详见图7-10-3。

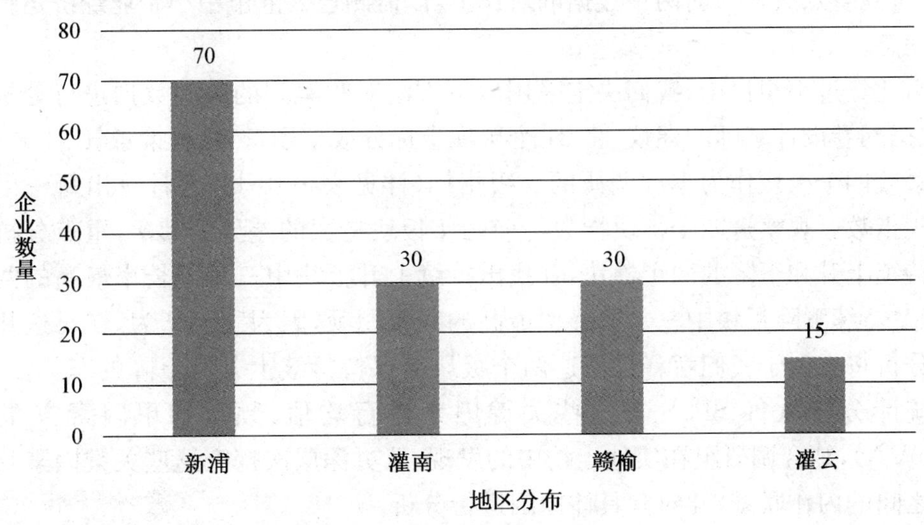

图7-10-3　样本企业的地区分布图

从样本企业所处行业来看，样本企业主要分布在制造业，为40家，占样本企业总数的42.5%，其次是批发零售业，为29家，占样本企业总数的30.9%，其次是交通运输，房地产，信息传输，租赁，教育，金融及农林牧渔业。其中，交通运输，房地产业和建筑业分别为9,5,3家，各占9.6%，5.3%，3.2%。详见图7-10-4。

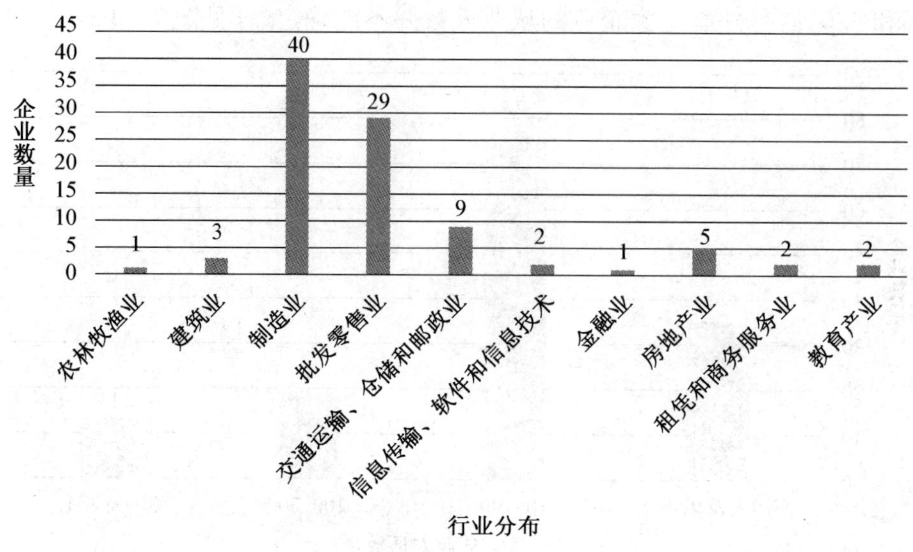

图 7-10-4 样本企业的行业分布图

7.10.3 指标计算与指标解读

7.10.3.1 研究方法

今年是江苏省中小企业景气指数调研的第 3 年,因此我们充分利用前两年的数据,将研究重点放在与前两年数据的对比上,以监测连云港市中小企业经济运行的变化和动态。

由此经过小组讨论,我们决定采用以下方法对收集到的问卷数据进行分析。首先,根据问卷设计老师的建议,将 31 个单项指标分成市场景气、政策景气、生产景气、金融景气四个板块作为本次调研的二级指标(详见表 7-10-1),并计算出每一个板块的景气指数。观察这四个板块指数与前两年板块指数的差异。其次,重点分析这三年来持续上升和下降的两个模块,并找出持续上升板块中三年增长率最高的两个题项,以及持续下降板块中三年下降率最高的三个题项,因为我们认为,在对这几个题项的分析将有利于我们解释为何这两个板块会保持持续上升或下降的态势。最后,利用统计分析软件 SPSS 对这些关键因素进行均值、频数和单因素方差分析(ANOVA),结合调研组在实地走访中的发现,从更深层次探究这些关键因素与其他指标之间的内在联系,并对其具体原因进行分析。

表 7-10-1　各板块下的问卷题项

市场	政策	生产	金融
人工成本	企业综合生产经营状况	企业综合生产经营状况	获得融资
营销费用	人工成本	人工成本	总体运行状况
主要原材料及能源购进价格	政府效率或服务水平	经营成本	融资成本
融资成本	获得融资	产品(服务)创新	融资需求
融资需求	融资成本	营业收入	流动资金
技术人员需求	税收优惠	技术人员需求	投资计划
		流动资金	生产(服务)能力过剩
产品线上销售的比例	融资优惠	投资计划	应收款
技术水平评价	专项补贴	技术水平评价	融资优惠
新签销售合同	行政收费	生产(服务)能力过剩	专项补贴
生产(服务)能力过剩	税收负担	应收款	
应收款		盈利(亏损)变化	
产品(服务)销售价格		劳动力需求	
劳动力需求			

7.10.3.2　整体指标计算及其分析

通过计算，我们得到 2016 年江苏省连云港市中小企业景气指数为 113.5，运行在绿灯区的范围内，说明当前中小企业发展运行良好。其中，反映企业当前景气状态的即期企业景气指数为 121.1，反映企业对未来景气看法的预期企业景气指数为 108.4。调查结果表明，当前连云港市的中小微型企业总体状况良好，企业家对未来预期却与即期运行状况相比有些消极，但依旧处于绿灯区范围内。

结合前两年的指标，可以看到今年的多项指标出现了继 2015 年下降之后又再次回升并超出前年的运行状况。根据 2014，2015 年的数据，2014 年江苏省连云港市中小企业景气指数为 110.27，其中，反映企业当前景气状态的即期企业景气指数为 108.70，反映企业对未来景气看法的预期企业景气指数为 111.32；2015 年连云港市中小企业景气指数为 100.05，反映企业当前景气状态的即期企业景气指数为 100.05，反映企业对未来景气看法的预期企业景气指数为 100.05（见图 7-10-5）。可以看到 2015 相比于 2014 年即期指数下降了 8.65，预期指数下降了 11.27，总体指数下降了 10.22。2015 年到今年即期指数上升了 21.05，预期指数上升了 8.35，总体指数上升了 13.45。相比于 2015 年，2016 年的预期指数上升幅度小于即期指数上升幅度，而在去年的报告中，2015 年与 2014 年对比，预期指数下滑幅度大于即期指数下滑幅度，在此基础上，我们发现 2016 年总体景气指数的提升主要是由 2016 年的即期景气指数的提升引起的，预期指数虽有上升，但即期景气指数上升的更加明显。由此可以看出，2015 与 2016 年，企业家对目前经济状况的感知要好于对未来经济状况的感知。

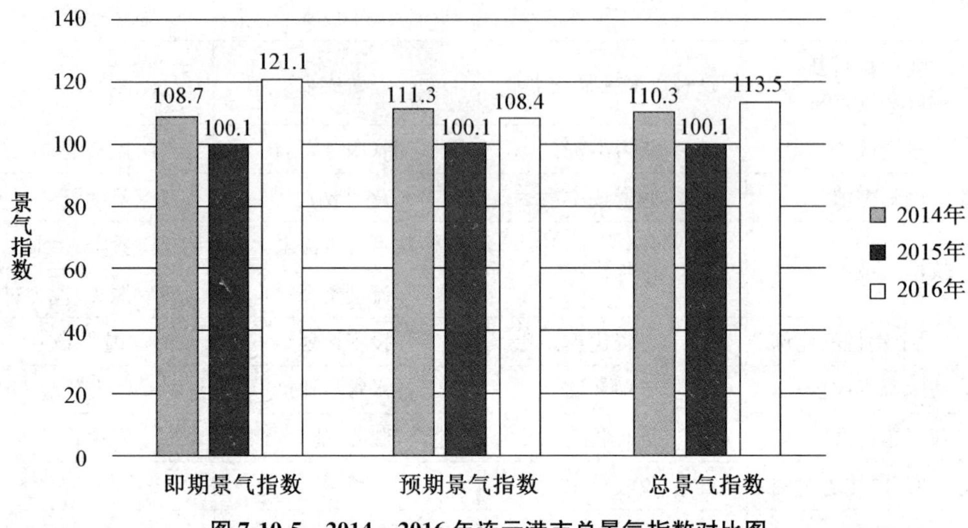

图 7-10-5　2014—2016 年连云港市总景气指数对比图

为了更好地分析总指数下降的具体原因，我们又将总指数分为生产景气、市场景气、政策景气和融资景气四个板块，并将三年这四个板块的景气指数数值相比(详见图 7-10-6)。如图所示，与 2014 年的指数相比，在 2015 年，2016 年，金融景气板块的

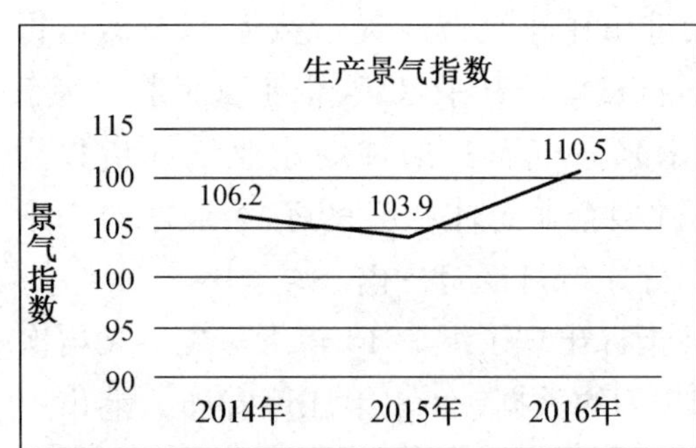

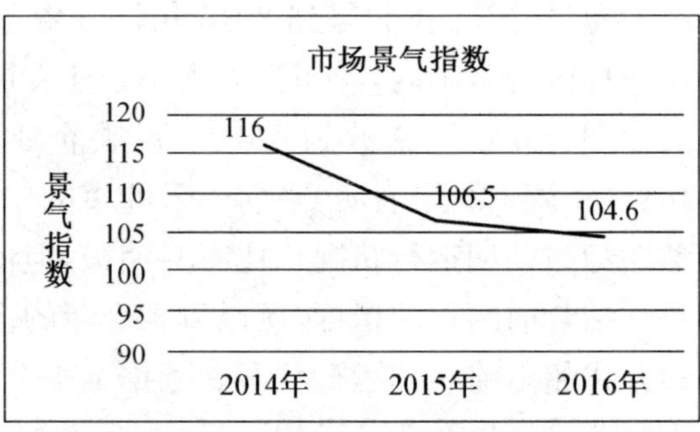

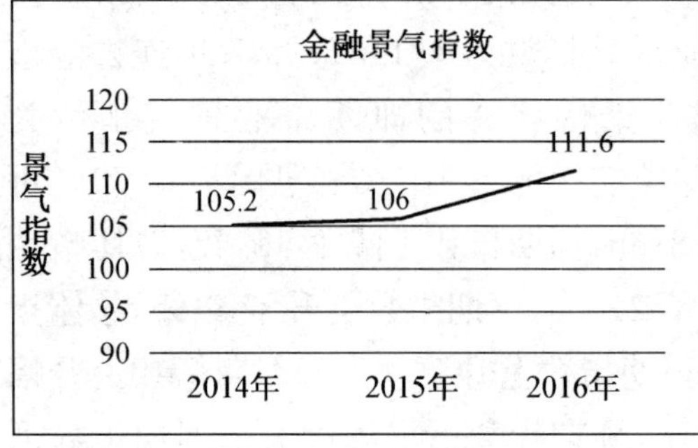

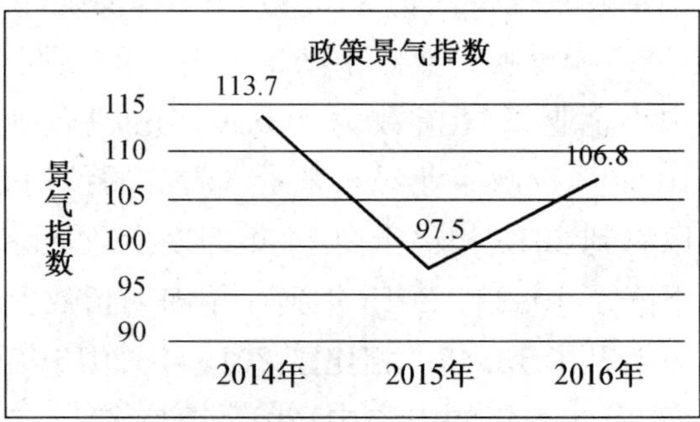

图 7-10-6　2014—2016 年连云港地区二级景气指数比较

指数数值持续上升，三年来，金融板块的上升幅度分别为 0.8 和 5.6。与金融板块的上升走势不同，2016 年连云港市中小企业的市场景气指数数值与 2014 年，2015 年相比却持续呈现下滑趋势，但 2016 年下滑幅度明显小于 2015 年。此外，生产和政策景气都表现出先下降后回升的状态。那么究竟有哪些因素推动了金融和市场板块指数持续上升和下降，作用机理又是什么，这些都是我们感兴趣的问题。因此，在下文中，我们将把分析的重点集中在金融这个持续上升的板块以及市场这个持续下降的板块上，深入分析究竟有哪些原因引起这两个板块三年的变动。

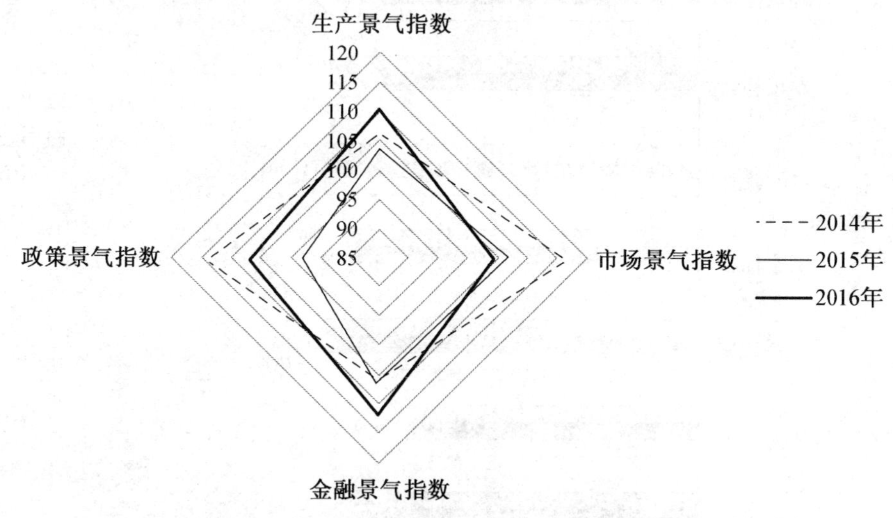

图 7-10-7 2014—2016 年二级景气指数对比图

7.10.3.3 金融景气二级指标分析

2016 年金融景气指数为 111.61. 2015 年金融景气指数为 106.04。2014 年的金融景气指数为 105.16。2016 年的金融景气指数相较于 2015 年、2014 年分别上升了 6.45、5.57，总体呈持续上升趋势，均处于绿灯区。金融景气指数的持续上涨，可见企业家们对金融景气的现状和将来较为乐观。为了更好地探究金融景气指数持续上升的原因，我们对金融景气指数的各三级指标进行计算，并与 2014、2015 年的数据进行对比。由图 7-10-8 可知，金融景气板块主要是由应收款、获得融资、总体运行情况、融资需求、专项补贴、流动资金、融资优惠、投资计划、生产(服务)能力过剩、融资成本共计十个三级指标构成。其中，总体运行情况、专项补贴、融资优惠是 2015、2016 年的新增题项，无 2014 年的数据作比较。

如图 7-10-8 所示，上升幅度最大的依次应收款和获得融资这两项。其平均变动率为 12.06%和 11.43%，是引起金融景气指数上升的最主要两个因素，因此，我们将主要着重于这两个三级指标的分析上。

1. 应收款分析

在应收款这一题项上，2016 年景气指数是 112.3，较 2015 年和 2014 年分别上升

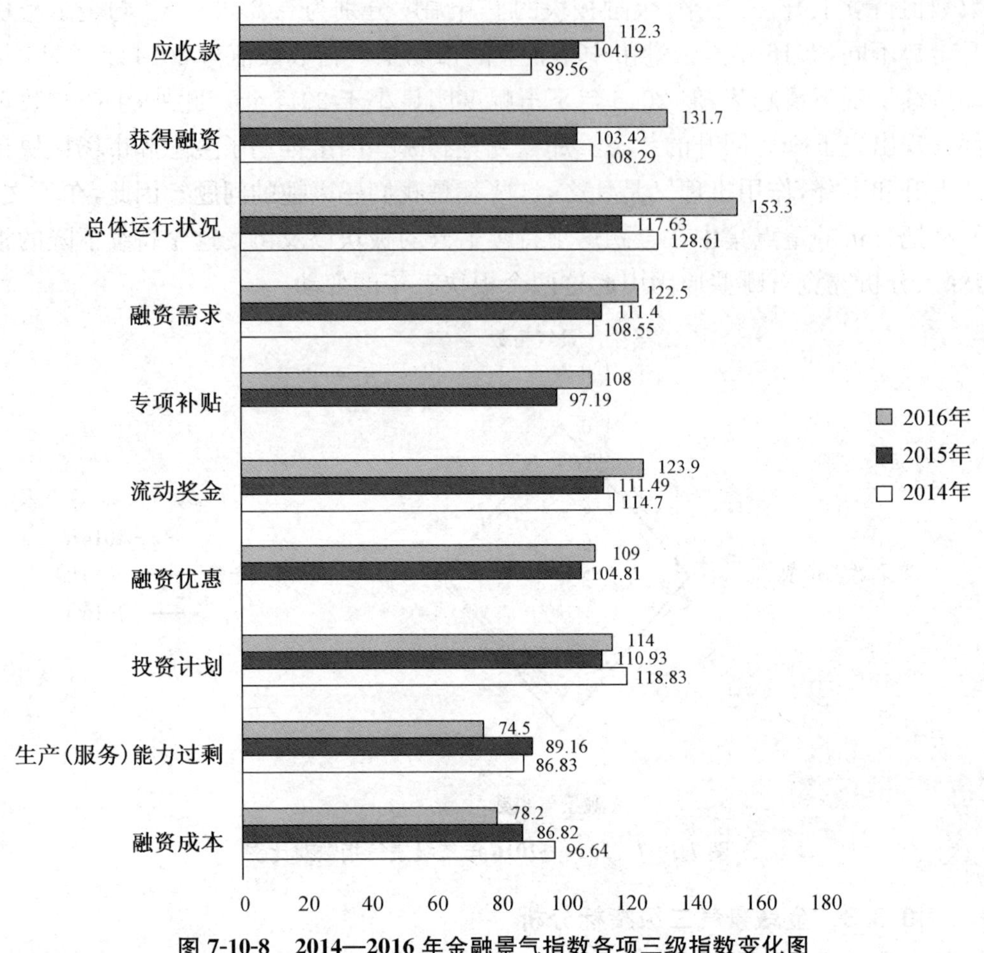

图 7-10-8　2014—2016 年金融景气指数各项三级指数变化图

了 8.11 和 14.63,三年间的平均变化率 12.06%,这说明企业家普遍认为 16 年的应收款较 15、14 年有较大幅度减少。通过对问卷数据的总体分析,我们认为融资成本的上升以及市场景气的恶化是引起该变化的主要原因。

首先,应收账款的收回有利于降低企业的融资压力。特别是在融资成本不断提升的情况下,根据指标计算,我们发现融资成本的景气指数值不断下降,这说明连云港企业家所面临的融资成本不断升高。在这种情况下,企业家们会需要缓解融资压力,而应收账款的收回正好契合了他们的融资需求,以提高企业内部的流动性。

其次,我们可以知道,市场景气指数三年来一直处于一个下降的态势,在这种宏观条件下,企业自然会采取紧缩的财务措施,他们可能会在赊销,贷款等方面持谨慎态度。

针对应收款持续减少这一良好的现象,我们的建议是:

企业应当制定有效的信用政策,加强自身的信用意识。可以从确定适当的信用标准、实施具体的信用条件、制定有效的信用政策等方面入手。

另外，企业还应强化自身对应收账款的日常管理，例如采取应收账款的追踪分析、分析应收账款账龄、满足应收账款的收现保证率、建立应收账款坏账准备制度。

2. 获得融资分析

除应收款外，获得融资也是金融景气的关键性指标，在获得融资这一题项上，2016 年的指数是 131.7，较去年和前年分别上升了 28.28 和 23.41，三年间的平均变化率 11.43%，这说明企业家们对 2016 年获得融资的情况满意程度很高。

在对获得融资的分析过程中，我们又发现了一个与之似乎相矛盾的现象，即这三年企业的融资成本却是在不断上升的，那么连云港市企业是如何在融资成本持续增长的情况下获得充分的融资的？我们认为主要有以下几个原因：

(1) 融资渠道的增多。受“制度歧视”的影响，很多企业不得不探求多种融资渠道。积极寻求民间融资导致融资成本不断上升，但企业因此也获得了更多融资。

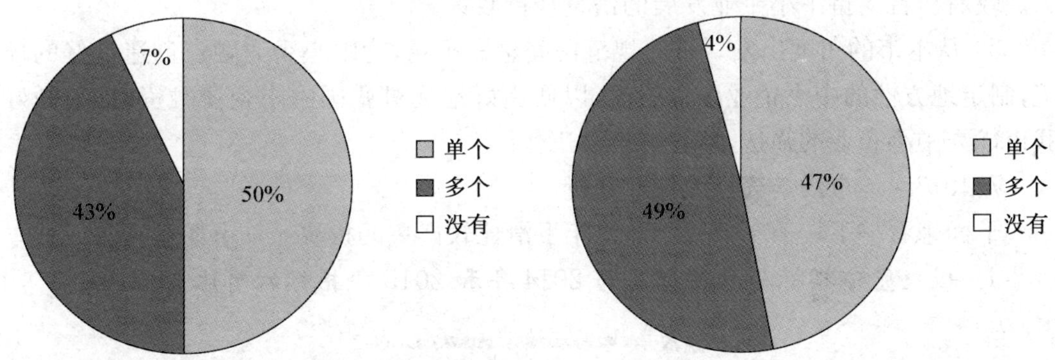

图 7-10-9　2015 年企业融资渠道分布图　　图 7-10-10　2016 年企业融资渠道分布图

由上图 7-10-9 和图 7-10-10 可见，采取多渠道融资的企业有明显增加。通过走访，我们发现民间借贷成为除了银行借贷以外的主要融资方式。尽管近年来不断有商业银行提出增加对中小企业贷款扶持力度的项目和政策，也确实有一些银行和地区有所尝试，但是从总体上来看，大部分银行对于中小企业的贷款还是“作壁上观”的态度，并没有真正放松这一块业务的开放程度。另外，银行等金融机构的贷款去向对大型企业情有独钟。往往处于发展期的中小企业，仅仅能够占到银行贷款比例的很小一部分。银行等金融机构并非乐于提供贷款给中小企业，这是不争的事实。在此情况下，民间借贷的良好服务和诚信表现，让许多中小企业恍然大悟，何必拘泥于传统的贷款模式而导致不利于自身企业及时获得发展资金呢？在民间借贷的大力支持下，当今许多中小企业获得了需要的资金帮助，得以蓬勃发展。

(2) 从融资优惠、专项补贴角度来具体分析：融资优惠、专项补贴分别较去年和前年上升的变动率为 2%、5.56%，弥补了融资成本上升的 10.04%。连续几届政府对产能过剩、高能耗、高污染行业进行了有效管控，企业已经逐步转移到良性发展的轨道上来,在政策上对有发展潜力的低能耗、节能环保、新材料、新能源等朝阳行业在融资需求上给予大力扶持,充分体现在融资优惠、融资需求、专项补贴上,鼓励企业进行科技创新,并提供专项补贴,对有融资需求的给予政策帮扶,提供专项融资政策。对符合政策投向的企业,降低融资门槛,鼓励其多渠道融资发展,促进企业升级转型,所以企业在发展中会通过加强自身的技术创新来寻求发展,并在不同时期利用企业优势来享受政策优惠,解决资金问题。

对其提出的建议如下:

1. 从解决企业自身问题入手。企业要想真正的解决融资困境,单靠银行贷款是远远不够的,中小企业要拓宽融资渠道,挖掘内部潜力,由于外部融资成本很高,企业可以提高资本公积的比率,也可以通过内部人员集资,以达到融资目的。

2. 构建中小企业信用担保服务体系,缓解企业融资担保难问题。建立健全的中小企业的信用担保服务体系,可以提高中小企业的信用度,增强自身获得融资的能力。政府出台支持中小企业发展的信贷扶持政策。

3. 从本市的角度出发,保护、规范民间融资市场,为中小企业融资创造良好的环境;制定地方性的中小企业融资法规,以便更好地促进我国中小企业融资;提前做好我市优秀中小企业的筛选、培育与推介工作。

7.10.3.4 市场景气三级指标分析

下面来看一下较2015年和2014年下滑比较严重的板块——市场景气。

1. 板块整体指标与分指标及与2014年和2015年指标的对比

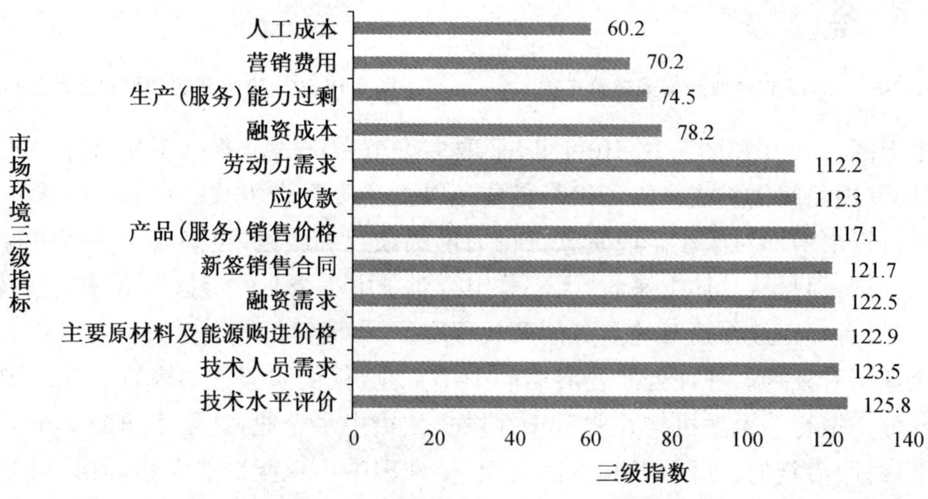

图7-10-11 2016年市场景气指数三级指标比较

首先来看一下市场景气板块下各题项得分汇总。图7-10-11可以看到市场板块下得分最高的是技术人员评价和技术人员需求。说明关于连云港中小企业存在创新不足的问题逐年改善,对于新产品开发的企业比例较低,并且在下半年还有减少的趋势的现象得以减缓。

下面我们将2014年至2016年市场景气的各个题项的指数得分进行对比,我们发现融资成本是2016年与2015年、2014年相比下降最快的题项,平均下降率为-10.04%,比15年下降8.62,比14年下降18.44。而生产(服务)能力过剩的平均下降率为-6.88%,比15年下降14.66,比14年下降12.33,仅次于融资成本。因此融资成本和生产(服务)能力过剩就构成了拉动市场环境2014年至2016年景气指数得分下降的主要原因。接下来,我们将着重分析融资成本和生产(服务)能力过剩这两个题项。

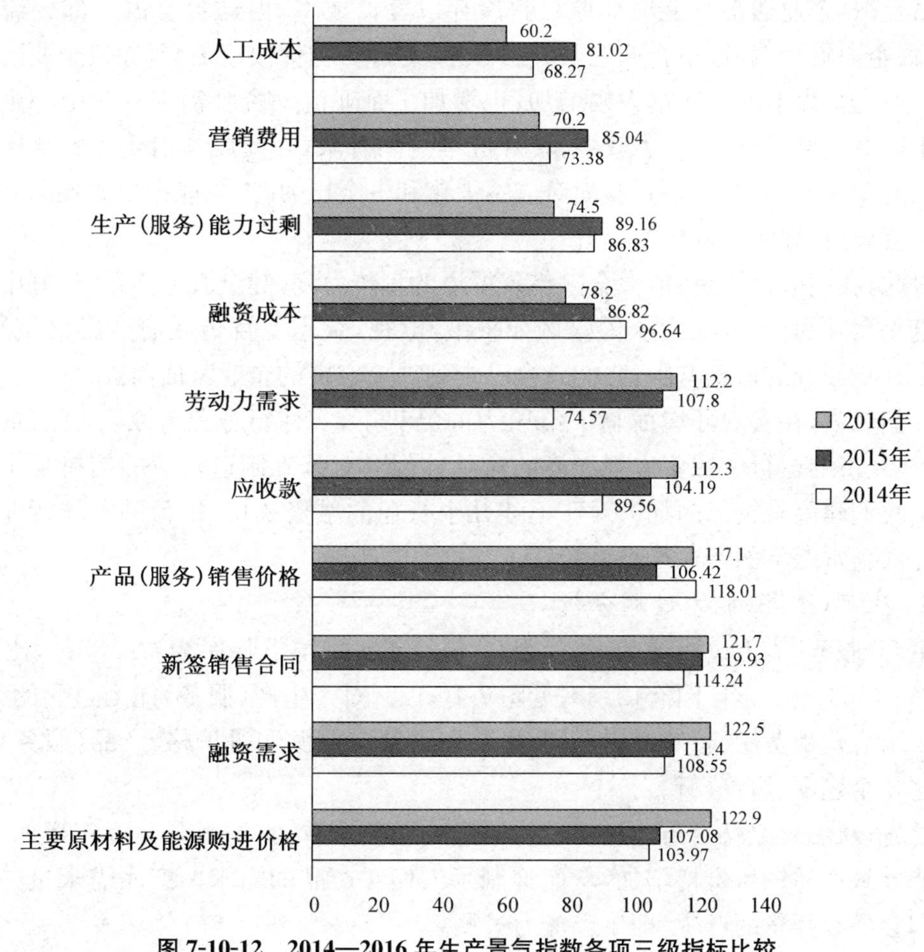

图7-10-12 2014—2016年生产景气指数各项三级指标比较

2. 融资成本题项分析

在融资成本这一题项上,2016年它的指数得分只有78.20,比去年的86.82下降了8.62,比前年的96.64下降了18.44(见图7-10-12)。这说明企业家普遍认为16年的融资成本较14年与15年相比有较大幅度上升。近年在有关部门的努力下,不同类型企业融资成本不平衡的情况得到了缓解,但融资成本上升的情况仍然存在。

从融资渠道的角度来分析融资成本的话,就如我们上文所言,民间借贷虽然使企业家获得更多融资,但也显著提高了他们的融资成本,所以由于制度歧视所带来的民间借贷可能是造成融资成本上升的重要原因之一。

其次,融资需求的不断上升。从前文我们可知,银行以及其他金融机构更愿意将贷款给大企业,而对于中小微型企业则有些“作壁上观”的态度。那么,为了满足企业日益增长的融资需求,企业不得不向资金成本更高的民间融资市场贷款,民间融资成为除银行贷款之外另一个主要的融资渠道,这使得融资成本也在不断上升。

最后,从主要原材料及能源购进价格来看,价格也是不断上升的。一方面,为应对价格上涨,企业通常可能增加原材料库存以降低成本,但这会挤占一部分流动资金,导致企业资金偏紧,小企业尤其突出。另一方面,物价快速上涨,导致企业购买原材料、劳动力、煤电油等成本大幅增加,也增加了企业流动资金需求。而中小企业大多处于产业链低端,议价能力较弱,转嫁成本空间有限,因此成本消化和资金压力更大。在流动资金不足,中小企业面对成本消化和资金压力时,只能把目光投向外部的各种融资渠道,导致融资成本上升。

对此,我们的建议是,加大金融借贷渠道的宣传力度,健全服务体系,建好中小企业信息平台,同时可以在大众传媒例如报纸,电视,杂志上宣传政府金融借贷平台。企业家自身接触的信息有限,我们就自己走到需要融资的企业家面前去。

我们认为,在宏观环境面临下滑压力的局势下,实体行业是经济环境的重要支撑,实体经济的运行掌握着宏观经济的命脉,因此,对基础制造行业的支持是十分必要的。我们建议有关部门加大对于上述几个行业的融资扶持,以帮助实体行业平稳度过此次新常态下的产业调整升级。

3. 生产(服务)能力过剩分析

生产(服务)能力过剩2016年的得分为74.50,平均下降率为－6.88%,比2015年下降14.66,比14年下降12.33,见图7-10-12。对于生产(服务)能力过剩的原因,我们要结合营销费用、新签销售合同、主要原材料与能源购进价格、产品(服务)销售价格这几个题项进行分析。

首先,从主要原材料与能源购进价格这一题项来看,它的得分是逐年增加的,这就可能导致产品销售价格增加,从而抑制了人们对产品的需求。产品需求量的急剧下降则会导致存货的产生,即生产能力过剩。

其次,从产品(服务)销售价格这一题项来看,它的得分是先减少再增加这样的曲线发展,15年产品(服务)销售价格是下降的,这可能导致企业家对下一年产品生产量的预期产生错误,产品生产过多而今年产品销售价格反而增加,人们需求量减少,从而造成生产(服务)能力过剩。

最后,从营销费用和新签销售合同这两个题项来看,营销费用的得分是先增加后减少,且今年的营销费用相比去年下降趋势较大。这一现象的出现很可能造成用于产品宣传的经费减少，产品宣传力度不够，这些都可能导致了生产(服务)能力过剩。

对此，我们的建议是首先要提高企业的素质，进行转型升级，以质量取胜，来解决产能过剩；第二，加大对营销方面的投入，扩大产品宣传，促进产品销售；第三，鼓励一些企业到海外去发展，转移一批产能。通过采取多种措施，多措并举，解决产能过剩的问题。

7.10.4　其他热点问题分析

核废料项目落户连云港对企业家对未来经济状况预期的影响

今年暑假，在我们连云港地区，要说发生的最轰动的一件事无疑便是，中国核网发布的由中法合作核废料处理选址定在连云港。这首先可以说是一个科学问题。因为我们都知道。核废料会给人类以及环境带来无法衡量的伤害，此处不做过多分析。在从另一方面讲，这对连云港的经济发展也带来一定影响。从开头的数据我们便可知，虽然今年较之去年在各个模块都有所上升，但如果在 26 年三个数据中分析，我们可明显发现，预期景气指数比即期景气指数低了 12.7。为何造成这种情形其中的原因之一我们猜测便是核废料处理厂选址问题。若定下来处理厂在连云港建造的话，会造成的其一便是人才流失。人们会因为核废料对环境造成巨大伤害而搬出本市，大量优秀人才流失，企业未来的发展势必也会坎坷艰巨，甚至，连云港的中小企业也会大量消失。自然而然企业家们会对未来城市发展感到悲观，预期景气指数低于即期景气指数便可理解。其二，对未来预期的悲观也导致连云港目前固定资产投资低速增长。根据我们的实地走访以及统计局的数据分析可得，1～2 月份固定资产投资增长 7.9%，比 2015 年低 13.1 个百分点，比上年同期低 16.9 个百分点，主要受房地产投资和基础设施投资下降影响。固定资产低速增长除了受资金限制，我们觉得另一个重大原因就是企业家对未来预期悲观所致。因此，我们希望今后连云港相关部门可以有意识多引进一些经济辐射效应更广的企业或产业，以带动当地中小企业的发展；而不是只引进这些辐射效应较弱的产业，这样才能更好促进当地经济的进一步发展。

7.10.5　未来研究建议

本次调研由 10 名同学历经一个半月完成，与前两年相比，人数有所减少，所以造成样本企业的分布不均升职，东海地区没有企业样本。这导致此次数据可能存在误差，不能具有典型代表性。但样本数据的总体质量依旧较高，从中我们可以对连云港中小企业的生存现状以及企业家对下半年企业内外环境的预期做一个大致的把握与了解。在接下来的调研阶段，我们希望可以继续跟进受访企业的状况，定期针对目标企业进行回访，了解企业运行情况和政策落实情况。另外，我们希望可以进一步对本次调研中采访到的行业中较为成功的企业做个案分析，研究企业成功模式，为其他中小企业企业提供参考和指导。

最后,衷心感谢带队老师李欣老师和林凤叶对我们的悉心指导和帮助。本次调研报告也是在他们的认真指导下完成,我们从他们的身上也学到了很多东西,再次感谢老师对我们的关心和帮助。

7.11 2016年淮安市中小企业景气调查报告

高云娜 张明芯①

7.11.1 调研背景及意义

7.11.1.1 淮安经济环境

淮安至今已有2200多年的历史,曾是漕运枢纽、盐运要冲。淮安地处江苏省长江以北的核心地区,邻江近海,为南下北上的交通要道,区位优势独特。是江苏省的重要交通枢纽,也是长江三角洲北部地区的区域交通枢纽。2015年,淮安经济处于平稳较快增长。全市实现地区生产总值2 745.09亿元,按可比价格计算,比上年增长10.3%。其中,第一产业增加值增长3.6%,第二产业增加值增长10.9%,第三产业增加值增长11.3%。一直以来苏北的经济发展与苏南苏中相比就较为落后,虽然这几年淮安的经济快速发展,但是淮安在苏北地区中仍处于较为落后的位置。

7.11.1.2 调研方法

本次调研采用南京大学金陵学院企业生态研究中心创建的景气指数体系和指数指标,既保证了与国家统计局现行的相关标准的一致性,又可以及时准确地观测江苏中小企业的成长态势和成长环境的变化。所谓企业景气调查是通过对部分企业负责人定期进行问卷调查,并根据他们对企业经营状况及宏观经济环境的判断和预期来编制景气指数,从而准确、及时地反映宏观经济运行和企业经营状况,预测经济发展的变动趋势的一种调查统计方法。它以问卷为调查形式,以定性为主、定量为辅,定性与定量相结合的景气指标为体系,以对企业的宏观经济环境判断和微观经营状况判断相结合的意向调查为内容。其信息具有较高的超前性、客观性、可靠性和连续性,无论在时间上还是在指标设置上都弥补了传统统计方法的不足。

通过中小企业景气指数,我们可以准确、及时地发现淮安宏观经济运行和企业经营的状况;通过对具体指标的深度剖析,我们可以预测淮安经济发展的变动趋势,及

① 高云娜,南京大学金陵学院商学院2015级市场营销专业本科生;张明芯,南京大学金陵学院商学院2015级财务管理专业本科生。

时解决淮安经济现在存在以及未来将要存在的问题。具体划分标准见表一。本篇报告将会在建筑业的基础上分析淮安中小企业各项指标。

7.11.1.3　调研数据来源

本调研组利用暑假时间走访了淮安地区的一些中小企业，14 名同学，在淮安各个区，发放 174 份问卷，回收 155 份有效问卷。有效率达到 89.1%。我们邀请企业家填写景气指数调研问卷，并对其进行访谈。本次调研报告就是基于淮安地区景气指数调查问卷的数据分析和企业家访谈的基础上，分析淮安地区中小企业所发展所面临的现状，以及企业家对未来的预期，探讨淮安地区中小企业发展所面临的问题与契机，希望对于政府政策制定能起到一定的指导意义。

7.11.1.4　调研意义

中小企业的发展，是新闻媒体和专家学者近年来热议的话题，它更是一个城市，一个国家经济的重要支柱和吸纳就业的主渠道。在我国，中小企业已创造了近 3/4 的城镇就业机会，并为 GDP 贡献了 1/2 以上的份额。它强有力影响着中国总体企业的发展态势，所以研究中小企业的经济状况对地区经济，乃至中国的战略发展具有重要的意义。通过调研淮安中小企业景气指数，不仅可以让学生在实践中了解家乡经济情况，灵活将所学专业知识运用到实践中，还可以了解到淮安中小企业生存发展状况以及所产生的问题，从而有针对性地提出对策与解决方案，帮助淮安中小企业经济更好的发展。

7.11.2　问卷数据统计与分析

7.11.2.1　样本描述

本次调研采用景气指数调查法。本次调研淮安地区共发放 174 份问卷，回收 155 份有效问卷。有效率达到 89.1%。在参与本次调研中有效的 155 家中小型企业中，我们按照规模、行业、地区对调研的中小企业进行了进一步的详细描述。

7.11.2.2　规模描述

从企业规模来看，本次被调研的企业，小型企业最多，有 105 家，占样本企业的 68%；微型企业最少，有 10 家，占样本企业的 6%；中型企业有 40 家，占样本企业的 26%。(见图 7-11-1)从业人数处在 10～100 人的所占比重最大，数量是 76 家，约占 49%，大多数被调研企业是小微企业；从业人数在 100～300 人和 10 及以下所占的企业比重相当，各约占总被调查企业的 19%；从业人数大于 300 人的相对最少，数量是 20 家，所占比重为 12.9%(见图 7-11-2)。虽然在一定程度上，由于总问卷数不多而产生一些误差，但是我们不得不承认小微企业的大趋势。

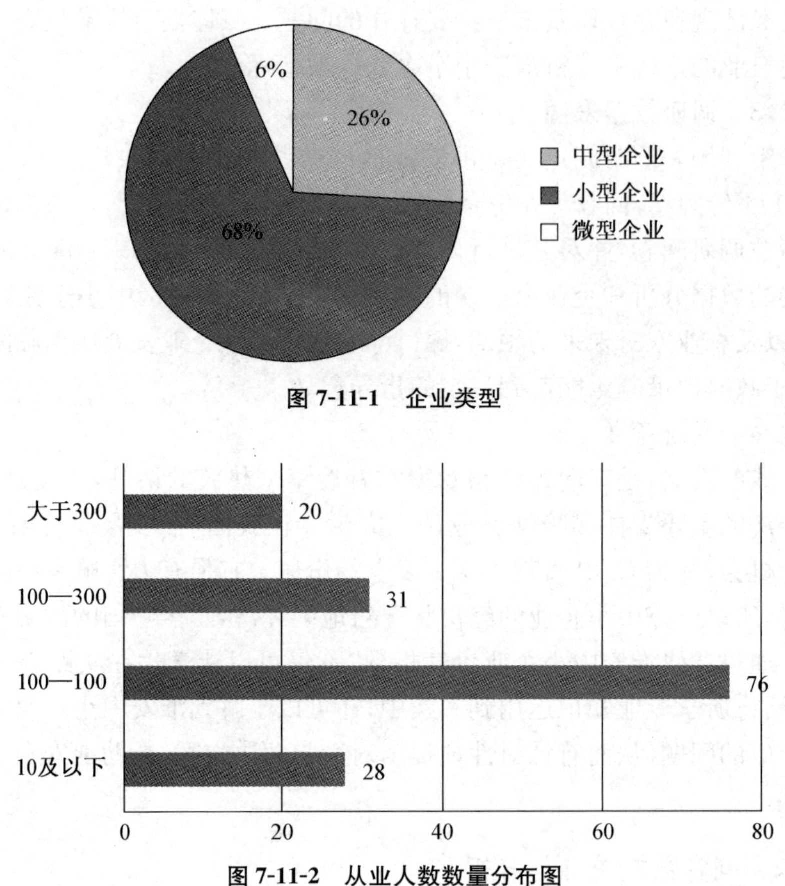

图 7-11-1　企业类型

图 7-11-2　从业人数数量分布图

7.11.2.3　行业描述

从样本企业所处行业看，在这 155 家企业中，具体涉及制造业、农林渔业、建筑业和批发零售业等 13 个行业，如图 7-11-3 所示，其中制造业占比最多为 56.8%，农林渔业占比为 3.9%，批发和零售业占比为 12.3%。由图中还可以看出制造业在淮安中小企业中占据绝大多数，是淮安中小企业中的重要力量。

建筑业虽然只占了 7.1%，但在淮安经济发展中起到不可替代的作用。2015 年在全省七个市出现负增长的情况下，淮安市完成建筑业产值 1 103 亿元，同比增长 8.99%，增速位列全省第三；完成外埠市场产值 700 亿元，同比增长 11.11%。预计今年我市将实现建筑业总产值 1 470 亿元，实现增加值 389 亿元，占全市 GDP 总值 10%以上，建筑业外出施工产值有望冲刺千亿元。

“十二五”末，淮安市建筑业企业 1 292 家，比 2010 年增加 326 家，超出“十二五”目标数 192 家。“十二五”末，淮安市一、二级企业占企业的总数提高到 29%，其中一级企业 68 家，比 2010 年多 31 家；二级企业 304 家，比 2010 年多 111 家。企业营业额超过亿元 301 家，超过 10 亿元 28 家，新增超 50 亿 2 家。

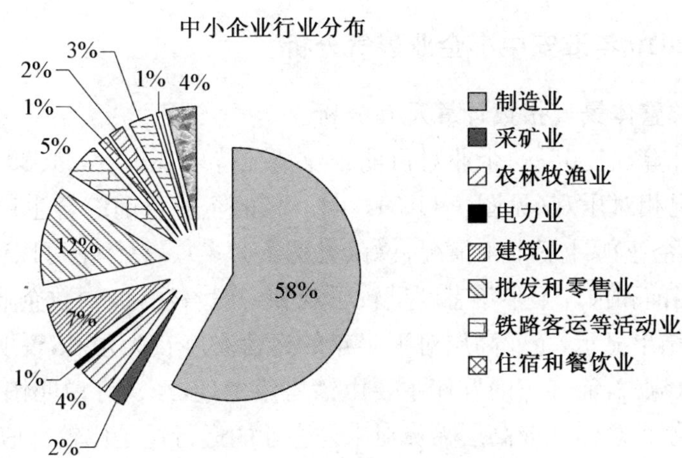

图 7-11-3　中小企业行业描述

7.11.2.4　地区分布

从样本企业的所在地看，此次调研的中小企业主要集中在淮安区与清河区，分别占样本企业的 30.5%和 19.2%。其次是淮阴区、青浦区和洪泽县，所占比例分别为 11.9%，11.3%。其他如淮安市、市辖区、涟水县、盱眙县、金湖县地区参与调研的同学较少，所以获得样本也较少。(详见图 7-11-4)淮阴区是淮安市的市中心，地价很高，所以建在淮阴区的中小企业不是很多。原开发区现已划分到清河区，和市区相比那里人少地多，地租较便宜，廉价劳动力多，从而企业较多，而且像富士康、膳魔师这类劳动力密集型中大型企业都在清河区，这也带动周围经济的发展。样本企业最多的淮安区，地界也相对繁华，那里的许多企业起步晚，为了处在好的地段，他们只能压缩企业规模，这使得淮安区小微企业比较密集。

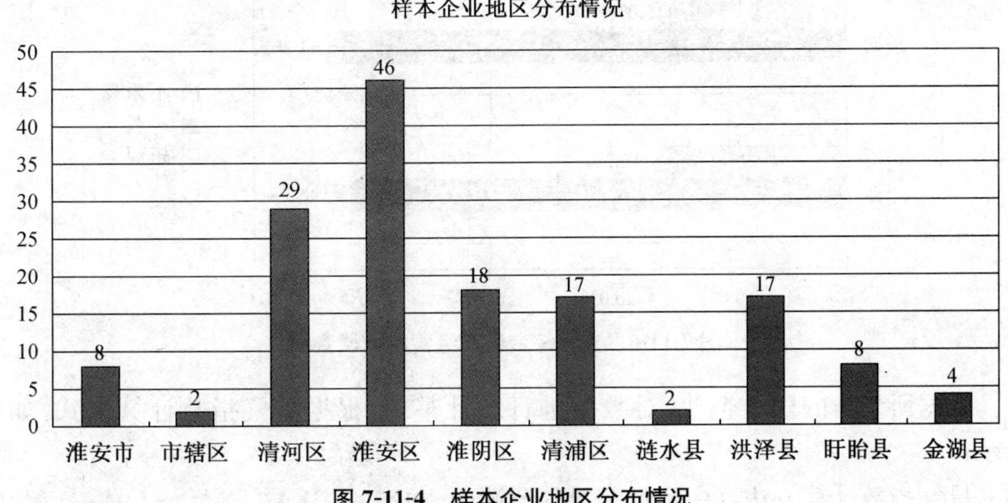

图 7-11-4　样本企业地区分布情况

7.11.3 2016年淮安中小企业景气分析

7.11.3.1 整体景气指数计算及其分析

根据数据计算,41.6%的企业对目前企业情况持乐观态度,41.3%的企业认为下半年的运行情况相对乐观(见图7-11-5)。41.8%的企业目前综合生产经营状况是良好的,41.2%的企业预计下半年情况良好(见图7-11-6)。总体上可以得知大部分企业高层对本行业当前和预计下半年态度呈较乐观和一般看法,极少数企业是呈不乐观态度,同时从调研结果显示,企业高层对下半年的运营态度较为乐观,说明企业上半年的经营大体上令人满意,而经营的好坏主要由销售量呈现,经营好说明销售量大,新签销售合同较多,这使得总体企业高层人员对未来企业的运行还是比较有信心。

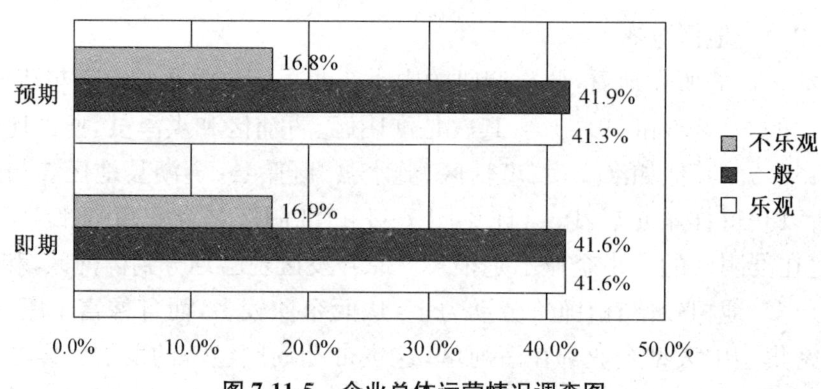

图7-11-5 企业总体运营情况调查图

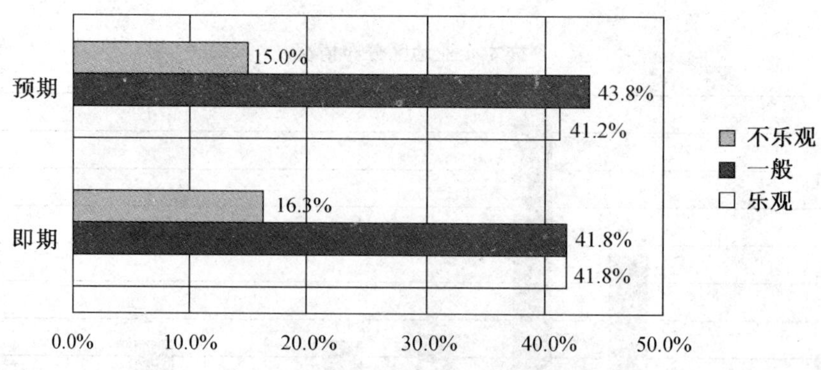

图7-11-6 企业综合生产经营状况调查图

根据所调研的样本企业,对数据进行统计整理,根据景气指数计算公式,如下所示:

景气指数计算方法:(中国经济景气监测中心)

企业景气指数＝0.4×即期企业景气指数＋0.6×预期企业景气指数

即期企业景气指数＝回答良好比重－回答不佳的比重＋100

预期企业景气指数＝回答良好比重－回答不佳的比重＋100

计算时“3”进入分母，但不进入分子进行计算

依据景气指数计算公式，对淮安调研企业的数据进行整理计算，得出淮安市中小企业整体景气指数为105.7，其中，反映企业当前景气状态的即期景气指数为105.3，反映企业对未来景气看法的预期景气指数为105.9。由景气指数区间划分标准，如表7-11-1所示，景气指数在90～150之间时为绿灯区，表示景气状况平稳、较好或很好。淮安区景气为“相对景气状态”，且105左右的景气指数处于绿灯区的下方，处于边缘危险地带，稍不注意就会进入黄灯预警区，需要引起我们重视。

表7-11-1　景气指数区间说明表

指数区间	颜色	状态预报
150～200	蓝灯区	无
90～150	绿灯区	无
50～90	黄灯区	预警
20～50	红灯区	报警
0～20	双红灯区	加急报警

7.11.3.2　二级景气指数计算及其分析

1. 研究方法

由于整个问卷的题项数目过多，如果每个指标都予以考察，不仅抓不到重点，而且也不能深入细致的分析数据。由此经过小组讨论，此次调研我们决定采用以下方法对问卷数据进行分析。

首先根据问卷设计老师的建议，将问卷问题分为四大二级指标进行分析，分别为生产环境、市场环境、金融环境以及政策环境，并计算2016年每个二级指标的景气指数。

四大二级指标划分如表二所示：

表7-11-2　四大二级指标详细分类

生产景气	市场景气	金融景气	政策景气
营业收入	生产(服务)能力过剩	总体运行状况	人工成本
经营成本	技术水平评价	生产(服务)能力过剩	获得融资
生产(服务)能力过剩	技术人员需求	应收款	融资成本
盈利(亏损)变化	劳动力需求	投资计划	融资优惠

(续表)

生产环境	市场环境	金融环境	政策环境
技术水平评价	人工成本	流动资金	税收负担
技术人员需求	新签销售合同	获得融资	税收优惠
劳动力需求	产品(服务)销售价格	融资需求	行政收费
人工成本	营销费用	融资成本	专项补贴
应收款	主要原材料及能源购进价格	融资优惠	政府效率
投资计划	应收款	专项补贴	企业综合生产经营状况
产品(服务)创新	融资需求		
流动资金	融资成本		
企业综合生产经营状况			

观察比较各二级指标对总体景气指数的推动和制约作用,然后在四个二级指标中着重分析景气指数最低的那个模块,具体探究景气指数最低模块中拉低指数的具体指标,并且和去、前年进行对比分析,提出针对性建议,最后分析淮安近三年来景气指数的发展趋势。

2. 二级指标景气指数计算及分析

将样本企业数据按照二级指标划分标准进行归类,按照景气指数计算公式,得到淮安 2016 年二级指标景气指数,如图 7-11-7 所示:

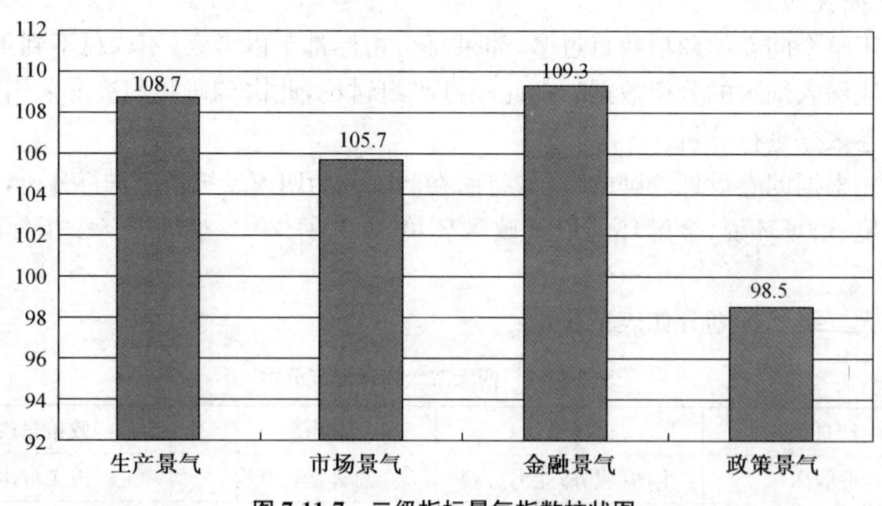

图 7-11-7 二级指标景气指数柱状图

根据计算，淮安市的四大二级指标的景气指数从高到低排列分别为：金融环境景气指数 109.3、生产景气指数 108.7、市场景气指数 105.7、政策景气指数 98.5（见图 7-11-7）。从图中可以看出，生产、市场、金融景气指数处于 90～150 之间，相差不大，但还是略偏低，都处于“微景气”区间。因为在 50～90 之间，将处于黄灯区，属于预警状态。而政策景气指数却是最令人担忧的，处于弱微不景气状态。可见企业家对金融环境的现状以及预期评分相对较高，这对淮安市中小企业的总体景气指数起主要拉动作用，而企业家对政策景气评价得分较低，在总体上对整体指标的得分起到抑制作用。因此，接下来我们将主要就得分最低的政策景气指数的具体指标及其影响因素进行具体分析，探究深层次原因。

7.11.4　淮安中小企业景气走势分析

7.11.4.1　总景气指数走势

从近三年的中小企业调研数据来看，淮安中小企业景气指数均处于绿灯区，2014 年景气指数为 100，2015 年景气指数为 109.8，2016 年景气指数为 105.7（见图 7-11-8），淮安近三年的景气指数虽然总体上处于上升趋势，但是今年较于去年下降了近 4 个景气指数点。

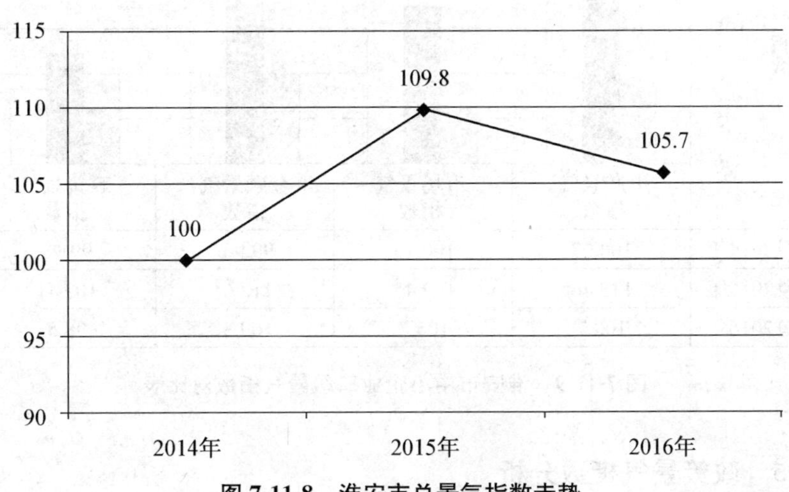

图 7-11-8　淮安市总景气指数走势

通过我们在实际调查过程中了解到的信息和对淮安统计局所发布的数据分析可以得出其主要原因：高能耗行业发展继续在扩张。总量不断扩大，保持增长态势。比重居高不下，占比超七成。高耗能行业能源消费仍是主力，消费品种以原煤、热力和电力为主，占规模以上工业比重居高不下。2015 年，全市工业投入同比增长 28.3%，其中，高能耗行业投资增长速度明显。在投资快速增长的拉动下，高能耗行业的施工个数达 312 个，同比增长 50%，属于本年新开工的项目个数同比增长 38.4%；高耗能投资快速增长，增速高于工业投资增速 7.5 个百分点。随着项目的竣工投产，全市的高耗能企业个数将逐步增多。

高耗能行业能源消费对一次性资源和环境影响较大,对电力依赖度大,节能降耗压力加大。淮安地区由于经济和科技较为落后,对这些污染较重、产能过剩、资源利用效率不高的企业并没有真正落实国家企业转型升级的政策,这也是景气指数下降的主要原因。虽然高耗能行业在一开始可以拉动经济,但并不能持续的推动经济发展,必将在达到一个高峰后拖经济后腿。

7.11.4.2 二级指数走势分析

从图 7-11-9 中可以看出,生产景气指数虽然在总体上呈上升趋势,但是 2016 年较 2015 年有明显下降,下降了近 7 个景气指数点;市场景气指数和金融景气指数总体上也呈上升趋势,但和 2015 年相比都有略微的下降。政策景气指数和其他三项指数比较而言,发展相对较平稳,但是 16 年指数却是最低,总体上也是唯一一个呈下降趋势的景气指数,形势不容乐观,报告将对政策景气指数较低的原因进行重点分析。

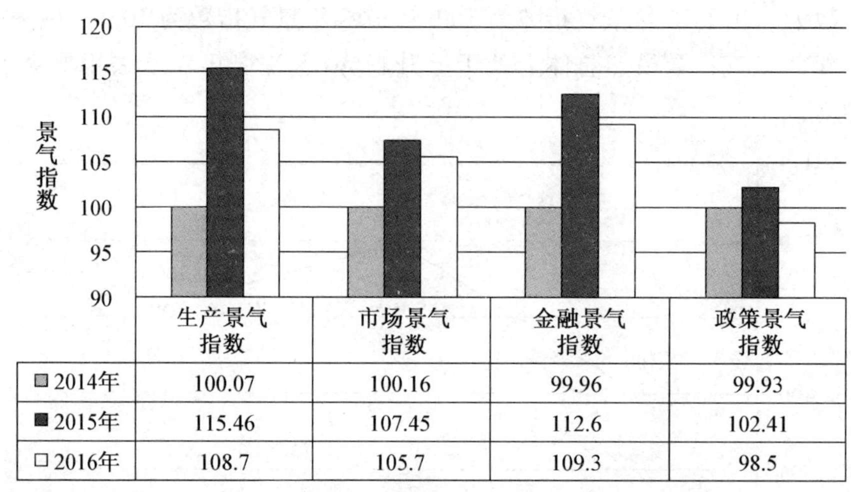

	生产景气指数	市场景气指数	金融景气指数	政策景气指数
2014年	100.07	100.16	99.96	99.93
2015年	115.46	107.45	112.6	102.41
2016年	108.7	105.7	109.3	98.5

图 7-11-9 淮安市中小企业二级景气指数对比表

7.11.5 政策景气指数分析

由二级景气指数对比发现,在 2014—2016 年的三年中,政策景气指数和其他三项指数比较而言,虽然走势相对较平稳,但是指数却是最低的,总体上也是唯一一个呈下降趋势的景气指数,不容乐观,以下就着重对政策景气指数较低进行原因分析。

从图 7-11-10 中可以发现,淮安近年的政策景气指数形势严峻,虽然去年相较前年有所提升,从 99.93 上升到 102.41,但是今年较与去年有所下滑,从 102.41 下滑至 98.5,甚至比前年还要低,这是个不容乐观的趋势,需要引起淮安市政府的重视。从图中数据我们还可以推断出淮安这几年的政策方面的举措没有多大成效,甚至快起到反面的作用,政府部门一定要及时改进措施,寻求最佳方式促进政策环境的改善。

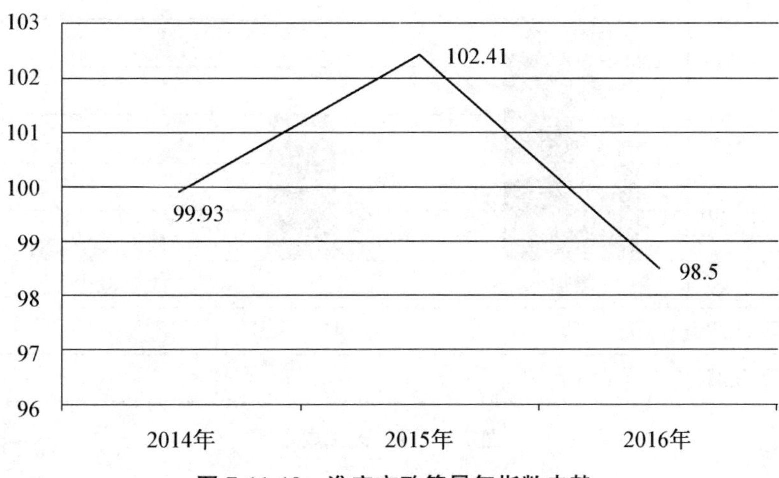

图 7-11-10　淮安市政策景气指数走势

为了更好地将各个因素对政策景气指数的影响区分出来，我们又分别计算了今年各三级指标的数值，详见表 7-11-3。

表 7-11-3　政策景气指数三级指标

政策指标项目	政府效率	综合经营	获得融资	融资优惠	税收优惠	行政收费	专项补贴	税收负担	融资成本	人工成本
景气指数	131.6	125.9	108.6	105	103.8	102.7	95	84.4	81.3	47.5

从政策景气指数三级指数可以看出：人工成本、融资成本、税收负担、专项补贴这 4 项均低于政策景气指数，它们拉低了政策板块的指标得分，其中人工成本指数最低，为 47.5。政府效率和企业综合生产经营状况虽然指数较高，推动政策景气指数的提升，但因为人工成本、融资成本、税收负担这三项指标的指数过低，使得政策景气指数偏低。接下来我们就着重分析这三项指标。

7.11.5.1　人工成本

根据图 7-11-11，我们明显观察到此项指数过低，在各项指标中得分最低，在 20～50 之间，已处于红灯报警区。由图 7-11-12 看出，对于上半年人工成本有 99 家企业认为增加，约占调查样本的 64%，所占比例非常大；有 45 家企业认为持平，约占 29%；只有 11 家企业认为减少，仅占 7%。预计下半年的人工成本有 86 家企业认为增加，约占 55.5%；有 60 家企业认为持平，约占 38.7%；仅有 9 家企业认为预期会减少，约占 5.8%。只有即期增加的人工成本才会给企业家带来对未来不乐观的预计。

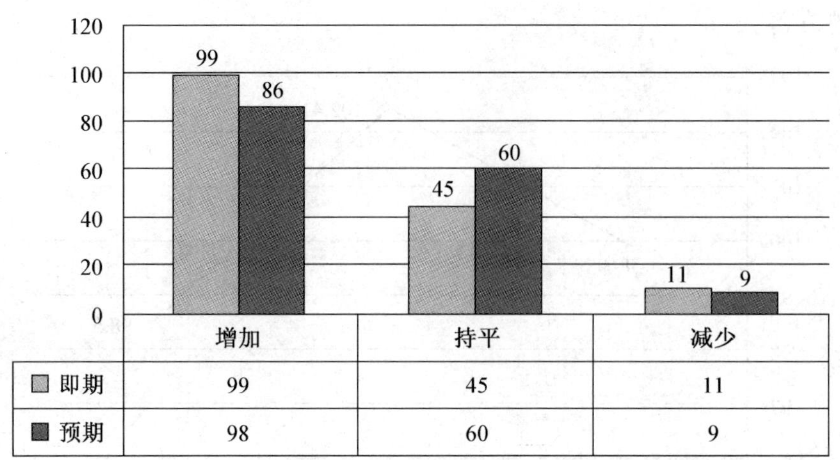

图 7-11-11　人工成本

再看前几年的人工成本指数，14 年为 99.54，15 年为 70.78，16 年为 47.5(见图 7-11-12)。人工成本逐年大幅度增加，增加了企业的成本压力，减少了利润空间。

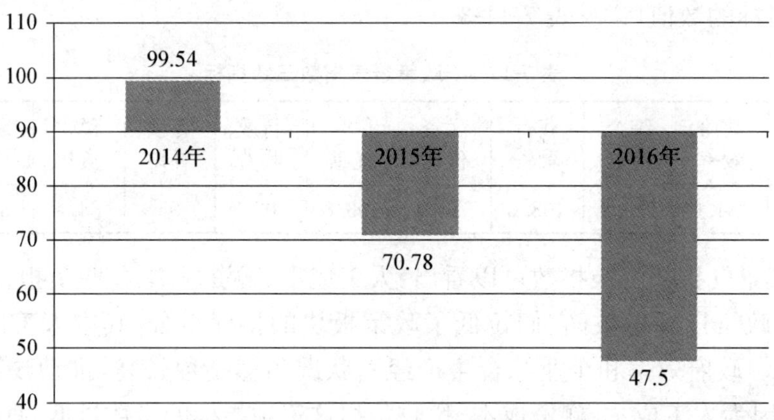

图 7-11-12　人工成本指数变化

人工成本指数三年来连续下降，而且今年跌至 47.5，已经进入红灯预警区，这与近几年来人工成本的不断上涨有直接关系，我们可以从近 5 年来淮安地区年平均工资水平和最低工资水平的变化情况明显看出企业面临的人工成本的巨大压力。(见图 7-11-13)

近年来，企业的人工成本越来越高，一方面是因为社会消费水平普遍提高，通货膨胀的影响，使员工的薪资水平在逐年上升；另一方面，政府要求所有企业为员工缴纳五险一金。跳槽辞职现象屡屡发生，导致员工的流动性较大，对于绝大多数处于初创期或成长期的小微企业来说，如果按照规定来缴纳保险，公司的成本将极大增加，甚至影响到企业的生存。人工成本上升的直接后果是总成本上升，利润空间被压缩。从淮安市政府发布的政策来看，涉及人工成本扶持的政策几乎没有，这就造成人工成

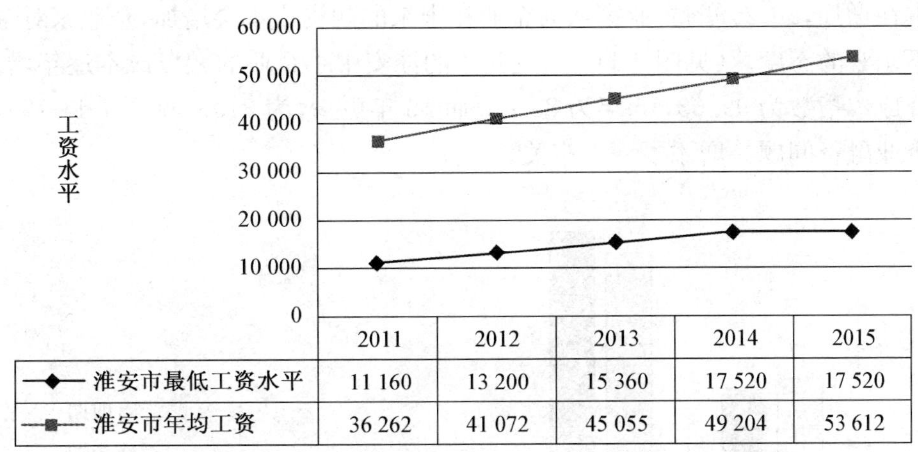

	2011	2012	2013	2014	2015
淮安市最低工资水平	11 160	13 200	15 360	17 520	17 520
淮安市年均工资	36 262	41 072	45 055	49 204	53 612

图 7-11-13　淮安年平均工资与最低工资水平

本指数显著低于其他指数。

以建筑业为例，建筑业历来都是粗放式的产业，门槛低，大部分人都能干，同时它又是劳动力密集的产业，对社会就业尤其农村就业做出很大的贡献，同时让很多农民兄弟脱贫致富。淮安地处苏北，经济发展较落后，所以淮安很多农村人口都从事建筑行业，在以前雇佣他们的工资的确很低，但是改革开放后随着经济的发展和新农村建设，农村劳动力的价格也得到普遍的提高，劳动力优势逐渐减弱。

人工成本主要包括：职工工资总额、社会保险费用、职工福利费用、职工教育经费、劳动保护费用、职工住房费用和其他人工成本支出。确定企业的人工成本应以企业的支付能力、员工的标准生计费用和工资的市场行情等三个因素为基准来衡量。企业的支付能力在短时间内是在一个基本平衡的水平，而工资的市场行情是虽总体上相差不大，但也在逐年缓慢增长，员工的生计费用是随着物价和生活水平两个因素变化而变化的，物价和生活水平以个人的力量很难改变。所以随着经济的快速发展和社会保障体系的逐步完善，人工成本的增加对于任何行业的中小企业而言都是一个无法避免的问题，因而想从这个角度缩减成本，获取更大利益对于中小企业而言实在是一件近乎无法实现的事。

但对企业而言减少人工成本并不是一件不可能的事，企业可以从人力资源角度做努力，通过制定合适的薪酬管理，绩效管理，员工招聘、员工培训与员工福利来吸引人才，留住人才，防止员工跳槽辞职现象的发生，从而减少了培训新员工所花费的时间金钱等一系列的人工成本。从政府角度来说，政府要完善社会保障体系，不能仅仅将其作为企业的强制性要求，政府也要制定一些涉及人工成本扶持的政策，给予企业一定补贴，减少中小企业的压力，增强企业活力。

7.11.5.2　融资成本

融资一向是困扰中小企业的难题，根据计算，30.5%的企业家认为即期企业的融资成本在增加,29.2%的企业家认为企业在未来的融资成本会增加,企业家对融资成本呈不乐观的态度。(见图 7-11-14)近几年的淮安中小企业的融资成本逐年增加,14年融资成本指数为 99.63,15 年为 83.73,而 16 年更少,为 81.3(见图 7-11-15),这为中小企业融资问题又增添了一大难关。

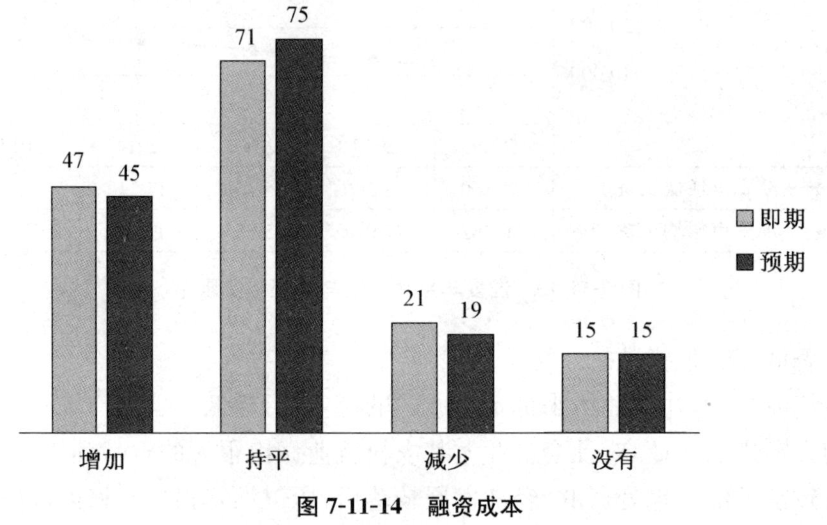

图 7-11-14　融资成本

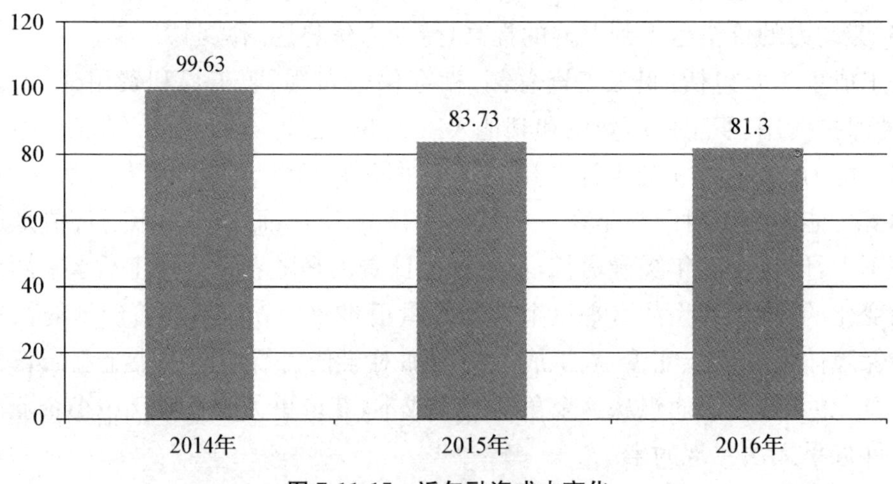

图 7-11-15　近年融资成本变化

谈到融资成本,不免离不开融资渠道,所以我们对问卷数据统计中的融资渠道做了一定的数据处理,发现有 39%的融资还是要依赖银行贷款,12%的企业愿意信用担保,9%的企业倾向小额贷款,8%的企业倾向民间集资。(详见图 7-11-16)但又有 15%的小微企业不需要获得融资,他们的经营者本身风险意识过强,倾向防御战略和稳定发展战略,宁愿保持甚至缩小生产规模,也不愿意向银行等中介机构借款。

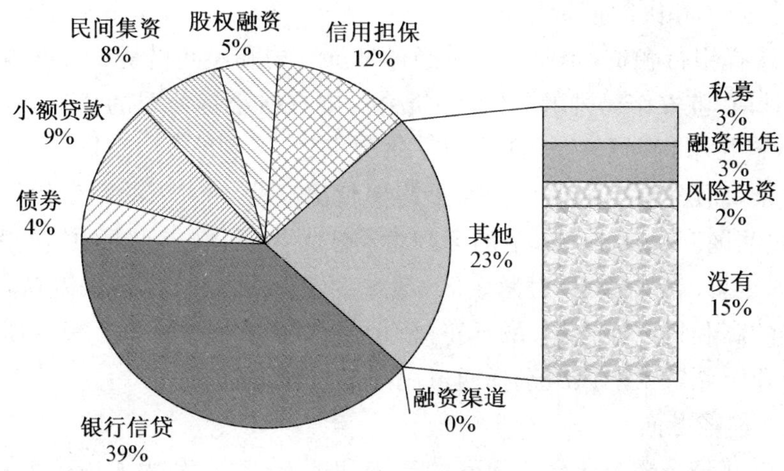

图 7-11-16　融资渠道

根据官方资料显示，2015 年淮安市首场银企对接签约活动就促成 27 家银行和 703 户企业达成 262.87 亿元融资协议，全年资金到位率超 90%。落实 14 家银行机构在全市 222 个重大项目中筛选了 136 个项目，制定融资计划，协议融资额达 571.98 亿元，占全部重大项目 2015 年计划投资总额的 61.53%。2016 年，全市银行机构继续积极跟进重大项目建设，加大对基础设施建设的信贷支持力度，截至 3 月末，全市基础设施行业贷款余额 370.89 亿元，同比增长 62.94%，比年初增加 86.7 亿元，同比多增 61.6 亿元。银行信贷对企业融资越来越起到关键作用，也就不难理解此次调研中银行借贷在众融资渠道众所占比例最大，然而与企业家的交流中我们发现，他们在急需资金的时候，民间集资却是他们的首选，具体原因下一段介绍。

1. 原因分析

和企业家的深层次的交流中我们大致了解到融资成本居高不下的主要原因：

(1) 银行贷款方面

中小企业利用银行贷款发展自己，无论从总体规模还是个体企业贷款的数量都是很小的。根本原因在于，中小企业和银行之间没能建立起真正的信用关系。银行认为中小企业贷款效率低、风险大，对中小企业贷款设置了严格的条件，使得融资成本大大增加。中小企业贷款需要百分之百抵押和担保，且贷款手续非常复杂，花费了大量的时间和精力，得不偿失。另一方面中小企业也很难找到合适的担保人。因此出现银行想贷给企业但又不敢贷，而企业想使用银行贷款但却用不到的情况。淮安市 2016 年第一季度发生银行借款的企业有 5 家，其中 1 家全部贷到，2 家贷到大部分款项，2 家企业贷到少部分款项。在信贷业务中，存在着中小企业欠息严重，不良资产比例偏高，改制中逃废债务等情况，这也更导致银行对中小企业贷款的严格要求。据淮安市统计局统计，2015 年，在淮安市已有 34 家银行业机构中，本外币不良贷款率为 2.38%，较年初增长 0.31 个百分点。

(2) 贷款公司和民间借贷方面

如果不选择银行融资,企业通常是通过贷款公司和民间借贷渠道获得资金,截至2015年12月末,淮安市已开的32家小贷公司中农村小贷公司的贷款平均年化利率为14.56%,科技小贷公司的贷款平均年化利率为14.29%,小额贷款公司贷款的程序也相对复杂,而民间借贷利息更高,平均要付出高达18.1%的利率代价,虽然有国家做了"三线两区"(24%年息以下的区间为司法保护区,借贷双方约定的利息将被法院认可;36%年息以上的区间为无效区,超过36%的利息将不被法院认可)的规定,但高额利息的高利贷比比皆是,虽不正规,但贷款程序简单。为了减少烦琐的程序,很多小微企业宁愿冒大的风险选择通过民间借贷获得融资。

(3) 其他途径方面

当然还有部分小微企业会找熟悉的亲戚和朋友借贷,利用人情关系从而减少了利息这部分财务费用,降低了企业成本,增加企业的利润空间。还有部分小微企业利用企业自有利润累积不选择融资,它们不求扩大规模,只求生存。但这两者只是极少一部分。最后是政府扶持资金,层层下发拨款,真正到企业手中的只是凤毛麟角,对融资基本上起不到什么实质性作用。比如我们调查的一家电子类微型企业,通过自身的发明创造出一款十分有潜力的新产品,却苦于没有能力获得融资而作罢了这项发明。许多有项目有盈利的企业由于高昂代价的融资成本而不能最大规模地发挥其能力,这已经成为制约中小企业的重要"瓶颈"。

只有部分中小企业在经过成长期的扩张之后逐渐进入发展的成熟期,成熟期的中小企业发展较平衡,资金需求平稳,企业受资金影响不大,但是就目前情况而言淮安发展已经完全成熟的中小企业仍然只是一小部分。因此,融资成本从根本上还是中小企业生存发展的一处难关。而与此同时,随着技术的不断进步,处于成熟期后期的中小企业面临着产业升级的需要,对资金的需求大,由于信贷投放结构的调整,使得此类企业贷款受到的影响较为明显,进而影响企业升级改造的步伐,面临被市场淘汰的风险。

2. 解决方法

要想从根本上解决融资成本高昂的问题,首先中小企业本身必须建立市场融资体系,最根本的是建立起企业外部融资体制,即市场融资体制,扩大企业融资渠道,使企业不必局限于办理麻烦要求高的银行信贷和具有一定垄断性的民间信贷。其次是要建立完善的、多层次中小企业融资体系。银行融资仍是中小企业外部融资的主渠道,大型商业银行贷款理念和对象的要转变,不能对大企业和中小微企业不公平对待。政府要建立和发展直接为中小企业服务的中小合作银行或合作金融组织:比如各地的城市商业银行或社区银行应更多地支持中小企业和民营企业发展,多给其融资优惠、农村信用合作社要多发放小额贷款、发挥淮安村镇银行的作用,向中小企业倾斜、农村资金互助社、发挥小额贷款公司的作用、发挥金融租赁和典当的作用。最后在条件成熟时，鼓励和支持中小企业在创业板或中小板上市，也可发中小企业联合债券。

这些措施的前提是必须建立完善的中小企业融资保证体系，融资保证业务必须向规范化、法制化方向发展，中小企业融资保证的有效运作应以政府支持为后盾，以金融机构配合为基础，建立起担保法体系和再担保体系。充分发挥政府在融资担保体系建立过程中的特殊作用，建立担保机构风险补偿机制、担保基金和再担保基金制度。

7.11.5.3　税收负担

淮安市税务局网站上总结报告这样写道："2015 年淮安市共组织国税收入 186.7 亿元，同比增长 4.2%。为全市小微企业减免税收 1.5 亿元，固定资产加速折旧 435.7 万元，研发费用加计扣除 1.2 亿元。加强跨国税源管理，追缴税款 3 303 万元，入库非居民税收 1.1 亿元，同比增长 60.9%。"按理说中小企业减免税收 1.5 亿，企业家应该大力赞扬政府，并对企业当前税收负担和预期税收负担都给出减少的评价，但是(见图 7-11-17)近 40%的企业家认为企业上半年的税收负担增加，近 30%的企业家预期下半年税收负担仍会增加，并且自 2015 年淮安市的税收负担就居高不下，指数为 74.95，2016 年的税负和 15 年相比虽然有所下降，但仍然很高，指数为 84.4。(详见图 7-11-18)

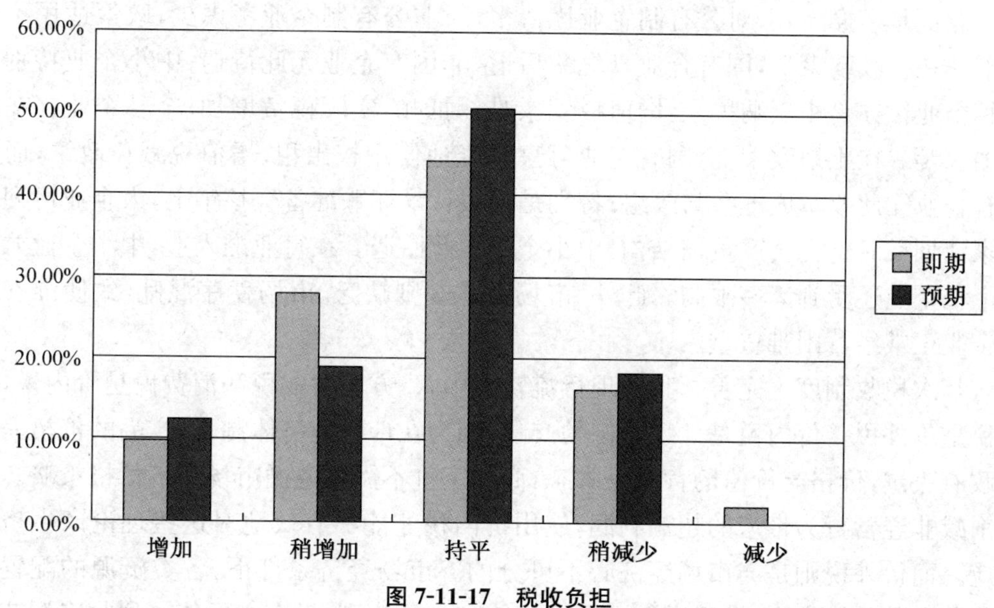

图 7-11-17　税收负担

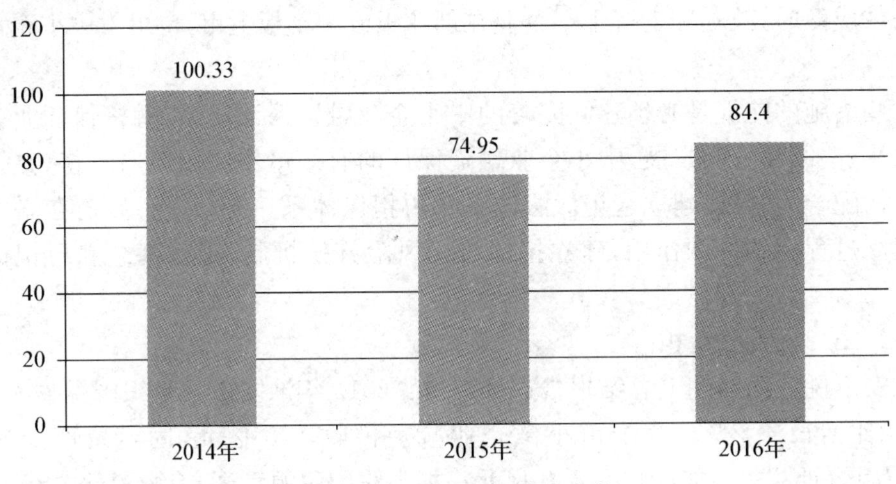

图 7-11-18　税收负担指数走势

针对这一现象,我们通过数据分析和企业家访谈大体得出以下几点原因:

首先政策不公问题。目前增值税是我国的最大税种,但我国在增值税实践中存在的税负不公问题一直没有得到很好地解决。认定身份不同的纳税主体之间税负不公、资本有机构成不同的企业之间税负不公和不同行业间的税负不公。近年出台的政策多是按照企业规模和所有制设计操作的,对大企业优待多,中小企业考虑少,微型企业更是寥寥无几;对公有制企业优待多,对非公有制企业考虑少;政策适用不够公平。在税收政策上,国有企业可先缴后退,非国有企业无此待遇;中小企业特别是个私企业往往是小额纳税人,增值税发票难以抵扣,实际税负增加;个私企业存在双重纳税等。在土地政策上,国有企业可享本土地使用权出租、增值税减免政策,而非国有企业无此改革成本参与改组;特别是在银行呆坏账准备金核销上,大企业可列入国家计划及时优化资产负债结构,中小企业无此厚遇。在行业准入上,中小企业尤其是个私企业还受到诸多限制。此外,市场交易规则缺乏,市场秩序混乱,致使淮安中小企业正常经营困难重重。

其次税收制度不完善。我国现行流转税中,一方面营业税和消费税是价内税,增值税是价外税。价内税是计划经济的产物,因为在计划经济体制下,产品的价格完全由政府决定,价格与价值的背离是常态,商品定价不需要遵循市场经济价格策略。为了削减非经营行为带来的超额利润,使用价内税才能够有效地对这些理论产生挤压效应。而价外税则是与市场经济必不可分的。市场经济条件下,各类资源的配置和商品劳务的价格产生,已经遵循了市场规律和定价法则,没有必要依赖税收来调节非正常的利润差额,因此相对单一税率的价外税可以体现税收中性原则,这才是市场经济需要的税收体制。而我国现行的增值税,在零售环节沿用的是价内税的形式,即,商品价格或服务价格只是以单一的价格形式表现在出来,还是属于价税部分的状态,因此,准确地来说,我国现在没有严格意义上的价外税。另一方面截至目前,我国企业所得税并没有设立合并纳税制度，企业原则在我国企业所得税制中没有存在的制度前提。所以，划转所得税规定是缺乏理论基础的。

再者腐败现象层出不穷。近几年国家打击腐败愈演愈烈，可谓一刻没有消停。腐败现象表面上被打击的体无完肤，但在地方上，一些官员背地里还是会受些小恩小惠，收了某些企业负责人的钱就对他们不征税，或者靠着对某些中小企业不正当征税"存活"。

对企业税收负担相关问题的调查结果进一步深入作行业分析，我们发现所调研的企业中，建筑行业大部分企业感觉即期税收负担增加明显，并且预期下半年还会增加。(详见图 7-11-19)

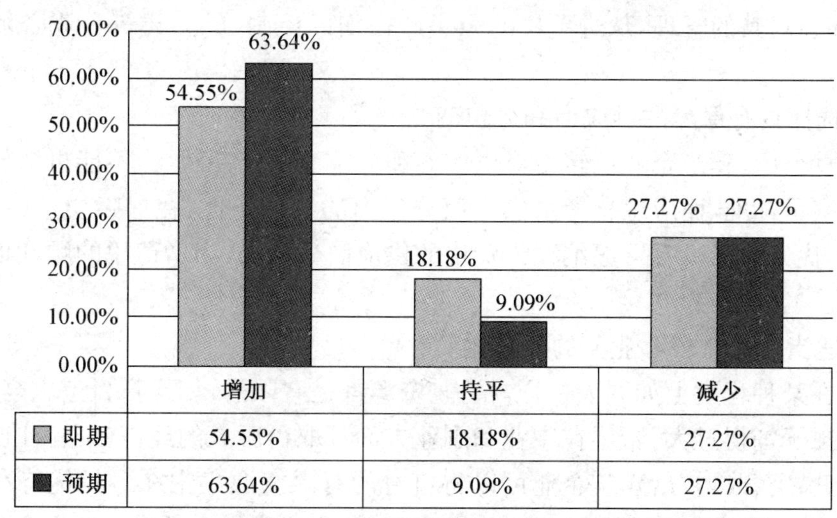

图 7-11-19 建筑业税收负担

自 2016 年 5 月 1 日起，建筑业纳税人已经告别熟悉的营业税，改为缴纳增值税。建筑业营业税率从 3%跃升到 11%，这给建筑业纳税人带来的影响是显著的。虽然增值税模式下是对增值额部分征税，但实际上，建筑施工企业的特征会给增值税的计算带来很多挑战。其中，建筑工程涉及的上游公司多，砂石、土方等原材料供应渠道比较散乱，供应商是小规模纳税人、个人的情况十分常见，很多无法提供增值税专用发票，材料采购成本因此增加。此外，建筑业大量使用的混凝土基本上都是执行增值税简易征收的企业提供，此项成本开支也无法获得抵扣。建筑业的税收负担可见一斑。图 7-10-19 中企业高管对预期税收负担的评价也证实了这一点。

当然，建筑业营改增后，仍然分为两种税收方式。一种为一般纳税人税率 11%，这类纳税人由于增值税税率比原来营业税率高出 8%，虽然原来是收入全额计税，现在理论上是增值额计税，但是能否取得足够的可抵扣税发票，成为决定税负升降的关键。而企业是否能够取得足够的可抵扣进项税发票，与企业自身的管理水平、行业运营的规范程度相关。而对于年销售额 500 万元以下的建筑企业作为小规模纳税人按简易办法征收,征收率3%,这样其实际税负应该是会略有下降的。调查结果中反映大部分被调查的对象认为自己的税负增加,一个可能是他们都是规模以上纳税人,抵扣不足导致实际税负有所增加,另外由于营改增后纳税方式和核算方式的改变,对企业的经营管理提出了更高的要求,让企业感觉到负担加重。

对于营改增,我们对建筑业给出以下建议。

(1) 严格控制进项税的源头

建筑企业实施"营改增"以后,可抵扣进项税额的多少直接决定了企业应纳增值税的高低,只有取得符合规定的进项税发票才能实现抵税的目的。原材料采购和工程项目分包是建筑施工企业两个重要的进项税来源,因此选择合适的材料供应商和分包商、加强对其的管理,从进项税的源头严格加以控制,成为建筑企业必须重视的问题。

(2) 选择具有保障的供应商和分包商

"营改增"后,建筑企业要转变对供应商和分包商的选择观念,不能再把价格低作为唯一的衡量标准,而应综合考量供应商分包商的各种条件,在保障质量、对比价格的前提下,优先选择具有一般纳税人资格的供应商分包商,为增值税的顺利抵扣提供可靠保障。

(3) 适当增加非核心业务的外包比例

企业在某种程度上如同人一样,精力、资源都是有限的,如果盲目追求全面,将企业经营的摊子铺得过大,希望在主业和副业方面都取得巨大的经济效益,往往会事与愿违。因此,"营改增"后建筑企业可以将自身的有限资源集中在最具优势和发展前途的业务上,正所谓"好钢用在刀刃上"。对于企业的非核心业务,可以考虑分包出去。这样做即可以使得自身企业的资源得到有效配置,降低不必要的资源浪费;还可以使得其他企业的优势项目得到充分发挥,促进全社会的共同进步。

最后,要想整体上解决中小企业的税负问题,政府应该尽主要责任。第一要讲求税负公平,减轻税负。政府征税要真正做到取之于企业用之于企业,纳税单位与政府之间要讲求公平,纳税单位与纳税单位之间也要讲求公平,不能区别对待,在一定程度上可以略微多扶持下中小微企业。第二政府要尽快完善税收制度,在实践中和将西方税制的优点与我国税制现状结合完善我国税制,并尽快在各地级城市试行,在全国推行。第三加大监察部门的监察工作,整洁腐败现象。这不仅需要相关部门的监管,还要地方官员本身要有洁身自好的自制力,不为金钱诱惑。

7.11.6 其他热点问题与相关建议

在本次调研活动中,我们还发现了淮安地区中小企业发展所面临的一些其他问题,其中最主要的问题是应收款项逐年增加。应收款项的增加将会增加企业有形和无形的损失。

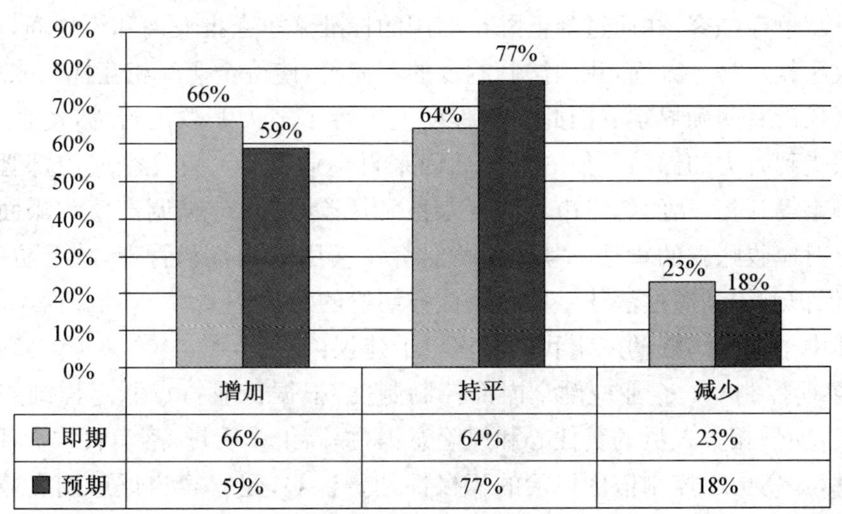

图 7-11-20　应收款调查

从本次调查数据上可以看出，参与调研的中小企业普遍出现了应收款增多的问题。即期有 66 家企业应收款增加，所占比例为 43%；64 家企业应收款项持平，所占比例约为 42%；只有 23 家企业应收款项减少，所占比例仅为 15%。预期有 59 家企业应收款项增加，占 38.3%；77 家企业应收款项持平，占 50%；只有 18 家企业应收款项减少，仅占 11.7%。（详见图 7-11-20）应收款指数为 126.9。应收款的数量在一定程度上表现出企业产品的销售情况，应收账款增多说明企业生产的产品销量可观，但它也是一把双刃剑，可能会带来潜在风险，威胁企业的发展。

随着经济全球化的发展，中小企业众多，竞争异常激烈。为了赢取商机，占得更多的市场份额，赊销便是中小企业的不二选择。通过赊销的方式来销售产品，可以扩大销售，减少库存，甚至对企业贷款融资也有积极作用。但是另一方面，赊销所带来的应收款问题也日益突出。应收账款是指企业在基于自身经营活动中向客户提供信用而收受的相应款项。它既是商业信用衍生出来的一种债权，也是一种投资行为，在企业的流动资产中具有举足轻重的地位。一方面由于货币的时间价值，企业会造成一定的经济损失；另一方面也逐渐增加了企业的经营风险。应收款包括应收账款、应收票据等，这些都同存货、原材料一样算在企业的资产当中。但是与存货、原材料不同的是，应收款的所有权虽然是在企业手中，但是实际上企业并没有真正的支配它。当应收款不断增加，企业资产的流动性就会不断减弱，降低企业的资金使用效率，增加了资金周转期；当应收款的账龄不断增长，坏账的可能性就会不断增加，一旦出现大量无法收回的款项，企业将遭受巨大的亏损；同时，由于权责发生制，应收款的增加，易夸大企业经营成果，虚高企业利润，给经营者企业经营良好的错觉。

对于坏账的产生，一部分原因来自于外部。一方面激烈的市场竞争使得许多企业如履薄冰，在这个高速发展的时代，产品更新非常快，为抢占市场，生产厂家争相发动“价格战”争夺顾客,并通过降低赊销信用的标准来争夺批发商和零售商,从而引起大量应收账款。另一方面,我国法制制度的不完善,使得企业间相互拖欠账款应承担的法律责任没有明确界定。因此一定程度上纵容了拖欠账款的行为,使企业的合法权益无法受到有力的保障。另一部分原因来自企业自身。首先企业内部管理不当,过分强调市场开拓,从而忽略市场的复杂性和风险性;过分强调产值和账面利润,从而放松了对应收账款的管理。其次忽略对客户信用的调查和管理,缺乏防范风险意识、自我保护意识和通过法律手段解决债务纠纷的意识。

对于中小企业坏账的产生我们给出以下建议:

1. 事前控制——企业应健全内部控制制度,根据行业特点制定详细规划,明确各自权责,加强相关人员的责任心和风险意识,提高工作质量,落实收款责任,并处以相关奖惩,提高员工控制信用风险的积极性和责任心;建立客户评审制度,对客户的调查的主要关注点有:客户的性质,财务状况、信誉等方面,并建立相应的信用档案,以供随时查阅。

2. 事中控制——企业应建立健全的赊销申报制度,严格控制赊销的每个过程;对不符合资产定义的应收账款进行核销,对可能收不回的应收账款则根据各个企业的实际情况确定坏账准备计提比例。

3. 事后控制——企业应采取实时跟踪的方针,与客户保持密切联系,及时提醒客户收账时间;通过将应收账款的催收细化到与个人工作绩效挂钩,对提前收回的应收账款的负责人给予一定奖励来提高职工的积极性;随时关注客户的财务状况、信誉等信息,更新客户的资信档案,并针对客户进行信用等级分类。

附件　与二级景气指数相关的三级指标指数升降的经济含义

与生产景气指数相关的三级指标指数升降的经济含义

指数名称	指数变动方向	指数变动的经济含义
营业收入	向上	给好评的中小企业居多，即营业收入增加了
	向下	给差评的中小企业居多，即营业收入减少了
经营成本（逆指标）	向上	给好评的中小企业居多，好评即乐观预期，表明企业的经营成本下降了
	向下	给差评的中小企业居多，差评即悲观预期，表明企业的经营成本上升了
产能过剩（逆指标）	向上	给好评的中小企业居多，好评即乐观预期，表明企业的库存减少或消解了
	向下	给差评的中小企业居多，差评即悲观预期，表明企业的库存增加或问题严重
盈亏变化	向上	给好评的中小企业居多，好评表明企业盈利水平增加了
	向下	给差评的中小企业居多，差评表明企业盈利水平下降了
技术水平	向上	给好评的中小企业居多，好评表明企业的技术水平提高了
	向下	给差评的中小企业居多，差评表明企业的技术水平下降了
技术人员需求	向上	给好评的中小企业居多，好评代表企业对技术人员的需求增加
	向下	给差评的中小企业居多，差评代表企业对技术人员的需求下降
劳动力需求	向上	给好评的中小企业居多，好评代表企业对劳动力需求增加
	向下	给差评的中小企业居多，差评代表企业对劳动力需求下降
人工成本（逆指标）	向上	给好评的中小企业居多，好评即乐观预期，代表企业的人工成本下降了
	向下	给差评的中小企业居多，差评即悲观预期，代表企业的人工成本增加了
投资计划	向上	给好评的中小企业居多，好评代表企业投资计划增加了
	向下	给差评的中小企业居多，差评代表企业投资计划减少了

(续表)

指数名称	指数变动方向	指数变动的经济含义
产品与服务创新	向上	给好评的中小企业居多,好评代表企业产品与服务创新增加
	向下	给差评的中小企业居多,差评代表企业产品与服务创新减少
流动资金	向上	给好评的中小企业居多,好评代表企业流动资金较宽松了
	向下	给差评的中小企业居多,差评代表企业流动资金较匮乏或很匮乏
应收款	向上	应收未收到的货款数量增加了,需要结合企业性质和相关指标变化确定经济含义
	向下	应收未收到的货款数量减少了,需要结合企业性质和相关指标变化确定经济含义

注:技术水平评价和技术人员需求是2015年新增指标,以期更全面的评价市场景气指数。

与市场景气指数相关的三级指标指数升降的经济含义

指数名称	指数变动方向	指数变动的经济含义
生产能力过剩(逆指标)	向上	给好评的中小企业居多,好评即乐观预期,表明企业的库存减少或消解了
	向下	给差评的中小企业居多,差评即悲观预期,表明企业的库存增加或问题严重
技术水平	向上	给好评的中小企业居多,好评表明企业的技术水平提高了
	向下	给差评的中小企业居多,差评表明企业的技术水平下降了
技术人员需求	向上	给好评的中小企业居多,好评代表企业对技术人员的需求增加
	向下	给差评的中小企业居多,差评代表企业对技术人员的需求下降
劳动力需求	向上	给好评的中小企业居多,好评代表这些企业劳动力需求增加
	向下	给差评的中小企业居多,差评代表这些企业劳动力需求下降
人工成本(逆指标)	向上	给好评的中小企业居多,好评即乐观预期,代表这些企业的人工成本下降了
	向下	给差评的中小企业居多,差评即悲观预期,代表这些企业的人工成本增加了
新签销售合同	向上	给好评的中小企业居多,好评代表企业新签的销售合同增加了
	向下	给差评的中小企业居多,差评代表企业新签的销售合同减少了
主要原材料及能源购进价格(逆指标)	向上	给好评的中小企业居多,好评即乐观预期,代表这些企业的该价格下降了
	向下	给差评的中小企业居多,差评即悲观预期,代表这些企业的该价格上升了.

（续表）

指数名称	指数变动方向	指数变动的经济含义
应收款	向上	应收款数量增加了,需要结合企业性质和相关指标变化确定经济含义
	向下	应收款数量减少了,需要结合企业性质和相关指标变化确定经济含义
融资需求	向上	代表企业融资需求增加了,其经济含义是:或表明融资难问题加重,或表明规模扩张带动融资需求增加,或导致融资成本增加
	向下	代表企业融资需求减少了,其经济含义是:或表明融资难问题缓解,或表明规模收缩带动融资需求降低,或导致融资成本下降
融资成本（逆指标）	向上	给好评的中小企业居多,好评即乐观预期,代表企业融资成本降低了
	向下	给差评的中小企业居多,差评即悲观预期,代表企业融资成本增加了
营销费用（逆指标）	向上	即乐观预期,代表企业营销费用减少,营销成本减少了
	向下	即悲观预期,代表企业营销费用增加,营销成本增加了
产品销售价格	向上	给好评的中小企业居多,代表该企业产品销售规模不变而其售价提高,收益增加
	向下	给差评的中小企业居多,代表该企业产品销售规模不变而其售价降低,收益减少

注:技术水平评价和技术人员需求是2015年新增指标,以期更全面的评价市场景气指数。

与金融景气指数相关的三级指标指数升降的经济含义

指数名称	指数变动方向	指数变动的经济含义
总体经济运行状况	向上	给好评的中小企业居多,好评代表企业认为总体经济运行向上行
	向下	给差评的中小企业居多,差评代表企业认为总体经济运行向下行
生产能力过剩（逆指标）	向上	给好评的中小企业居多,好评即乐观预期,表明企业的库存减少或消解了
	向下	给差评的中小企业居多,差评即悲观预期,表明企业的库存增加或问题严重
应收款	向上	应收款数量增加了,需要结合企业性质和相关指标变化确定经济含义
	向下	应收款数量减少了,需要结合企业性质和相关指标变化确定经济含义
投资计划	向上	给好评的中小企业居多,好评代表企业投资计划增加了
	向下	给差评的中小企业居多,差评代表企业投资计划减少了
流动资金	向上	给好评的中小企业居多,好评代表企业流动资金较宽松了
	向下	给差评的中小企业居多,差评代表企业流动资金较匮乏或很匮乏

(续表)

指数名称	指数变动方向	指数变动的经济含义
获得融资	向上	给好评的中小企业居多,代表企业资金可获性提高了
	向下	给差评的中小企业居多,代表企业资金可获性降低了
融资需求	向上	代表企业融资需求增加了,其经济含义是:或表明融资难问题加重,或表明规模扩张带动融资需求增加,或导致融资成本增加
	向下	代表企业融资需求减少了,其经济含义是:或表明融资难问题缓解,或表明规模收缩带动融资需求降低,或导致融资成本下降
融资成本(逆指标)	向上	给好评的中小企业居多,好评即乐观预期,代表企业融资成本降低了
	向下	给差评的中小企业居多,差评即悲观预期,代表企业融资成本增加了
融资优惠	向上	给好评的中小企业居多,代表感受或享受到了融资优惠政策
	向下	给差评的中小企业居多,代表没有感受或没有享受到融资优惠政策
专项补贴	向上	给好评的中小企业居多,代表企业感受或享受到了这项政策优惠
	向下	给差评的中小企业居多,代表企业没有感受或享受到这项政策优惠

注:融资优惠和专项补贴是 2015 年新增指标,以期更全面的评价金融景气指数。

与政策景气指数相关的三级指标指数升降的经济含义

指数名称	指数变动方向	指数变动的经济含义
综合生产经营状况	向上	给好评的中小企业居多,好评代表企业认为综合生产经营状况向好
	向下	给差评的中小企业居多,差评代表企业认为综合生产经营状况下滑
人工成本(逆指标)	向上	给好评的中小企业居多,好评即乐观预期,代表这些企业的人工成本下降了
	向下	给差评的中小企业居多,差评即悲观预期,代表这些企业的人工成本增加了
获得融资	向上	给好评的中小企业居多,代表企业资金可获性提高了
	向下	给差评的中小企业居多,代表企业资金可获性降低了
融资成本(逆指标)	向上	给好评的中小企业居多,好评即乐观预期,代表企业融资成本降低了
	向下	给差评的中小企业居多,差评即悲观预期,代表企业融资成本增加了
融资优惠	向上	给好评的中小企业居多,代表感受或享受到了融资优惠政策
	向下	给差评的中小企业居多,代表没有感受或没有享受到融资优惠政策
专项补贴	向上	给好评的中小企业居多,代表企业感受或享受到了这项政策优惠
	向下	给差评的中小企业居多,代表企业没有感受或享受到这项政策优惠

（续表）

指数名称	指数变动方向	指数变动的经济含义
税收负担（逆指标）	向上	给好评的中小企业居多，好评即乐观预期，代表税收负担低或企业税收负担减轻了
	向下	给差评的中小企业居多，差评即悲观预期，代表税收负担高或企业税收负担增加了
税收优惠（逆指标）	向上	给好评的中小企业居多，好评即乐观预期，代表企业感受到或享受到税收的优惠
	向下	给差评的中小企业居多，差评即悲观预期，代表企业没有感受到或享受到税收的优惠
行政收费（逆指标）	向上	给好评的中小企业居多，好评即乐观预期，代表收费低或对企业的行政收费减少了
	向下	给差评的中小企业居多，差评即悲观预期，代表收费高或对企业的行政收费增加了
政府效率	向上	给好评的中小企业居多，代表中小企业对政府效率和服务的好评
	向下	给差评的中小企业居多，代表中小企业对政府效率和服务的批评

注：融资优惠、税收优惠、专项补贴、政府效率这 4 个指标是 2015 年新增指标，以期更全面的评价政策景气指数。

后 记

2016 年度江苏中小企业生态环境评价报告是继 2014 年 11 月首次公开发行后的第三个年度报告。2016 年研究中心投入了更多的学生和老师利用暑期时间赴江苏 13 个地级市中小企业问卷调研,并进一步完善问卷调研流程,健全评价体系,加强对学生的培训与辅导,注重研究团队的合作效率及整体科研质量,努力提升评价报告的水平。

2016 年江苏中小企业生态环境评价报告的写作人员分工如下:

陈敏,男,南京大学管理学博士,南京大学金陵学院企业生态研究中心副主任,南京大学金陵学院商学院教师。负责景气指数的编制和评价报告第四章部分内容的撰写。

孙素梅,女,南京大学商学院国际经济贸易系硕士,南京大学商学院世界经济在读博士研究生,南京大学金陵学院商学院国际经济贸易系教师。主要负责评价报告中江苏中小企业生态环境评价相关数据整理计算及第五章内容的撰写。

徐林萍,女,南京大学商学院国际贸易专业在读博士生,南京大学金陵学院商学院副教授,副院长,南京大学金陵学院企业生态研究中心副主任,负责景气指数的编制和评价报告第四章部分内容的撰写(金陵学院商学院傅欣老师参与第四章部分图表的制作),并负责报告的组织筹划及出版发行事宜。

苏文兵,男,南京大学商学院会计学系教授,管理学博士,南京大学金陵学院商学院会计学系副主任,负责报告第三章企业生态环境评价模型部分内容的撰写。

周亚婕,女,南京大学经济学院金融与保险学系 13 级本科生。负责第二章内容的撰写。

于润,男,南京大学商学院金融与保险学系教授,经济学博士,南京大学金陵学院商学院院长,南京大学金陵学院企业生态研究中心主任,负责报告第一章、第二章、第三章、第六章的编写,以及前言和后记的撰写,并负责评价报告全文的统稿和审定。

评价报告的第七部分是专题调研报告,共 11 篇调研报告或论文,是南京大学浦口校区(金陵学院商学院)部分教师和学生、南京大学仙林校区部分学生赴江苏 13 市中小企业集聚区调研后的研究成果。

评价报告写作进程中组织过多次研讨和征求意见会,专家们对评价报告付出大量心血,提出了许多宝贵的修改建议。这些专家既是南京大学商学院的教授,又是兼任南京大学金陵学院商学院各系的系主任,同时兼任南京大学金陵学院企业生态研究中心的高级顾问，他们分别是南京大学金陵学院商学院国际经济贸易系赵曙东主任和安礼伟副主任，市场营销系的吴作民主任，会计学系的陈丽花主任和苏文兵副主任，金融学系的杨波主任和方先明副主任。

还有南京大学经济学院副院长、银兴经济研究基金秘书长郑江淮教授，多次参与评价项目的研讨活动，担任学生调研报告大赛评委，对这个研究项目提出很多宝贵建议，并代表银兴经济研究基金对这一项目提供资金支持。

评价报告还得到共青团南京大学委员会全力支持，并列为南京大学年度暑期社会实践重点项目，鼓励更多的学生参与江苏中小企业景气调研活动，越来越多的学生在实践中提升了专业素养和创新创业能力。

南京大学已离任的校党委书记，著名经济学家洪银兴教授非常关心和支持研究中心的这一原创性项目，分别于 2014 年、2015 年和 2016 年三次亲临江苏中小企业景气指数发布会，发表了热情洋溢的致辞，连续三年为评价报告作序，对项目的推进提出宝贵建议和殷切希望。更加坚定了研究中心努力完成好这一原创性成果的信心和方向。

本年度评价报告持续得到洪银兴教授冠名的银兴经济研究基金的资助，作为洪银兴教授的弟子，我代表研究中心及所有参加这一项目的老师和同学们向洪老师及银兴经济研究基金的师兄弟姐妹们再次表达深深的敬意！

南京大学国家双创示范基地积极支持和资助研究中心江苏中小企业景气指数及江苏中小企业生态环境评价的研究，并将 2015 年和 2016 年的年度江苏中小企业生态环境评价报告作为南京大学国家双创示范基地的标志性成果，为参与本项研究的师生提供诸多帮助，为此我代表所有为本评价报告做出贡献的师生向南京大学国家双创示范基地的领导和老师表示深深地谢意！

研究中心还衷心感谢江苏省委省政府相关部门的大力支持，他们是：江苏省经济与信息化委员会、江苏省委政策研究室信息处、江苏省金融办公室银行二处、江苏统计局、江苏省社情民意调查中心、江苏银行、南京大学出版社对江苏中小企业景气指数编制和年度评价报告出版的大力支持！

南京大学金陵学院企业生态研究中心　于润

2017 年 10 月

图书在版编目(CIP)数据

江苏中小企业生态环境评价报告. 2016 / 南京大学金陵学院企业生态研究中心著. -- 南京 : 南京大学出版社, 2017.11

ISBN 978-7-305-19564-8

Ⅰ. ①江… Ⅱ. ①南… Ⅲ. ①中小企业—企业环境—环境生态评价—研究报告—江苏—2016 Ⅳ. ①X322.253

中国版本图书馆 CIP 数据核字(2017)第 274156 号

出版发行 南京大学出版社
社　　址 南京市汉口路 22 号　　邮　编 210093
出 版 人 金鑫荣

书　　名 江苏中小企业生态环境评价报告(2016)
著　　者 南京大学金陵学院企业生态研究中心
责任编辑 尤　佳　　编辑热线 025-83592123

照　　排 南京南琳图文制作有限公司
印　　刷 江苏凤凰通达印刷有限公司
开　　本 787×1092　1/16　印张 17　字数 343 千
版　　次 2017 年 11 月第 1 版　2017 年 11 月第 1 次印刷
ISBN 978-7-305-19564-8
定　　价 49.00 元

网址：http://www.njupco.com
官方微博：http://weibo.com/njupco
官方微信号：njupress
销售咨询热线：(025) 83594756
